高等学校计算机基础教育教材

C程序设计教程与实训

（第3版）

高敬阳 李芳 万静 马静 编著

清华大学出版社
北京

内 容 简 介

本书通过案例教学的方式，由浅入深，让学生在模仿—训练—应用的过程中，快速掌握程序设计的基本思想和基本方法。

本书共10章，主要内容包括C语言概述、C简单编程、选择结构、循环结构、数组、函数、指针、结构体、文件及应用实例。各章均给出了内容丰富又有代表性的例题，全部程序都在Dev C++中调试通过，同时也对Dev C++环境进行了介绍。书后配有各章习题解析及习题答案。其中，大部分例题和习题配有微视频讲解。同时，作者团队在中国大学慕课平台上开设了“C语言学习辅导与习题课”的慕课课程。

本书可作为高等学校各专业C程序设计课程的教材，也可以作为各类计算机培训班的教材和成人教育同类课程教材及自学教材。

本书封面贴有清华大学出版社防伪标签，无标签者不得销售。

版权所有，侵权必究。举报：010-62782989，beiqinquan@tup.tsinghua.edu.cn。

图书在版编目（CIP）数据

C程序设计教程与实训 / 高敬阳等编著. —3版. —北京：清华大学出版社，2021.6（2022.8重印）

高等学校计算机基础教育教材

ISBN 978-7-302-58125-3

Ⅰ. ①C… Ⅱ. ①高… Ⅲ. ①C语言－程序设计－高等学校－教材 Ⅳ. ①TP312.8

中国版本图书馆CIP数据核字(2021)第088695号

责任编辑：袁勤勇 杨 枫
封面设计：何凤霞
责任校对：李建庄
责任印制：朱雨萌

出版发行：清华大学出版社
　　网　　址：http://www.tup.com.cn，http://www.wqbook.com
　　地　　址：北京清华大学学研大厦A座　　**邮　　编**：100084
　　社 总 机：010-83470000　　**邮　　购**：010-62786544
　　投稿与读者服务：010-62776969，c-service@tup.tsinghua.edu.cn
　　质量反馈：010-62772015，zhiliang@tup.tsinghua.edu.cn
　　课件下载：http://www.tup.com.cn，010-83470236
印 装 者：三河市天利华印刷装订有限公司
经　　销：全国新华书店
开　　本：185mm×260mm　　**印　　张**：18　　**字　　数**：414千字
版　　次：2009年3月第1版　　2021年8月第3版　　**印　　次**：2022年8月第2次印刷
定　　价：56.00元

产品编号：092218-02

前言

程序设计能力是计算机基础教育的重要组成部分，是高等学校学生应具备的基本技能之一。程序设计知识的学习有助于学生真正理解计算机工作原理，了解计算机解决问题的方法，有效训练学生的逻辑思维和抽象思维，同时开阔学生的视野，培养丰富的想象力和创造力，最终帮助学生更好地使用计算机解决本专业科研、工作和生活中的相关问题。

学习程序设计是既有挑战性，又颇有成就感的过程。有经验的程序员在重新审视C语言的学习时，常常会感觉这门课程其实很简单。然而，在实际面对初学者的教学过程中，却面临着比想象中多得多的困难。常见的问题是，开课之初学生有很大的热情，但随着学习的深入，到了循环、数组部分，有些学生仍然迟迟不能入门，慢慢地失去了学习的兴趣，造成恶性循环，最终甚至放弃了该课程的学习。学生普遍反映对于抽象的C程序设计课程难于找到入门的捷径。这些情况的出现，原因是多方面的。其中很重要的原因就是长期以来，程序设计课程过多强调语言本身及其表达细节，忽视了程序设计的本质，造成很多学生过多地陷入具体细节的旋涡里，无法站在一定的高度欣赏程序设计的美。同时，C程序设计又是一门实践性很强的课程，学生必须通过较多的编程训练才能掌握。因此，如果能让学生一开始就很清楚自己要做的事情，循序渐进地领会程序设计的精妙，在实践中形成良好的程序设计风格，并自始至终兴趣浓厚，相信C语言的教学工作将会收到事半功倍的效果。

鉴于此，我们决定从教材入手，转换思路。在教材的编写过程中，本着从始至终简化语法，培养学生动手编程能力的初衷，力争独辟蹊径，写出特色，让学生了解C程序的编写其实远没有传说中那样困难。

本书共分为10章，涵盖了C程序设计教程应包含的基本内容，并将文件的基本使用方法提前至数组一章，让学生提前了解文件的应用，并在后续知识的学习中反复使用，加深理解。

同时，前8章均由引例开始，引出该章将要引入的新知识，采用“提出问题—分析问题—引入新知识—解决问题—模仿编程—总结提高”这样一个循序渐进、螺旋式上升的教学模式。将一个个典型的、针对性强的、贴近现实或贴近专业的案例程序设计作为贯穿始终的主线，将课程内容抽丝剥茧般解析开来。学生可通过课堂练习题、课后习题和课后提高题等几个环节提升程序设计能力，达到由浅入深、举一反三进行程序设计实训的目的。

此外，本书重要章节(如循环结构、数组、函数、指针等章节)的课后习题均增加了面向各类专业的应用与提高的部分习题，为各类专业学生了解计算机在本专业的应用提供感性认识。

本次再版与之前最大的不同是：

（1）重点例题和多数课后习题配有微视频讲解，通过扫描二维码可以观看。

（2）在"中国大学 MOOC"平台开设了"C 语言学习辅导与习题课"的慕课课程，与教材内容对应。

（3）进一步精选、增加了例题和习题，特别是同一个例子在几个章节中反复出现，便于比较方法之间的差别和效率。

本书的配套电子资源可在清华大学出版社官网（www.tup.tsinghua.edu.cn）下载。

培养学生程序设计能力的方法仍在研究和探索中，最大限度地提高学生的学习效果是我们永恒的奋斗目标。

本书由从事了多年计算机基础课程教学、具有丰富教学实践经验的一线教师编写完成。第 1、2、7 章由李芳编著，第 3、5 章及附录由高敬阳编著，第 4、6 章由马静编著，第 8～10 章由万静编著。全书由高敬阳组织编写并统稿。感谢第 2 版团队教师李国捷、吴蕾、尤枫的支持和付出。

由于作者水平有限，书中难免有错误和不妥之处，恳请读者批评指正。

编　者

2021 年 5 月

目录

第1章 C语言概述

本章主要内容：

- C 语言程序的基本结构；
- C 语言基本符号；
- 程序设计的基本概念；
- 运行 C 程序的步骤和开发环境。

1.1 引　　例

首先来看两个用 C 语言编写的程序。

例 1-1 在屏幕上显示一行信息“This is the first C program!”。

程序代码如下：

```
#include<stdio.h>                                 /* 编译预处理命令 */
int main()                                        /* 定义主函数 main() */
{
    printf ("This is the first C program!\n");  /* 调用 printf()函数输出文字 */
    return 0;
}
```

运行结果：

```
This is the first C program!
```

程序中的#include <stdio.h>是编译预处理命令，stdio.h 是标准输入输出库的头文件，其中包括了下面调用的 printf()函数的信息。C 系统还包括许多头文件。

程序中的 int main()定义了一个名称为 main()的函数，是一个函数的头部。关键字 int 表示函数返回值的类型。

用一对大括号把构成函数的语句括起来，称为函数体。例 1-1 的函数体包含两条语句。

语句“printf("This is the first C program!\n");”由函数调用和分号两部分组成。

“printf("This is the first C program!\n")”是一个函数调用，它的作用是将双引号中的内容原样输出；“\n”是换行符，即在输出“This is the first C program!”后换行；而分号表示该语句的结束。语句“return 0;”表示主函数正常结束，返回一个数值0。

程序中/*……*/是程序的注释，用来说明程序的功能。

例1-2 求两个整数之和。

程序代码如下：

```
1   #include<stdio.h>                    /*编译预处理命令*/
2   int main()                           /*定义主函数main()*/
3   {
4       int a,b,sum;                     /*定义变量a、b、sum为整型*/
5       a=66;                            /*为变量a赋值*/
6       b=88;                            /*为变量b赋值*/
7       sum=a+b;                         /*将a与b的和赋值给变量sum*/
8       printf ("sum is %d\n",sum);      /*调用printf()函数输出sum的值*/
9       return 0;
10  }
```

运行结果：

```
sum is 154
```

C语言程序没有语句标号，为了方便说明，例1-2在每行前加了标号。程序的第4行定义3个变量a、b、sum为整型(int)变量；程序的第5、6行分别是一条赋值语句，使a的值为66、b的值为88；程序的第7行也是一条赋值语句，a+b相加之和的结果赋值给变量sum；程序的第8行输出函数调用语句，双引号括起来的“sum is ”按原样输出，其中的“%d”是输入输出“格式说明”，表示“以十进制整数”输出相应的数据，sum是要输出的变量，其值为154(即66与88之和)，此函数调用后，在“%d”的位置上显示变量sum的值154。

1.2 C语言程序的基本结构

通过1.1节中的两个例子，可以看到C语言程序有以下的结构。

(1) C语言程序由函数组成，函数是程序的基本单位。main是一个特殊的函数名，一个程序总是从main()函数开始执行。除了main()函数之外，还可以有其他函数，即一个程序可以包含一个或多个函数，但有且只有一个main()函数。

(2) 函数由函数首部和函数体两部分组成。函数首部用于定义函数的名称、函数的返回值类型和各种参数名称及数据类型(也可能没有参数及数据类型)。例如int main()即函数首部。

(3) 函数体一般包括数据定义部分和执行部分，它们都是C语句。

(4) 每条语句用分号(;)作结束符，分号是C语句必不可少的组成部分。

(5) 可以对C程序中的任何部分做注释。一个好的、有使用价值的程序应当加上必要的注释，以改善程序的可读性和可维护性。注释可以占一行的一部分，也可以单独占一行，还可以占若干行。

1.3 C语言基本符号

C语言的基本符号介绍如下。

1. 字符集

字符是组成语言的最基本元素。C语言字符集是ASCII码字符集，由字母、数字、空白符、标点和特殊字符组成。

(1) 英文字母：小写字母a～z、大写字母A～Z。

(2) 阿拉伯数字：0～9。

(3) 空白符：空格符、制表符、回车符和换行符等统称为空白符。

(4) 标点和特殊字符：

! # % ^ & * _(下画线)

+ = - ～ < > / \ '

" ; . , () [ ] { } ? :

2. 关键字

关键字是C语言规定的具有特定意义的字符串，也称为保留字。C语言有以下32个关键字：

auto break case char const

continue default do double else

enum extern float for goto

if int long register return

short signed sizeof static struct

switch typedef union unsigned void

volatile while

3. 标识符

在程序中使用的变量名、函数名、标号等统称为标识符。除库函数的函数名由系统定义外，其余都由用户自定义。C语言规定，标识符是由大小写英文字母、下画线及数字组成的字符序列，且必须由英文字母或下画线开头。

以下标识符是合法的：

a，x，_6y，UNIT_1，sum

以下标识符是非法的：

3c(以数字开头)，t * v(出现非法字符 *)，－3m(以减号开头)，unit-1(出现非法字符-)

在使用标识符时还必须注意以下几点。

(1) 用户定义的标识符不允许与关键字相同。

(2) 标准C不限制标识符的长度,但它受各种版本的C语言编译系统限制,同时也受到具体机器的限制。例如,在 Turbo C 2.0 中规定标识符前 32 位有效,当两个标识符前 32 位相同时,则被认为是同一个标识符。

(3) 标识符中,大、小写是有区别的。例如,xyz 和 XYZ 是两个不同的标识符。

(4) 标识符虽然可由程序员随意定义,但标识符是用于标识某个量的符号。因此,命名应尽量有相应的意义,做到"见名知意"。

4. 分隔符

在C语言中采用的分隔符有逗号和空格两种。逗号主要用于类型说明和函数参数表中分隔各个变量。空格多用于语句中分隔各单词。

5. 注释符

程序编译时,不对注释做任何处理。注释可出现在程序中的任何位置。注释用来向用户提示或解释程序的意义。在调试程序时对暂时不使用的语句也可以用注释符,使编译跳过不做处理,待调试结束后再去掉注释符。

1.4 程序设计的基本概念

初学者应对下面几个有关程序设计的基本概念有所了解。

1.4.1 程序和程序设计

所谓程序,就是一系列遵循一定规则和思想并能正确完成指定工作的代码(也称为指令序列)。通常,一个计算机程序主要描述两部分内容,一是描述问题的每个对象及它们之间的关系,二是描述对这些对象进行处理的规则。其中,关于对象及它们之间的关系涉及数据结构的内容,而处理规则却是求解某个问题的算法。因此,对程序的描述,经常有如下等式:

程序=数据结构+算法

一个设计合理的数据结构往往可以简化算法,一个好的程序有可靠性、易读性、可维护性等良好特性。

所谓程序设计,就是根据计算机要完成的任务,提出相应的需求,在此基础上设计数据结构和算法,然后再编写相应的程序代码并测试该代码运行的正确性,直到能够得到正确的运行结果为止。程序设计是很讲究方法的,一个良好的设计思想方法能够大大提高程序的高效性、合理性。通常,程序设计有一套完整的方法,也称为程序设计方法学,因此有人提出如下关系:

程序设计＝数据结构＋算法＋程序设计方法＋语言工具和环境

程序设计方法学在程序设计中被提到比较高的位置，尤其对于大型软件，更是如此。

1.4.2 算法

1. 算法的概念

在程序和程序设计的两个公式中，不论哪一个，算法都是核心。计算机科学中的算法，简单地说，就是计算机解决特定问题的方法和步骤。

一个算法应该具有如下5个重要特征。

（1）有穷性：一个算法必须保证执行有限步之后结束。

（2）确切性：算法的每一步骤必须有确切的定义。

（3）输入：一个算法有零个或多个输入，以刻画运算对象的初始情况。

（4）输出：一个算法有一个或多个输出，以反映对输入数据加工后的结果。没有输出的算法是毫无意义的。

（5）可行性：算法中的每一步操作都必须是可执行的，也就是说算法中的每一步都能通过手工或机器在有限时间内完成。

2. 算法的描述

描述算法有多种不同的工具，如自然语言、流程图、N-S图、伪代码语言等。

这里通过一个例子进行说明。

例1-3 给定两个正整数m和$n(m \geqslant n)$，求它们的最大公约数。

问题分析：这里给出该问题的一个经典算法——辗转相减法。其简化算法用自然语言可以描述如下。

（1）输入原始数据m和n，分别表示所给定的两个正整数。

（2）当$m \neq n$时，按顺序执行第(3)步；反之，转到第(5)步。

（3）若$m > n$，则$m=m-n$；否则$n=n-m$。

（4）返回第(2)步。

（5）输出结果：所求最大公约数为m。

对于该问题，可以进一步用程序流程图的方式给出更加直观的描述。

3. 程序流程图

程序流程图是算法的一种图形表示方法，主要通过一系列符号来表示特定的意义，从而描述算法从开始到结束的过程。常用的流程图符号如图1-1所示。

结构化程序设计中3种基本结构的流程图描述如图1-2所示。

对于用辗转相减法求两个数的最大公约数的问题，可以用流程图来描述解决步骤，如图1-3所示。

例1-4 绘制如下问题的程序流程图：$S=1+3+5+7+\cdots+2n+1$，n为自然数。

问题分析：本题要求 $n+1$ 个奇数的和，是一个循环问题，其流程图如图 1-4 所示。

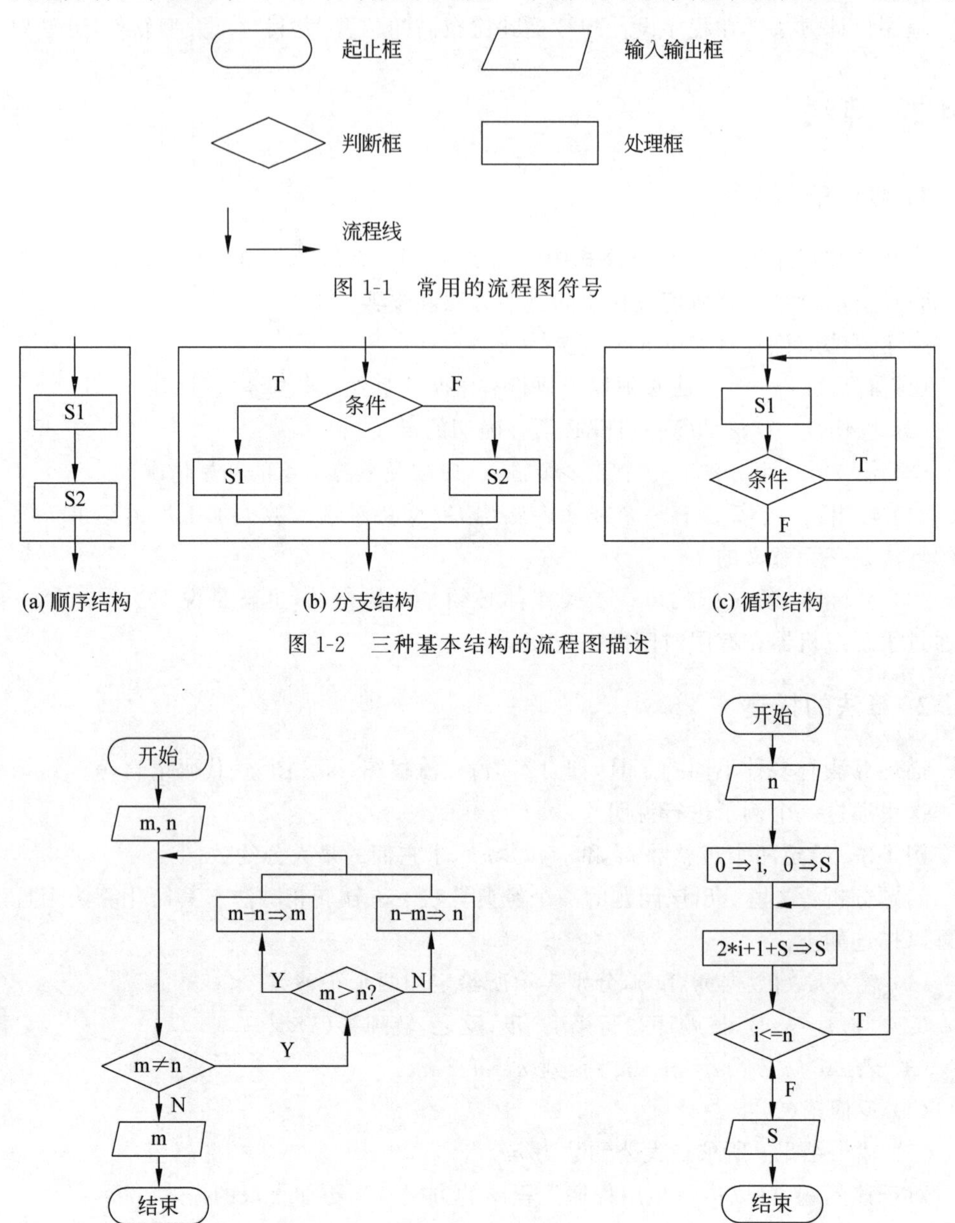

图 1-1　常用的流程图符号

图 1-2　三种基本结构的流程图描述

图 1-3　辗转相减法求两个数的最大公约数问题的流程图　图 1-4　求 $n+1$ 个奇数和的程序流程图

1.4.3　程序设计语言

算法明确，问题的求解就只需将算法用特定的语言转化成程序，这就要用到程序设计语言。为了描述程序所制定的一组规则，即语法规则(主要包括词法规则与句法规则)。就像汉语与英语都有各自一整套的语法规则一样，众多的计算机语言如 BASIC 语言、

FORTRAN 语言以及将要学习的 C 语言也都有各自一整套的语法规则。因此,程序设计语言的学习其实就是结合具体问题的求解、算法的设计来掌握特定语言语法规则的过程。在这一过程中,又同时加深计算思维能力的培养,以及解决问题方法的研究。

1.5 运行 C 程序的步骤和开发环境

本节简单介绍开发、运行一个 C 程序的步骤以及常用的 C 语言开发环境。

1.5.1 运行 C 程序的步骤

如何使用 C 语言写出代码,并调试程序直至得出运行结果呢?一般来说包含的步骤如下。

1. 编辑

编辑的过程指用程序设计语言写出源代码的过程。一些常用的编辑软件,如记事本、Microsoft Word 等都可以完成此功能。

2. 编译

对程序进行编译是将源程序翻译成机器能够识别的目标程序的过程。此过程必须借助一些专门的编译程序(编译器)来完成。

3. 连接

简单地讲,连接过程是将不同的模块连接成一个完整模块的过程。假如一个程序包含多个文件,在分别对每个源程序文件进行编译并得到多个目标程序后,连接就是要把这些目标程序以及系统提供的资源(通常是一些库函数)组合起来形成一个整体。此过程必须通过连接程序(连接器)来完成,从而形成一个完整的可执行程序。

4. 执行

一个程序经过了编辑、编译、连接,得到了可执行程序,就可以执行了。我们可以在命令行方式下输入文件名,按回车键执行该程序,也可以在 Windows 环境中,双击该可执行程序执行。

上述编辑、编译、连接直至执行的过程可用如图 1-5 所示的程序调试流程来描述。

这一过程最初是分别进行的,即要完成一个程序的调试,必须首先找到相应的编辑、编译和连接工具,依次进行编辑、编译和连接,得到可执行程序,从而进一步执行程序得到最终的结果。如果此过程中的任何一个步骤出现问题,则需要进行修改并重复相应步骤。

由于人们必须分散地使用各工具,这使得整个程序调试流程相当繁杂。有没有更简单的方法呢?很快,人们就找到了将上述步骤集成起来的方法,于是就形成了集成开发环境(Integrated Development Environment,IDE)。所谓集成开发环境就是集源程序编辑、

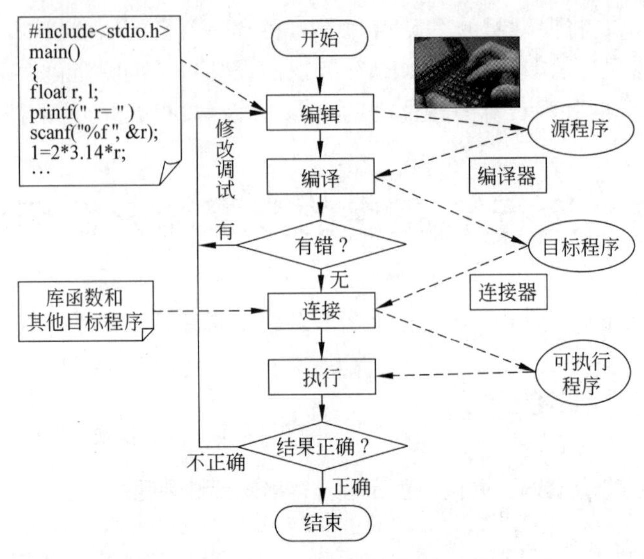

图 1-5　程序调试流程

编译、连接、运行和调试于一体，用菜单驱动的、集成化的软件开发工具。

常见的 C 语言集成开发环境有 Visual Studio、Code∷Blocks、Dev C++ 等。

视频

1.5.2　集成开发环境

这里以 Dev C++ 集成开发环境为例，对开发 C 语言程序的过程做简单介绍，方便读者了解 C 程序开发的具体步骤。

(1) 启动 Dev C++ 5.11(操作系统为 Windows 10 环境)。选择“开始”→“所有程序”→Dev C++ 5.11，进入 Dev C++ 开发环境，如图 1-6 所示。

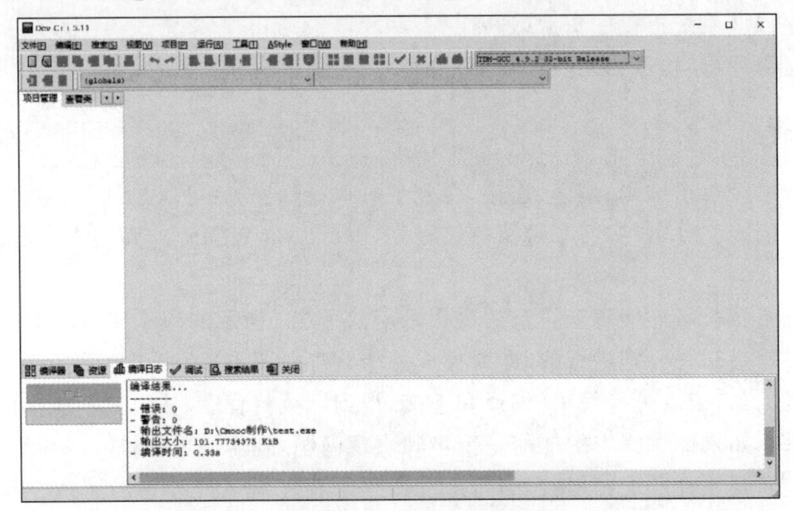

图 1-6　Dev C++ 5.11 集成开发环境主窗口

（2）新建源文件。选择“文件”→“新建”→“源代码[S]”，就打开了新的用于编辑程序的源文件，默认为“未命名 1”，如图 1-7 所示。

图 1-7　新建文件窗口

（3）编辑源文件并保存。在编辑窗口中输入源程序，如图 1-8 所示，然后选择“文件”→“另存为[A]”命令，保存该源文件 test.cpp 到指定的目录中。

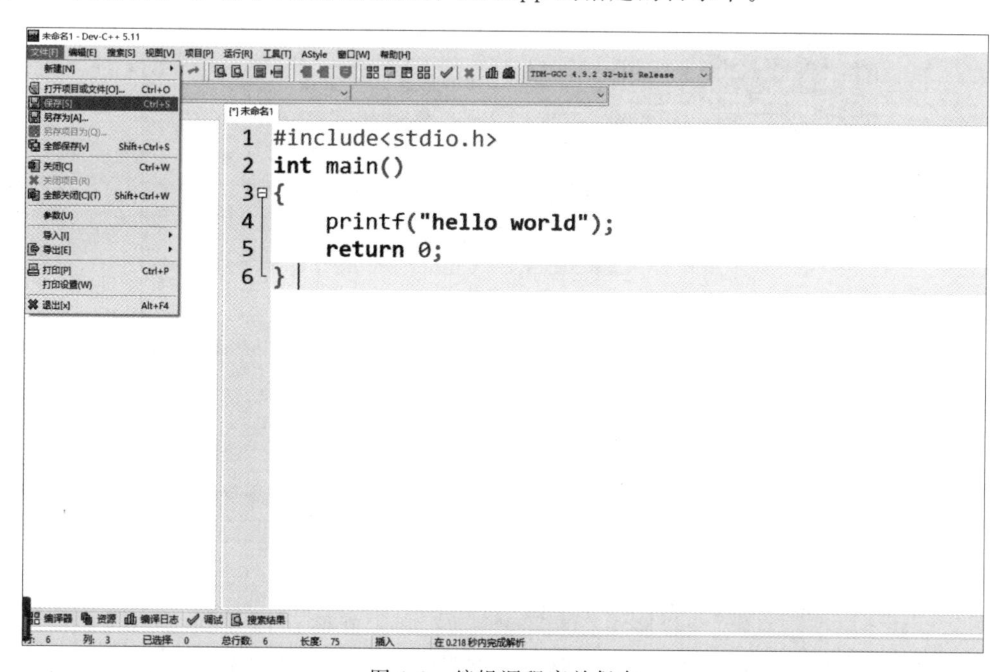

图 1-8　编辑源程序并保存

(4) 编译。选择“运行”→“编译”命令,如图 1-9 所示,开始编译,并在信息窗口中显示编译信息,如图 1-10 所示。提示信息表示编译、连接通过,没有发现错误和警告,于是生成了可以运行的可执行文件 test.exe。

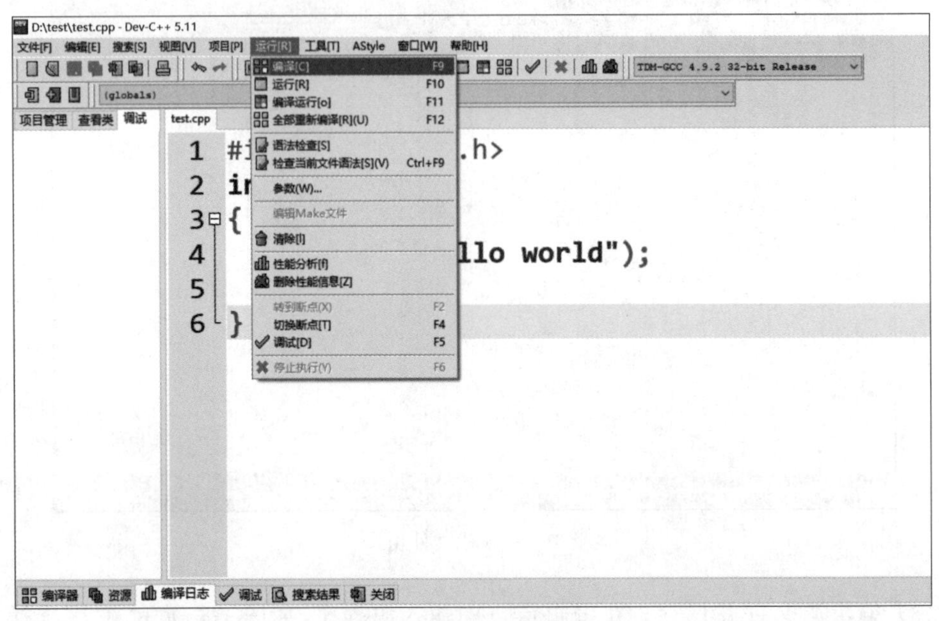

图 1-9　编译源程序窗口

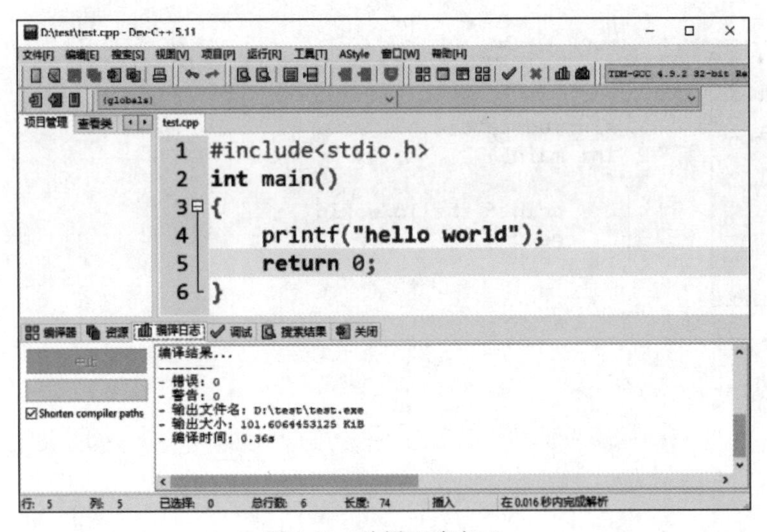

图 1-10　编译正确窗口

如果显示错误信息,说明程序中存在语法错误,必须修改;如果显示警告信息 ,说明这些错误暂时未影响后续文件的生成,但最好查明原因予以修改。

(5) 运行。选择“运行”→“运行”命令,如图 1-11 所示,开始运行,自动弹出运行结果窗口,如图 1-12 所示,显示运行结果 hello world。其中,“请按任意键继续...”是系统提示用户按任意键退出运行窗口,返回 Dev C++ 编辑窗口。

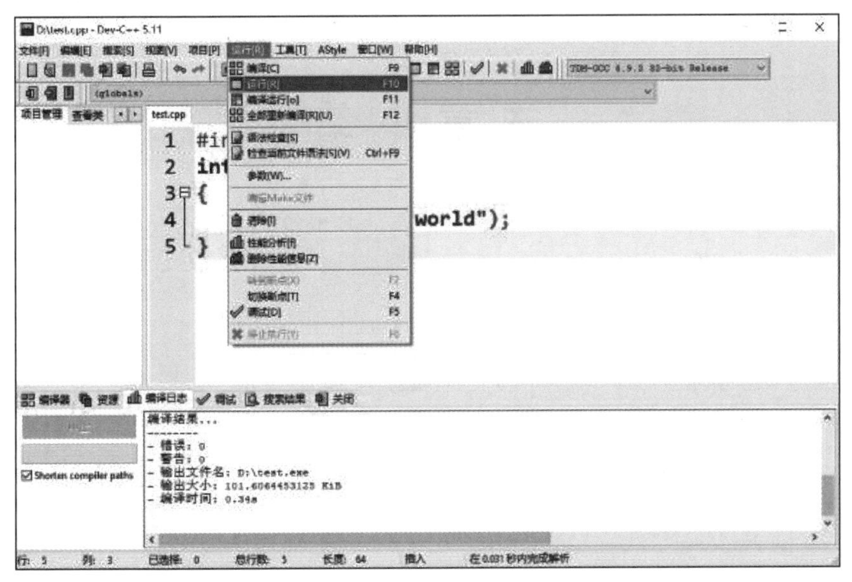

图 1-11　运行程序命令

要说明的是,为了简化操作,Dev C++ 的运行菜单中还提供了“编译运行”命令,将上述编译和运行命令合并成一步,方便程序员的操作。当使用该命令时,若程序完全正确,则直接给出结果窗口。若程序出现错误,则在出错的步骤停止,并在编译信息窗口中给出提示。

(6) Dev C++ 环境中支持用户同时创建多个源文件,同时进行分别调试,互不影响,并支持随意关闭其中某个源程序。

(7) 退出 Dev C++ 。选择“文件”→“退出”命令,退出 Dev C++ 5.11 集成开发环境,如图 1-13 所示。

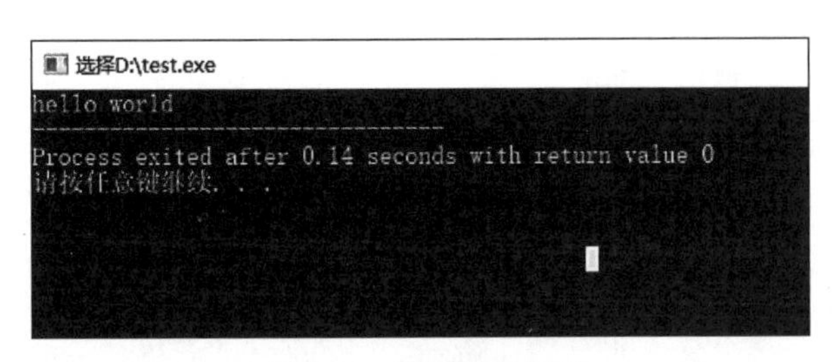

图 1-12　运行结果窗口

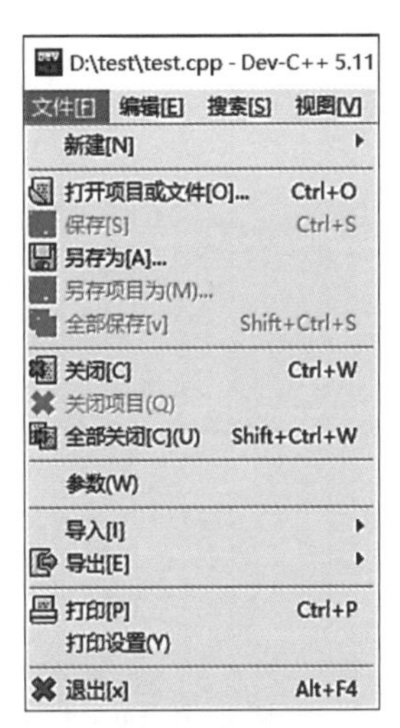

图 1-13　关闭工作区窗口

经过编辑、编译、连接和执行后，源程序 test.cpp、可执行程序 test.exe 都保存在了用户指定的文件夹中。

本 章 小 结

本章简述了 C 语言程序的基本结构、C 语言的基本符号、几个程序设计的基本概念以及运行 C 程序的步骤和开发环境。

习 题 1

1. 编写一个程序，显示以下信息：

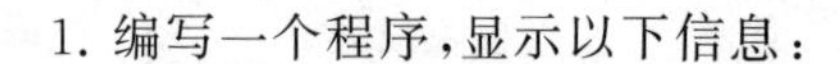

```
******************************
     I am a good student!
******************************
```

2. 编写一个程序，求两个整数之差。
3. C 语言的基本单位是什么？
4. C 程序的基本结构是什么？
5. 请绘制如下问题的流程图：求 1～100 内 3 的倍数和。
6. 开发调试一个 C 程序，要经历怎样的步骤？

第2章 C简单编程

本章主要内容：

- 数据类型、运算符和表达式；
- 常量和变量；
- 格式输入与输出；
- C 语言的语句；
- 顺序结构程序设计。

2.1 引　　例

例 2-1　求摄氏温度 100℃对应的华氏温度，计算公式如下：

$$f=\frac{9}{5}c+32$$

式中：c 表示摄氏温度，f 表示华氏温度。

分析：如何将数学公式转换成符合 C 语言语法规则的语句是本题的关键。

程序代码如下：

```
#include<stdio.h>
int main()
{
    float celsius,fahr;                    /*定义两个实型变量*/
    celsius=100;                           /*对变量 celsius 赋值*/
    fahr=9.0/5.0*celsius+32;               /*温度转换计算*/
    printf("celsius=%f,fahr=%f\n",celsius,fahr);    /*显示计算结果*/
    return 0;
}
```

运行情况：

```
celsius=100.000000, fahr=212.000000
```

如何将 $f=\frac{9}{5}c+32$ 转换为 fahr=9.0/5.0*celsius+32 是本章要解决的主要问题。

"fahr＝9.0/5.0 * celsius＋32;"中涉及了常量、变量、运算符、表达式以及语句几个概念，如图 2-1 所示。程序中还涉及不同类型的变量 int 和 float。上述这些数据是计算机处理的基本对象。

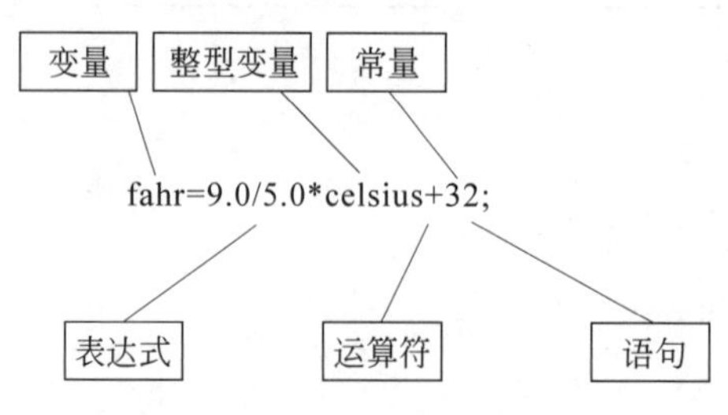

图 2-1　例 2-1 程序关键语句的分析

2.2　数据与类型

C 语言中，数据可分为基本数据和复合数据。基本数据包括常量和变量，复合数据包括表达式和函数。数据要有数据类型。数据类型是 C 语言中允许使用的数据的种类。不同数据类型决定了该类型数据的取值范围及精度等属性。C 语言提供了如图 2-2 所示的数据类型。在编写程序时要正确地使用这些数据类型。

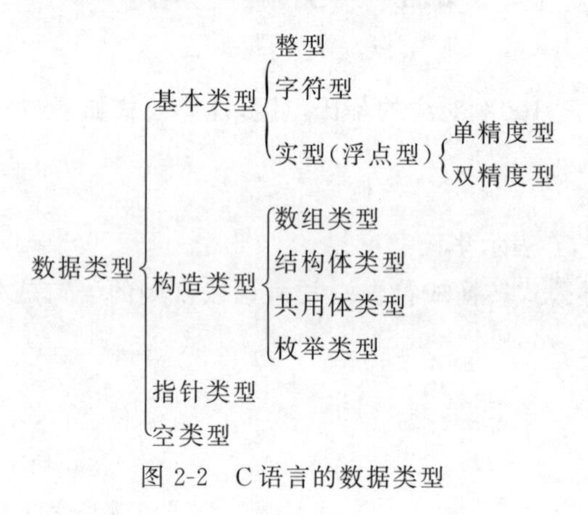

图 2-2　C 语言的数据类型

2.3　常量和变量

对于基本类型数据，按其取值是否可改变分为常量和变量两种。

2.3.1　常量

在程序执行过程中，其值不发生改变的量称为常量。常量可分为值常量和符号常量。

值常量也称为直接常量，即直接以字面值表示，可以是任何基本类型的值。如 10、-20 是整型常量；10.5 和 0.55e5 是实型常量；'a'和'*'是字符型常量；"beijing"是字符串常量等。

1. 整型常量

整型常量就是整常数。在 C 语言中，整型常量有八进制、十六进制和十进制 3 种。

1）八进制整常数

八进制整常数必须以 0 开头，即以 0 作为八进制数的前缀。

以下各数是合法的八进制整常数：

016（十进制为 14） 0101（十进制为 65）

2）十六进制整常数

十六进制整常数的前缀为 0X 或 0x。

以下各数是合法的十六进制整常数：

0X1A（十进制为 26） 0XA0（十进制为 160） 0XFFFF（十进制为 65535）

3）十进制整常数

以下各数是合法的十进制整常数：

-258 678 1828

2. 实型常量

实型也称为浮点型。实型常量也称为实数或者浮点数。在 C 语言中，实数只采用十进制。它有两种形式：小数形式和指数形式。

1）小数形式

由数字 0～9 和小数点组成。例如，0.0、-2.87、3.8、4.和.77 均为合法的实数。

2）指数形式

由十进制数、e 或 E 以及指数组成，其一般形式为：

aEn

其中，a 为十进制数，整数或小数均可；n 为十进制整数；aEn 的值为 $a\times10^{n}$，如 3.4E6（等价于 3.4×10^{6}），-9.6E-4（等价于 -9.6×10^{-4}）。

3. 字符型常量

字符型常量是用单引号括起来的单个字符。如'x'、'y'、'$'、'?'都是合法的字符型常量。

说明：

（1）单引号本身只作定界符使用，不是字符型常量的一部分。

（2）字符型常量具有数值，其值对应于 ASCII 码值，是 0～255 的整数。例如，'A'的值是 65，'a'是 97，'0'是 48。因此，字符型常量与整型常量可以混合使用，如'A'+2 表示'C'。

（3）除了以上形式的字符型常量外，C 语言还允许使用一种特殊形式的字符型常量，就是以反斜线"\"开头的字符序列。此字符序列具有特定的含义，故称"转义"字符。例如，在前面各例题 printf 函数的格式串中用到的"\n"就是一个转义字符，其功能是"回车换行”。转义字符主要用来表示那些用一般字符不便于表示的控制代码。

常用的转义字符及其功能如表 2-1 所示。

表 2-1 常用的转义字符及其功能

转义字符	功能
\n	回车换行
\t	横向跳到下一制表位置
\"	双引号
\'	单引号
\\	反斜线
\ddd	1～3 位八进制数所代表的字符(ASCII)
\xhh	1～2 位十六进制数所代表的字符(ASCII)

4. 字符串常量

字符串常量是用双引号括起来的一串字符序列。例如："Hello!"、"A"、"12345"、""、"Hello! LI"等。

字符串常量在使用过程中需注意以下问题。

(1) 双引号本身只作定界符使用,而不是字符串常量的一部分。

(2) 存储时,字符串常量以字符的 ASCII 码形式存储,而不是字符本身,且编译器会自动在每一个字符串末尾添加串结束标志符'\0'(其 ASCII 码为 0)。因此,字符串常量的字节数等于实际字符个数加 1。如只有一个字母的字符串"A"占 2 字节,而字符型常量'A'仅占 1 字节。

(3) 字符串常量可以为空,如""。空字符串和空格字符串不同,前者只有一个'\0'结束标志;而后者在'\0'结束标志前,还有一个空格字符。

(4) 与字符型常量不同,字符串常量没有独立数值的概念,不能与整型常量互换使用。

5. 符号常量

在 C 语言中,对于某些有特定含义的、经常使用的常量可以用符号常量来代替。使用符号常量,可以增加程序的可读性和可维护性。符号常量定义的一般格式为

```
#define 符号常量 常量
```

其中,#define 是定义符号常量的预处理命令,详见附录 D。例如:

```
#define PI 3.14159
```

定义了一个符号常量 PI,用来代替常量 3.14159。

符号常量一般习惯用大写字母表示。

2.3.2 变量

变量是指在程序执行过程中其值可改变的量。变量具有 3 要素：变量名、变量值和变量类型。

1. 变量名

每一个变量需要有一个名字来标识以区别于其他的变量。变量名的命名规则应符合 C 语言中标识符的命名规则（见 1.3 节），同时不与关键字同名。例如，sum、area、count、student 等是合法的，并且做到了见名知意，可读性好。

2. 变量值

变量值有两种。一种是变量本身的值，简称变量值，这是变量存放在内存单元中的值。另一种是变量的地址值，该值是变量被存放在内存的编号。

例如变量 a、b，它们分别代表存储单元 11020000 和 11020004 的名称，存储器单元中的内容是它们的值。因此，变量 a、b 的值分别为 100、200。变量名、变量值和地址的关系如图 2-3 所示。

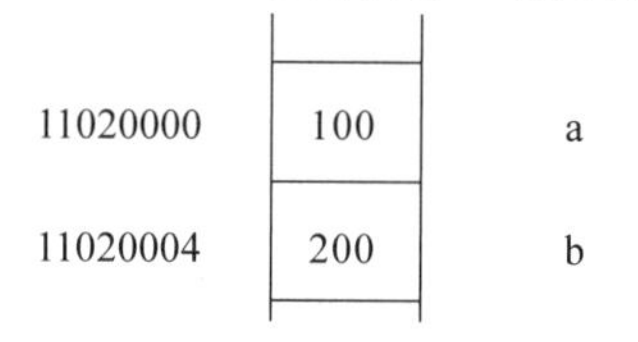

图 2-3 变量名、变量值和地址的关系

实际上，变量名是一个与某一存储单元相联系的符号地址，而变量值是指存放在该存储单元中的数据。在程序中，我们经常会从变量中存取数据，实际上是先通过变量名找到相应存储单元的地址，然后再对该地址所对应的存储单元进行存入或取出数据操作。

3. 变量类型

定义或说明变量时，除了指出变量名外，还要给出该变量的类型。

变量类型包括两部分：数据类型和存储类型。存储类型在 6.6.2 节中介绍。

变量的数据类型决定该变量存放在内存中所占的字节数。不同数据类型的变量在内存中占有的字节数不同，因此，该变量的取值范围也不同。在 C 语言中，变量必须先定义后使用。变量定义的一般形式为

```
数据类型 变量名表;
```

1）整型变量

例如：

```
int a,b,c;
```

定义了 3 个基本整型变量。

可以根据数据的取值范围和所占内存的字节数，将变量定义为 6 种整型类型，详见表 2-2。

2）实型变量

实型变量分为两类：单精度型和双精度型，类型说明关键字分别为 float 和 double。单精度型一般占 4 字节(32 位)内存空间，其数值范围为－3.4E＋38～3.4E＋38，提供 6～7 位有效数字；双精度型一般占 8 字节(64 位)内存空间，其数值范围为－1.7E＋308～1.7E＋308，可提供 15～16 位有效数字。

表 2-2　Dev C++ 5.11 中各整型变量的名称、分配的字节数和取值范围

类型定义关键字	名　　称	分配的字节数	数的取值范围
[signed] int	基本整型	4	－2147483648～2147483647
[signed] short [int]	短整型	2	－32768～32767
[signed] long [int]	长整型	4	－2147483648～2147483647
unsigned [int]	无符号基本整型	4	0～4294967295
unsigned short [int]	无符号短整型	2	0～65535
unsigned long [int]	无符号长整型	4	0～4294967295

实型变量说明的形式举例：

```
float x,y;            /*x,y为单精度实型变量*/
double a,b,c;         /*a,b,c为双精度实型变量*/
```

3）字符变量

字符变量说明的一般形式如下：

```
char 变量表;
```

例如：

```
char a,b;
```

每个字符变量被分配 1 字节的内存空间，因此只能存放一个字符。将一个字符常量存放到一个字符变量中，实际上并不是把该字符本身存放到内存单元中去，而是将该字符所对应的 ASCII 码存放到变量的内存单元中。如 x 的十进制 ASCII 码是 120，y 的十进制 ASCII 码是 121。对字符变量 a，b 分别赋予'x'和'y'值：a＝'x'；b＝'y'；实际上是在 a，b 两个单元内存放 120 和 121 的二进制代码：

a | 0 | 1 | 1 | 1 | 1 | 0 | 0 | 0 |　　　b | 0 | 1 | 1 | 1 | 1 | 0 | 0 | 1 |

因此，字符型变量的值可以看成是整型值。C 语言允许对字符变量赋以整型值，也允许对整型变量赋以字符值。在输出时，允许把字符型数据按整型数据形式输出，也允许把整型数据按字符型数据形式输出。但由于整型数据至少占 2 字节的内存空间，而字符型数据仅占单字节的内存空间，当整型数据按字符型数据处理时，只有低八位字节参与处理。

4. 变量赋初值

在程序中常常需要对一些变量预先设置初值，以方便使用。C 语言程序中可以在定

义变量的同时赋初值,这种方法称为初始化。在变量定义中赋初值的一般形式为

类型说明符 变量 1= 值 1, 变量 2= 值 2, …

例如:

```
int a=5,b= 6;
float x=4.7,y=38.6,z=8.72;
```

2.4 运算符与表达式

C语言中运算符和表达式数量之多,在高级语言中是少见的。正是丰富的运算符和表达式使得C语言功能十分完善。这也是C语言的主要特点之一。

C语言的运算符不仅具有不同的优先级,而且还有一个特点,就是它的结合性。C语言中,运算符的运算优先级共分为15级。1级最高,15级最低。在表达式中,优先级较高的先于优先级较低的进行运算。而在一个运算量两侧的运算符优先级相同时,则按运算符的结合性所规定的结合方向处理。C语言中各运算符的结合性分为两种,即左结合性(自左至右运算)和右结合性(自右至左运算)。详见附录B。

2.4.1 算术运算符与算术表达式

算术运算符用于各类数值运算,包括加(+)、减(-)、乘(*)、除(/)、求余(或称模运算,%)、负值(-)、自增(++)和自减(--)运算符。

1. 基本的算术运算符

+、-、*、/、%运算符均为双目运算符,即前后应有两个量参与运算,具有左结合性。运算符*、/、% 优先级别高于+、-运算符。

(1) 乘法运算符"*"在程序书写过程中不能省略,不同于数学公式中的表达。

(2) 除法运算符"/",两个整数相除的运算结果也为整数,舍去小数部分。例如18/4的计算结果为4而非4.5。

(3) 求余运算符"%",要求参与运算的量均为整型,计算的结果为两数相除的余数。7%3的计算结果为1,8%4的计算结果为0。

2. 取负运算符

取负运算符"-"为单目运算符,如-5和-y,具有右结合性。

3. 自增、自减运算符

自增运算符记为"++",其功能是使变量的值增1。自减运算符记为"--",其功能是使变量的值减1。自增、自减运算符均为单目运算符,都具有右结合性,且只能用于变

量。可有以下几种形式：

＋＋i：i 增 1 后再参与其他运算。

－－i：i 减 1 后再参与其他运算。

i＋＋：i 参与运算后，i 的值再增 1。

i－－：i 参与运算后，i 的值再减 1。

例如，当有如下语句时

```
int x=5,y;
y=x++;
```

则 y 的值为 5。

然而，当有如下语句时

```
int x=5,y;
y=++x;
```

则 y 的值为 6。

4. 算术表达式

算术表达式是由算术运算符和括号将运算对象连接起来的式子，如：

(a＊5)/b　(x＋y)/(a－b)　＋＋i　sin(x)＋cos(y)　(＋＋i)＋(k－－)

2.4.2 赋值运算符与赋值表达式

赋值运算符记为＝。由＝连接的式子称为赋值表达式，其一般形式为

```
变量=表达式
```

例如：

```
x=a+b
y=b+x++
```

在使用赋值运算符和赋值表达式的过程中，通常需要注意以下几点。

(1) 赋值运算符具有右结合性，即先计算表达式的值再赋予左边的变量。因此，连续赋值的情况 x＝y＝z＝8 常常被使用，其可理解为 x＝(y＝(z＝8))。

(2) 赋值表达式在其末尾加上分号就构成了语句。如“x＝a＋b;”是一个赋值语句。

(3) 如果赋值运算符两边的数据类型不相同，系统将自动进行类型转换，即把赋值号右边的类型换成左边的类型。例如，a 为整型变量，则 a＝123.456;变量 a 的值为整数 123，而不是 123.456。

(4) 在赋值运算符“＝”之前加上其他二目运算符可构成复合赋值运算符。这些运算符共有 10 个：＋＝，－＝，＊＝，/＝，%＝，<<＝，>>＝，&＝，^＝，|＝。例如：x＋＝8 等价于 x＝x＋8，a＊＝b＋6 等价于 a＝a＊(b＋6)。复合赋值运算符的这种写法，对初学者可能不习惯，但十分有利于编译处理，能提高编译效率并产生质量较高的目标代码。

2.4.3 关系运算符与关系表达式

C 语言提供了 6 种关系运算符，如表 2-3 所示。

表 2-3 关系运算符

运算符	＜	＜＝	＞	＞＝	＝＝	!＝
含义	小于	小于或等于	大于	大于或等于	等于	不等于
优先级	6				7	

例如：a＋b＞c，a＝＝b＜c 是关系表达式。关系表达式的值是“真”或“假”。表达式 a＋b＞c 中，如果 a＋b 之和大于 c 值，条件成立，该表达式值为“真”；如果 a＋b 之和不大于 c 值，条件不成立，该表达式值为“假”。

此外，在使用关系运算符书写程序的过程中，还要注意以下两点。

(1) 关系运算符的优先级低于算术运算符，而高于赋值运算符。

(2) ＝＝是关系运算符，而＝是赋值运算符。

2.4.4 逻辑运算符与逻辑表达式

C 语言提供了 3 种逻辑运算符，如表 2-4 所示。

表 2-4 逻辑运算符

运算符	!	&&	||
含义	逻辑非	逻辑与	逻辑或
优先级	2	11	12

例如：a||b，a＞b&& x＞y 是逻辑表达式。逻辑表达式的值只有两个，“真”或“假”。在 C 语言中，任何一个非零值都表示“真”，零表示“假”。

值得一提的是，在使用逻辑运算符书写程序的过程中，需要特别注意以下几点。

(1) a&&b：当 a 和 b 均为“真”时，结果为“真”；否则，结果为“假”。

(2) a||b：当 a 和 b 均为“假”时，结果为“假”；否则，结果为“真”。

(3) !a：当 a 为“真”时，结果为“假”；当 a 为“假”时，结果为“真”。

(4) a&&b&&c，只有 a 为真(非 0)时，才需要判别 b 的值，只有 a 和 b 都为真时才需要判别 c 的值。只要 a 为假，就不必判别 b 和 c。即对于 && 运算符来说，只有 a≠0，才继续进行右边的运算。

(5) a||b||c，只要 a 为真(非 0)，就不必判别 b 和 c。只有 a 为假，才判别 b。a 和 b 均为假才判别 c。即对于||运算符，只有 a＝0，才继续进行其右边的运算。

例如：已知 a＝7，b＝5，ch＝'m'，d＝5e＋12。求逻辑表达式 a＞b&&ch＞'t'||d 的值。表达式自左至右扫描求解。首先处理 a＞b(因为关系运算符优先于逻辑运算符

&&)结果为真即值为 1；再进行 ch＞'t'的运算，结果为假，即值为 0；表达式变成 1&&0||d 的运算；根据优先次序，先进行 && 运算结果为假(值为 0)，最后进行||运算得到结果为真(值为 1)。

2.4.5 条件运算符及条件表达式

条件运算符由？和：组成，是 C 语言中唯一一个三目运算符，该运算符要求有 3 个操作对象，运算级为 13。条件表达式的一般形式为

```
表达式 1? 表达式 2: 表达式 3
```

条件运算符的执行顺序：先求表达式 1，若为真(非 0)，以表达式 2 的值作为整个条件表达式的值；否则，以表达式 3 的值作为整个条件表达式的值。例如：

```
max=(x>y)?x: y
```

条件运算符优先于赋值运算符，因此，上面赋值表达式的求解过程是先求解(x＞y)，判断结果是否为真，如为真，将 x 赋值给 max，否则将 y 赋值给 max，即等价于如下代码：

```
if(x>y)
    max=x;
else
    max=y;
```

2.4.6 逗号运算符与逗号表达式

C 语言中的逗号(,)是一种运算符，称为逗号运算符。其功能是把两个表达式连接起来组成一个表达式，称为逗号表达式。逗号表达式的一般形式为

```
表达式 1,表达式 2 ,…,表达式 n
```

其求值过程是先计算表达式 1 的值，然后计算表达式 2 的值，以此类推，最后计算表达式 n 的值，并以表达式 n 的值作为整个逗号表达式的值。

例如，逗号表达式“a=3,b=5,c=a+b”的值为 8。

并不是在所有出现逗号的地方都组成逗号表达式，如在变量说明、函数参数表中逗号只是用作各变量之间的分隔符。

2.4.7 sizeof 运算符

sizeof 是求其操作对象所占用字节数的运算符。操作对象可以是类型说明符、变量、常量、数组和表达式等。格式如下：

```
sizeof(<类型说明符>|<表达式>)
```

其中，<类型说明符>可以是基本数据类型，也可以是构造数据类型，例如：

```
int a,b[10];
sizeof(a);          /* 变量 a 在内存中占的字节数 */
sizeof(int);        /* 整型变量在内存中占的字节数 */
sizeof(b);          /* 数组 b 在内存中占的总字节数 */
```

2.4.8 位运算符与位运算

C 语言可以直接对地址进行运算，因此，它提供了位运算的功能。位运算是针对二进制代码进行的，每一个二进制位的取值只有 0 或 1，位运算符的操作对象是一个二进制位集合，如一个字节。位运算又分为逻辑位运算符和移位运算符两类。

1. 逻辑位运算符

逻辑位运算符包括 1 个单目运算符和 3 个双目运算符。

单目运算符：~(按位求反运算符)。

双目运算符：&(按位与运算符)、|(按位或运算符)、∧(按位异或运算符)。

说明：

(1) 按位求反操作是按二进制位中的 1 求反后是 0，0 求反后为 1。

(2) 按位与运算是将两个操作数各二进制位从低位到高位对齐，再将对应两个二进制数位相与。只有两个二进制位都为 1 时，结果才为 1，否则为 0。

(3) 按位或运算，将两个操作数对应二进制数位相或。两个二进制位都为 0 时，结果才为 0，否则为 1。

(4) 按位异或运算，两个操作数对应二进制数位相同时，结果为 0，不同时结果为 1。

例如：

(1) 15&26 表示为 00001111&00011010=00001010，即十进制 10。

(2) 060|017(八进制)表示为 00110000|00001111=00111111。

(3) 57∧42 表示为 00111001∧00101010=00010011。

2. 移位运算符

移位运算符包括两个双目运算符。

(1)<<(左移运算符)：将某个二进制数向左移动指定的位数，左边被移出的位丢弃，右边一律补 0。每左移 1 位相当于乘以 2，移 n 位相当于乘以 2 的 n 次方。例如：

00001111<<2 左移 2 位后为 00111100。

(2) >>(右移运算符)：将某个二进制数向右移动指定的位数，右边被移出的位丢弃，左边补符号位或 0。右移 1 位相当于除以 2，移 n 位相当于除以 2 的 n 次方。例如：00001111>>2 右移 2 位后为 00000011。

2.4.9 数据间的混合运算

在C语言中,允许整型、实型、字符型数据间进行混合运算。首先按运算符的优先级将运算符两侧的数据转换成同一类型,然后再进行运算。数据类型的转换包括自动转换和强制转换。自动转换由C语言编译系统自动完成,强制转换则通过特定的运算完成。

1. 自动类型转换

自动类型转换可分为非赋值运算的类型转换和赋值运算的类型转换两类。

1) 非赋值运算的类型转换

数据类型的自动转换是将占用字节数少的向占用字节数多的数据类型转换。对于各种数据类型,其转换规则如图2-4所示,具体说明如下。

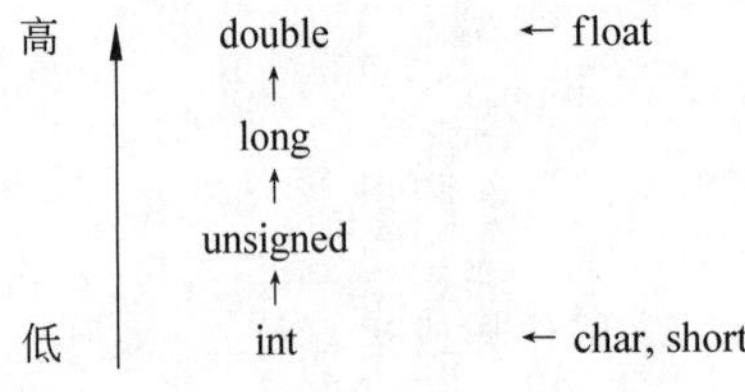

图2-4 数据类型自动转换规则

(1) 水平方向的转换:自动从右向左转换,见图2-4中的左箭头方向。

(2) 垂直方向:经过水平方向的转换后,若参加运算的数据的类型仍然不同,再将这些数据自动转换成其中级别最高的类型。见图2-4中的上箭头方向。

例如:int型与double型数据进行运算,直接将int型数据转换为double型进行运算,而不是先转换成unsigned型,然后再转换成long型,最后再转换成double型。

2) 赋值运算的类型转换

当赋值运算符两侧的类型不一致时,其转换规则是将赋值运算符右侧的类型转换为左侧变量的类型,然后再进行赋值运算。这种情况下,可能会引起数值溢出或产生舍入误差。例如:

```
int i;
i=5.67;
```

则i的值为5,即以整数形式存储在整型变量中。

2. 强制类型转换

使用强制转换运算符,可以将一个表达式转换成给定的类型,其一般形式为

(数据类型名)表达式

例如,(long)a强制将a临时转换为长整型,(float)(x+y)强制将x+y的结果临时转换为单精度实型。

无论是强制转换还是自动转换,都只是一种作用于本次运算的临时性转换,而不会改变数据原来的类型。

2.5 数据的输入输出

在C语言中，所有的数据输入输出都是由库函数完成的。在程序中只需调用这些函数来完成相应的输入输出操作。需要指出的是，这里介绍的输入输出函数在使用前，都需要使用预处理命令“#include”将头文件stdio.h包含到用户源程序中，即#include<stdio.h>。

2.5.1 字符输入输出函数

C语言函数库提供了getchar()、putchar()等以键盘为标准输入设备、以显示器为标准输出设备的标准字符输入输出函数。

1. 标准字符输出函数 putchar()

putchar()函数向标准输出设备(一般为显示器)输出一个字符，其调用的一般形式为

```
putchar(c)
```

其中，c可以是一个字符常量、字符变量、整型常量、整型变量或整型表达式。

2. 标准字符输入函数 getchar()

getchar()函数从标准输入设备(一般为键盘)读入一个字符，并立即在显示器上显示该字符(称作回显)，其调用的一般形式为

```
getchar()
```

例 2-2 字符输入输出函数的应用。

程序代码如下：

```
#include<stdio.h>
int main()
{   char c;
    printf("Input a character: ");
    c=getchar();
    putchar(c-32);
    putchar('\n');
    return 0;
}
```

运行情况：

```
Input a character: g↙
G
```

2.5.2 格式输出函数 printf()

printf()函数的作用是向显示器输出若干个任意类型的数据。printf()函数调用的一般形式为

```
printf("格式控制字符串",输出表列)
```

其中,格式控制字符串用于指定输出格式。格式控制字符串可以由格式字符串和非格式字符串两部分组成。格式字符串是以%开头的字符串,在%后面跟有各种格式字符,以说明输出数据的类型、长度、小数位数等。非格式字符串原样输出,在显示中起提示作用。输出表列中列出了各个输出项,要求格式字符串和各输出项在数量和类型上一一对应。

格式字符串的一般形式为

```
%[+][-][0][m][.n][字母 l]<格式字符>
```

其中,格式字符用于说明输出数据的类型。printf()函数中可使用的格式字符及其功能如表 2-5 所示。

表 2-5 printf()函数中可使用的格式字符及其功能

格式字符	功　能
d、i	以十进制形式输出带符号整数(正数不输出符号)
o	以八进制形式输出无符号整数(不输出前缀 0)
x、X	以十六进制形式输出无符号整数(不输出前缀 0x)。用 x 时,以小写形式输出包含 a~f 的十六进制数;用 X 时,以大写形式输出包含 A~F 的十六进制数
u	以十进制形式输出无符号整数
c	输出单个字符
s	输出字符串
f	以小数形式输出单、双精度实数
e、E	以指数形式输出单、双精度实数
g、G	以%f、%e 中较短的输出宽度输出单、双精度实数

[+]、[-]、[0]、[m]、[.n]、[字母 l]等可选项附加格式说明符位于%与格式字符之间,用于说明输出数据的宽度、小数位数、数据对齐形式等。表 2-6 给出了各种附加格式说明符及其作用。

例如:

```
printf("%f%d",x,y);
```

以上函数调用语句输出变量 x 和 y 的值,x 对应于格式%f,y 对应于格式%d。

表 2-6 printf()函数的附加格式说明符及其作用

附加格式说明符	作　　用
整数 m	m 为十进制正整数，表示输出的最少位数。若实际位数多于定义的宽度，则按实际位数输出；若实际位数少于定义的宽度，则补空格或 0
.	将整数 m 与整数 n 分开
整数 n	n 为十进制正整数，对于实数，表示小数的位数；对于字符串，则表示截取的字符个数
字母 l	输出 long 型整数或 double 型实数
0	若数据的实际位数少于定义的宽度，则左边补 0
+	输出数据右对齐，并在正数前输出+
-	输出的数字或字符左对齐

例 2-3 格式输出整型数和实型数。

程序代码如下：

```
#include<stdio.h>
int main()
{   float x=3.14159;
    int y=12;
    char z='A';
    printf("x=%7.3f,y=%05d\nz=%c\n",x,y,z);
    return 0;
}
```

运行情况：

```
x=   3.142,y=00012
z=A
```

变量 x 与格式控制符%7.3f 相对应，输出 x 变量时，总共占用 7 个字符位置，其中小数部分占 3 位，第 4 位四舍五入，如果不足 7 位，前面用空格补足 7 位。%05d 对应于 y 变量，输出 y 变量时，总共占用 5 个位置，空位置填 0。变量 z 与%c 相对应。双引号中的其他非格式字符原样输出。

2.5.3 格式输入函数 scanf()

scanf()函数称为格式输入函数，即按用户指定的格式从键盘上把数据输入指定的变量中。scanf()函数调用的一般形式为

```
scanf("格式控制字符串",地址表列)
```

其中，格式控制字符串的作用与 printf()函数相同，但不能显示非格式字符串，也就是不

能显示提示字符串。地址表列是需要接受输入数据的所有变量的地址,而不是变量本身,这与printf()函数完全不同。若有多个地址,各地址之间要用逗号“,”分隔。地址是由变量名前加地址运算符&组成的。例如,&a、&b分别表示变量a和变量b的地址,这个地址就是编译系统在内存中给变量a、b分配的地址。在C语言中,使用了地址这个概念,这是与其他语言不同的。变量的具体地址是什么读者可以不必关心。

scanf()函数中格式字符串的一般形式为

```
%[字母 l][m]格式字符
```

其中,格式字符与printf()函数中的格式字符相同,附加格式说明符主要有两个:字母l和整数m,其作用如表2-7所示。

表2-7 scanf()函数的附加格式说明符及其作用

附加格式说明符	作　用
字母l	用于输入long型整数(%ld)或double型实数(%lf)
整数m	用于指定输入数据的宽度

使用scanf()函数还必须注意以下几点。

(1) scanf()函数中没有精度控制,如“scanf("%8.4f",&a);”是非法的。不能企图用此语句输入4位小数的实数。

(2) 在输入多个数值数据时,若格式控制串中没有非格式字符作输入数据之间的间隔,则可用空格、Tab键或回车作间隔。若格式控制串中有非格式字符作输入数据之间的间隔,则必须用该非格式字符作间隔。

例如,语句如下:

```
scanf("%d,%d,%d",&a,&b,&c);
```

在运行时,必须以“6,7,8”(逗号分隔)的方式才能正确地将此3个数分别输入到变量a、b、c中。

例2-4 将例2-1改为从键盘输入摄氏温度,求其对应的华氏温度。

视频

程序代码如下:

```
#include<stdio.h>
int main()
{
    double celsius,fahr;
    printf("请输入摄氏温度:");
    scanf("%lf",&celsius);
    fahr=9.0/5.0*celsius+32;
    printf("celsius=%lf,fahr=%lf\n",celsius,fahr);
    return 0;
}
```

运行情况:

```
请输入摄氏温度：100↙
celsius=100.000000,fahr=212.000000
```

练习 2-1 键盘输入一个字符，输出该字符及其对应的 ASCII 码。

输入输出是程序设计的基本操作，而 C 语言的格式输入又较难掌握，数据输入不当就得不到预期的结果。初学者应先重点掌握最常用的一些规则，然后伴随程序的编写和调试再逐步深入理解许多细节问题。

2.6 顺序结构程序设计

在 1.4.2 节中，介绍了结构化算法的三种基本结构。将 3 种基本结构组成的结构化算法用程序设计语言描述出来，就得到了结构化的程序。本节在介绍 C 语言语句的基础上，首先介绍简单的顺序结构程序设计。

2.6.1 C 语言的语句

C 语言程序的执行部分是由语句组成的。程序的功能也是由执行语句实现的。C 语言的语句可以分为以下 5 类：表达式语句、函数调用语句、控制语句、空语句和复合语句。

1. 表达式语句

表达式语句由表达式加上分号(;)组成。执行表达式语句就是计算表达式的值。

2. 函数调用语句

函数调用语句由函数名、实际参数加上分号(;)组成。执行函数语句就是调用函数体并把实际参数赋予函数定义中的形式参数，然后执行被调函数体中的语句，详见第 6 章。例如：

```
printf("This is the first C program");
```

调用库函数，输出字符串。

3. 控制语句

控制语句用于完成一定的控制功能，以实现结构化程序设计。C 语言有 9 种控制语句，可分成以下 3 类。

(1) 条件判断语句：if 语句、switch 语句。

(2) 循环语句：while 语句、do while 语句、for 语句。

(3) 转向语句：goto 语句、break 语句、continue 语句、return 语句。

4. 空语句

只有分号(;)组成的语句称为空语句。空语句是什么也不执行的语句。

5. 复合语句

把若干条语句用大括号{}括起来组成的语句称为复合语句。在程序中把复合语句看成是一条语句,而不是多条语句,例如:

```
{
    z=x+y;
    t=z/10.0;
    printf("%f",t);
}
```

是一条复合语句。复合语句内的每一条语句都必须以分号";"结尾。

2.6.2 顺序结构程序设计举例

顺序结构由一组按先后书写顺序执行的程序块组成。顺序结构是结构化程序设计中最简单的一种。

下面介绍几个顺序结构程序设计的例子。

例 2-5 输入三角形的三条边长,求该三角形的面积。

视频

分析:设输入的三角形三条边长为 a、b、c,则三角形面积的计算公式为 $\sqrt{s(s-a)(s-b)(s-c)}$,其中 $s=\frac{1}{2}(a+b+c)$。

程序代码如下:

```
#include<stdio.h>
#include<math.h>
int main()
{
  double a,b,c,s,area;
  printf("请输入三角形的三条边 a,b,c:");
  scanf("%lf,%lf,%lf",&a,&b,&c);          /*注意输入数据之间的分隔符*/
  s=1.0/2*(a+b+c);                         /*注意整型常量相除及乘号*/
  area=sqrt(s*(s-a)*(s-b)*(s-c));          /*公式转换*/
  printf("a=%7.2f  b=%7.2f  c=%7.2f\n",a,b,c);
  printf("s=%7.2f  area=%7.4f\n",s,area);
  return 0;
}
```

运行情况:

```
请输入三角形的三条边 a,b,c: 6,8,10
a=    6.00    b=    8.00  c=   10.00
s=   12.00    area=24.0000
```

视频

例 2-6 从键盘上输入一个小写字母,要求转换为大写字母并输出。

程序代码如下：

```
#include<stdio.h>
int main()
{
    char c1,c2;
    printf("Please input a lower letter: ");
    scanf("%c",&c1);
    c2=c1-32;        /*小写字母与大写字母的ASCII码差值为32*/
    printf("Upper letter is %c\n",c2);
    printf("Upper letter ASCII is %d\n",c2);
    return 0;
}
```

运行情况：

```
Please input a lower letter: d
Upper letter is D
Upper letter ASCII is 68
```

练习 2-2 从键盘上输入一个大写字母，将其转化为小写字母并输出。

例 2-7 读入圆的半径 r，计算该圆的周长及面积。

程序代码如下：

视频

```
#define PI 3.141593
#include<stdio.h>
int main()
{
    double r,circum,area;
    printf("请输入半径:");
    scanf("%lf",&r);          /*双精度变量格式输入必须用%lf*/
    circum=2*r*PI;
    area=PI*r*r;
    printf("r=%-8.2lf,circum=%-8.2lf,area=%-8.2lf\n",r,circum,area);
    return 0;
}
```

运行情况：

```
请输入半径: 3
r=3.00,      circum=18.85,      area=28.27
```

本章小结

C语言的数据类型、运算符及表达式非常丰富，输入输出格式较为复杂。初学者应先重点掌握基础内容，然后在后续编写程序中逐步掌握细节问题。

习　题　2

一、客观题

1. 下列变量名中合法的是________。

A. BC.Tom　　B. 3a6b　　C. _6a7b　　D. $ ABC

2. 正确的定义变量的语句是________。

A. int ab_;　　B. int-ab;　　C. char mm　　D. float a3.b;

3. 求算术表达式的值：

(1) 3.5+9%4*3*(1/2)-1.5。

(2) (int)x+6%(int)(y/2.0)，设 x=2.8，y=4.4。

4. 以下程序的运行结果是________。

```
#include<stdio.h>
int main()
{
    int a=5,x,y=8,z;
    x=++a;
    z=-y--;
    printf("%d,%d,%d\n",x,y,z);
    return 0;
}
```

5. 假如从键盘输入的字符是 A，以下程序的运行结果是________。

```
#include<stdio.h>
int main()
{
    char ch;
    printf("Input a character: ");
    ch= getchar();
    printf("%c,%d\n",ch+32,ch+32);
    return 0;
}
```

6. 若有：int a=1,b=2,c=3,d=4,m=2,n=2;

则执行(m=a>b)&&(n=c>d)后 n 的值是________。

A. 1　　B. 2　　C. 3　　D. 0

二、编程题

1. 输入一个球体的半径 r，求该球体的表面积和体积。

2. 输入两组数据 x_1、y_1 和 x_2、y_2，分别代表平面直角坐标系中的两个点，求此两点间的距离。

3. 输入一个三位数的正整数，分别求出该数的百位数、十位数和个位数的数值。

4. 输入两个字符到字符变量 a、b 中，交换 a、b 的值，并输出交换后 a、b 的值。

5. 输入一个字符，输出其前一个字符和后一个字符，以及这 3 个字符对应的 ASCII 码值。

第 3 章　选择结构

本章主要内容：

- 条件 if 语句，包括 if-else、if 和 if-else if 三种形式；
- switch 开关语句。

3.1　引　　例

例 3-1　有一个函数，定义如下：

$$y = f(x) = \begin{cases} 0 & (x < 0) \\ x & (x \geqslant 0) \end{cases}$$

编写一段程序，根据用户输入的自变量 x 的值，计算函数值。

分析：首先从键盘输入自变量 x 的值，然后根据其值判断所属的范围，执行对应的语句。

程序流程图如图 3-1 所示。

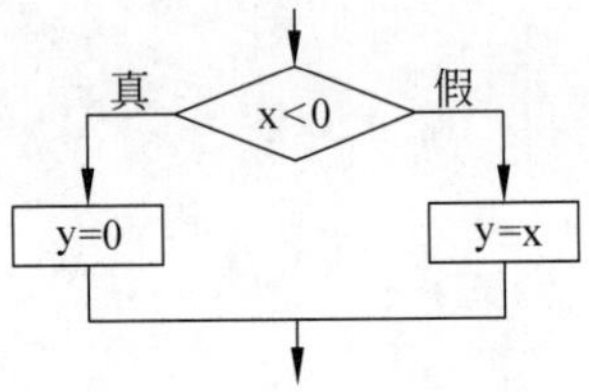

程序代码如下：

```
#include<stdio.h>
int main()
{ int x,y;
  printf("Please input  x:");
  scanf("%d",&x);             /*输入数据*/
  if( x<0 )                   /*对数据 x 进行判断*/
       y=0;                   /*如果 x<0,则执行 y=0*/
  else
       y=x;                   /*如果 x≥0,则执行 y=x*/
  printf("y=%d\n",y);         /*输出函数值*/
  return 0;
}
```

图 3-1　例 3-1 流程图

例 3-2　输入三角形的三条边长，求三角形的面积。

分析：此例在第 2 章中已经做过。为了使其完整，首先要判断输入的三条边是否能够构成三角形。任意两边之和都要大于第三边，这是构成三角形的基本条件。

程序代码如下：

```
#include<stdio.h>
#include<math.h>
int main()
{ float a,b,c,s,area;
  printf("请输入三角形的三条边 a,b,c:");
  scanf("%f,%f,%f",&a,&b,&c);
  if(a+b>c && a+c>b && b+c>a)     /*判断能否构成三角形*/
  {                               /*条件成立,通过以下复合语句求面积并输出结果*/
    s=1.0/2*(a+b+c);
    area=sqrt(s*(s-a)*(s-b)*(s-c));
    printf("a=%7.2f  b=%7.2f c=%7.2f\n",a,b,c);
    printf("s=%7.2f area=%7.4f\n",s,area);
  }
  else
  printf("此三条边不能构成三角形!\n");     /*条件不成立,输出相关信息*/
  return 0;
}
```

本例中,if(a+b>c && a+c>b && b+c>a) 是判断输入的三条边长中任意两边之和是否大于第三边,如果条件成立,则计算并输出结果,否则,输出不能构成三角形的信息。程序设计中往往需要对不同情况或条件进行判断从而执行不同的选择结构,C 语言中可以用 if 语句和 switch 语句来实现。

3.2 if 语句

if 语句是用来判定所给定的条件是否满足,根据判定的结果来选择不同的执行语句,也称为分支语句。if 语句有 if-else、if 和 if-else if 三种形式,而 if 语句还可以嵌套使用。

3.2.1 if-else 形式

if-else 选择结构的一般形式为

```
if(表达式)
    语句 1;
else
    语句 2;
```

其中,圆括号内的表达式称为选择条件,无论表达式为何种类型,均按逻辑值处理,结果只有两种可能,“真”和“假”。语句 1 和语句 2 分别称为 if 分支和 else 分支的子语句。

执行过程：先计算表达式的值,若表达式结果为“真”,则执行语句 1;否则(表达式为

“假”)，执行语句 2，其执行流程如图 3-2 所示。

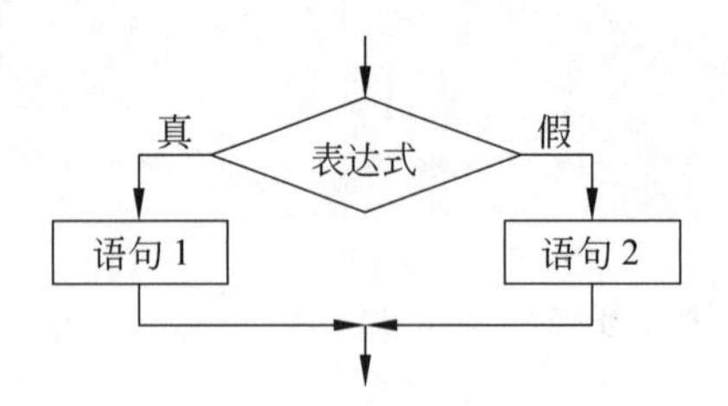

图 3-2　if-else 执行流程图

例 3-3　输入一个整数，判断该数是奇数还是偶数。

程序代码如下：

```
#include<stdio.h>
int main()
{  int   x;
   printf("请输入一个整数:");
   scanf("%d",&x);
   if(x%2==0)           /* x 与 2 的余数为 0,则为偶数,否则为奇数 */
      printf("该数是偶数。\n");
   else
      printf("该数是奇数。\n");
   return 0;
}
```

运行情况：

```
请输入一个整数: 78
该数是偶数。
```

例 3-3 程序中，对于输入的 x 值进行判断，x 与 2 的余数如果为 0，即表达式 x%2==0 为真，则执行“printf("该数是偶数。\n");”，否则表达式为假，执行“printf("该数是奇数。\n");”。

练习 3-1　输入两个整数，将较大的数输出。

视频

例 3-4　输入两个数，按数值由小到大的顺序输出这两个数。

程序代码如下：

```
#include<stdio.h>
int main()
{     float a,b,t;
      printf("Please input a,b:");
      scanf("%f, %f",&a,&b);
      if(a>b)            /* if 子句有多条语句,必须用大括号括起来 */
      {  t=a;            /* a⇔b ;以下三条语句实现 a 和 b 两数互换 */
         a=b;
         b=t;
      }
      else
```

```
    ;
    printf("从小到大的次序:%5.2f, %5.2f\n",a,b);
    return 0;
}
```

运行情况：

```
Please input a,b:99.9,10.5↙
从小到大的次序: 10.50,99.90
```

注意：

(1) if 子句(图 3-2 中的语句 1)语法上要求只能是一条语句。如果是多条语句,就要用大括号括起来。用大括号括起来的多条语句称为复合语句,复合语句在语法上当作一条语句。

(2) else 子句语法上要求也只能是一条语句,如果是多条语句,必须用括号括起来形成复合语句。

(3) 在 if-else 一般形式中,if 条件表达式及 else 后如果直接出现分号,表示执行的是空语句。

例 3-4 中 else 及其子句(空语句)省略不写就成为 if 语句的第二种语句形式了,即“if 形式”。

3.2.2 if 形式

if 选择结构的一般形式为

```
if(表达式)
  语句 1;
```

if 形式是 if-else 形式中的一种特例,是缺省 else 分支的 if 语句。

执行过程：先计算表达式的值,若表达式结果为“真”,则执行语句 1;否则什么都不做,跳过语句 1,其执行流程如图 3-3 所示。

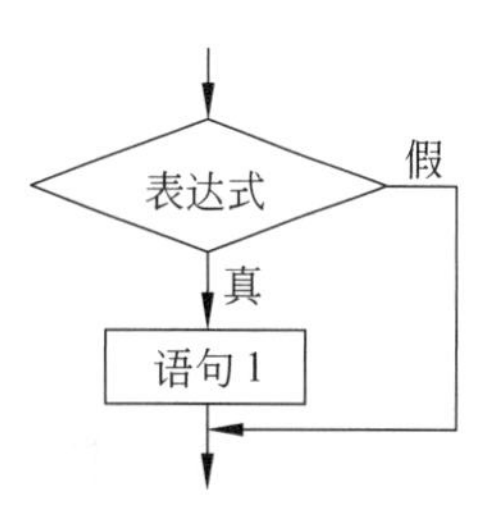

图 3-3 if 执行流程图

例 3-5 输入一个字符,判断该字符是否为英文字母。

分析：输入的字符 ch 如果为 a～z,或者 A～Z,则为英文字母。

程序代码如下：

```
#include<stdio.h>
int main()
{   char  ch;
    printf("\n Please input ch :");
    scanf("%c",&ch);
    if(ch>='a'&&ch<='z' || ch>='A'&&ch<='Z')
        printf("Yes!\n");
    return 0;
```

```
}
```

运行情况：

```
Please input ch :m
Yes!
```

程序中表达式 ch>='a'&&ch<='z' || ch>='A'&&ch<='Z'是判断字符 ch 是否为英文小写或大写字母，它等价于 ch>=97&&ch<=122 || ch>=65&&ch<=90（参见附录 A）。

视频

例 3-6 若输入一个整数是非零数，则显示“OK!”，否则什么也不显示。

程序代码如下：

```
#include<stdio.h>
int main()
{    int a;
     printf("\n Please input a :");
     scanf("%d",&a);
     if(a)              /*表达式 a 的值为非零,结果为真*/
         printf("OK!");
    return 0;
}
```

运行情况：

```
Please input a: 99
OK!
```

程序中首先判断 if 括号中的表达式，表达式是 a，如果 a 为非零值，则表达式就为真，因而执行“printf("OK!");”。但这种直接使用表达式作为条件的方式并不建议，因为它不能清楚地表达条件的逻辑判断，因此在条件语句中应当避免非逻辑表达式的这种使用方法。所以，上面的语句 if(a)，建议改写成 if(a!=0)更好。

注意：*表达式的值，非 0 为真，0 表示为假。*

练习 3-2 将输入的英文字母大小写互换，即大写字母转换成小写，小写字母转换成大写。

3.2.3 if 语句的嵌套

在 if-else 分支语句中还包括另外的 if 语句，则称为嵌套的 if 语句，其结构形式为

```
if(表达式 1)
    if(表达式 2)语句 1;  }
    else  语句 2;        } 内嵌 if 语句
else
    if(表达式 3)语句 3;  }
    else  语句 4;        } 内嵌 if 语句
```

例 3-7 任意输入 3 个整数 x，y 和 z，求其中最大的数。

分析：先将 x 和 y 进行比较，得到 x，y 之中的较大数，再将其与 z 比较，得到 3 个数中的最大数。流程图如图 3-4 所示。

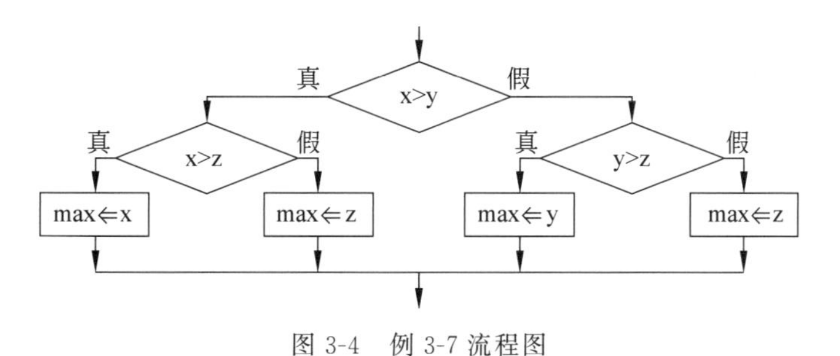

图 3-4　例 3-7 流程图

程序代码如下：

```
#include<stdio.h>
int main()
{    int x,y,z,max;
     printf("\n Please input x,y,z :");
     scanf("%d  %d  %d",&x,&y,&z);
     if( x >y )
     {   if(  x>z )
               max=x;                 内嵌 if 语句
         else  max=z;
     }
     else
     {   if( y>z )
               max=y;                 内嵌 if 语句
         else max=z;
     }
     printf("\n max=%d",max);
     return 0;
}
```

运行情况：

```
Please input x,y,z: 100 5 29
max=100
```

说明：程序中两个内嵌 if 语句可以用条件表达式来代替，如第一个内嵌 if 语句：

```
if(x>z)
    max=x;
else
    max=z;
```

可以用条件表达式“max=(x>z)?x :z;”来代替，第二个内嵌 if 语句可以用条件表达式“max=(y>z)?y :z;”来代替。

视频

例 3-8 编写程序,输入某年的年份,判断此年是否是闰年。判断闰年的方法:能被 4 整除,但不能被 100 整除的年份是闰年;能被 100 整除,又能被 400 整除的年份是闰年。不符合以上这两个条件的年份不是闰年。

分析:用变量 flag 作为标记,如果判断输入的年份是闰年,则 flag=1,非闰年 flag=0。最后根据 flag 的值来输出是否是闰年的信息。

程序代码如下:

```
#include<stdio.h>
int main()
{     int year,flag;
      printf("\n 请输入年份:");
      scanf("%d",&year);
      if(year%4==0)
              if(year %100 !=0)
                      flag=1;
              else
                      if(year %400==0)
                            flag=1;
                      else
                            flag=0;
      else
          flag=0;
      if(flag==1)          /*或 if(flag)*/
          printf("%d 年是闰年.\n",year);
      else
          printf("%d 年不是闰年.\n",year);
    return 0;
}
```

运行情况:

```
请输入年份:2008
2008 年是闰年.
```

需要说明的是,本例中 flag 值只有两个:1 或 0,常常被称为开关变量,用来标记两种状态。在程序设计中经常用到此方法。

例 3-9 有一个函数,定义如下:

$$y=f(x)=\begin{cases}0 & (x<0)\\ x & (0\leqslant x\leqslant 10)\\ x^2 & (x>10)\end{cases}$$

编写一个程序,输入一个 x 的值,输出对应的 y 值。

分析:此例比例 3-1 稍复杂一些,在第一个表达式为假时,要进行进一步判断。

程序代码如下:

```
#include<stdio.h>
```

```
int main()
{    float  x,y;
     scanf("%f",&x);
     if(x<0)
         y=0;
     else
         if(x<=10)
             y=x;
         else  y=x*x;
     printf("x=%f, y=%f",x,y);
return 0;
}
```

注意：

(1) else 子句不能作为语句单独使用，它必须与 if 配对使用。

(2) 为使程序结构清晰、层次分明，常常采用程序行缩进的书写格式，if 和其对应的 else 写在一列上。但是，书写格式不能代替逻辑结构。

(3) if 和 else 的配对关系。一个 else 总是与其上面距它最近的，并且没有其他 else 与其配对的 if 相配对。

例如有以下形式的 if 语句结构：

```
if(表达式 1)
    if(表达式 2)语句 1;
else
    if(表达式 3)语句 3;
    else 语句 4;
```

虽然第一个 else 与第一个 if 在书写格式上对齐，但实际上它与第二个 if 配对，因为它们相距最近，而且第二个 if 还没有配对。

如果要使第一个 else 与第一个 if 对应，第一种方法：第二个 if 结构加大括号；第二种方法：第二个 if 结构增加 else 部分，这样 if 和 else 的数目相同，一一对应，不易出错。示例如下。

```
if(表达式 1)
     { if (表达式 2) 语句 1;}
else
    if(表达式 3)语句 3;
    else 语句 4;
```

```
if(表达式 1)
    if(表达式 2)语句 1;
    else;
else
    if(表达式 3)语句 3;
    else 语句 4;
```

3.2.4 if-else if 形式

将例 3-9 程序中的部分语句做如下改写：

```
if(x<0)
    y= 0;
else if(x<=10)
        y=x;
else y=x * x;
```

显然,只是把 else 子句中包含的 if 语句与其写在同一行,形成了 else-if 结构。

if-else if 选择结构的一般形式为

```
if(表达式 1)语句 1;
else if(表达式 2)语句 2;
⋮
else if(表达式 n-1)语句 n-1;
else 语句 n;
```

执行过程:先判断表达式 1 如果为“真”,则执行语句 1,然后退出该 if 结构;否则(表达式 1 为“假”)判断表达式 2,若成立,则执行语句 2,然后退出该 if 结构;以此类推,其执行过程如图 3-5 所示。

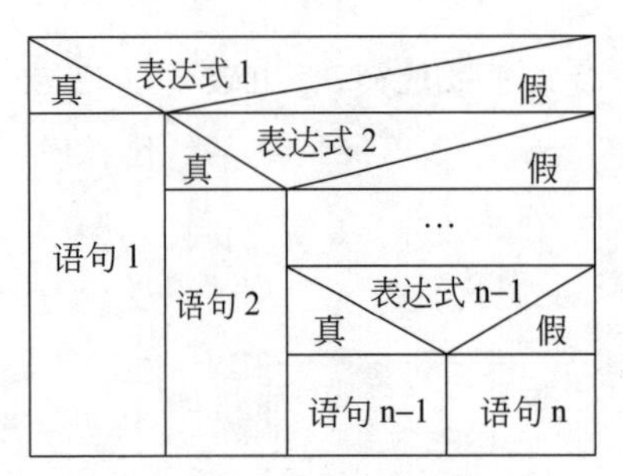

图 3-5 if-else if 执行过程图

例 3-10 输入三角形的三条边长,判断它们能否构成三角形。若能,再判断是何种三角形(等边三角形、等腰三角形、一般三角形)。

分析:首先按照例 3-2 的方法判断三条边能否构成三角形,如果成立,继续判断是否是等边三角形,若不成立,再判断是否是等腰三角形,否则为一般三角形。

程序代码如下:

```
#include<stdio.h>
int main()
{ float a,b,c;
  printf("请输入三角形的三条边 a,b,c:");
  scanf("%f,%f,%f",&a,&b,&c);
  if(a+b>c && a+c>b && b+c>a)
  {
     if(a==b&&b==c&&a==c)
          printf("能构成等边三角形。\n");
     else  if(a==b || b==c || a==c)
          printf("能构成等腰三角形。\n");
     else
          printf("能构成一般三角形。\n");
  }
  else
      printf("此三条边不能构成三角形。\n");
```

```
  return 0;
}
```

练习 3-3　在例 3-10 程序中进一步求出各种类型三角形的面积。

例 3-11　学生成绩分 A、B、C、D、F 5 个等级。输入一个百分制成绩，判断它属于哪一等级，其中 90～100 分为 A，80～89 分为 B，70～79 分为 C，60～69 分为 D，0～59 分为 F，其他数据显示出错信息。

视频

程序代码如下：

```
#include<stdio.h>
int main()
{   float score;
    printf("\nEnter a number :");
    scanf("%f",&score);
    if(score<0||score>100) printf("Error Data!");
    else if(score>=90) printf("A \n");
    else if(score>=80) printf("B \n");
    else if(score>=70) printf("C \n");
    else if(score>=60) printf("D \n");
    else printf("F \n");
return 0;
}
```

在程序中经常会遇到需要对多个可能的条件进行判断，使用条件语句时，需要在语句的 else 部分嵌套另一个 if 语句或 if else 语句，一般在书写时也不必按照嵌套语句进行缩进。

3.3　switch 语句

在程序中，很多时候需要处理 3 种以上的分支时，除了可以使用 3.2.3 节介绍的嵌套的 if 语句外，还可以使用多分支选择结构的 switch 语句。

该语句执行时根据条件表达式的取值来选择程序中的一个分支。switch 分支语句的一般形式为

```
switch(表达式 e)
{  case  常量表达式 c1: 语句 1;[break;]
   case  常量表达式 c2: 语句 2;[break;]
    ⋮
   case  常量表达式 cn: 语句 n;[break;]
   [default: ]        语句 n+1;[break;]
}
```

switch 语句的分支结构如图 3-6 所示。switch 语句首先求表达式 e 的值，然后判断 e

值与 c1,c2,…,cn 中哪个值相等,若与其中某个值相等,则执行其后相应的语句;若不与任何一个常量表达式值相等,则执行 default 后面的语句。当执行某一分支中的语句后,遇 break 语句则退出 switch 语句结构。

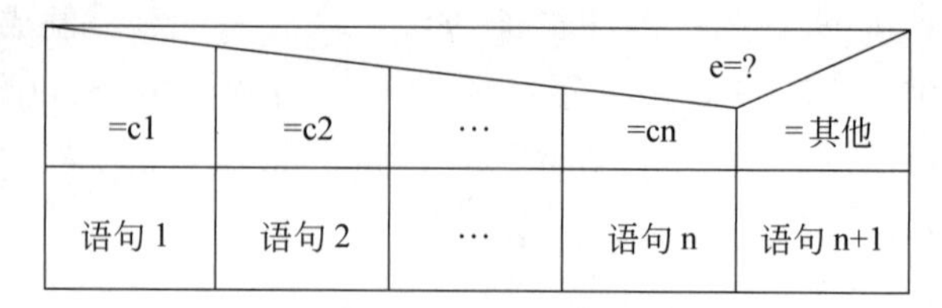

图 3-6　switch 分支结构图

例 3-12　观察程序执行过程。

程序代码如下:

```
#include<stdio.h>
int main()
{    int  x;
     scanf("%d",&x);
     switch(x)
     {    case  1:  printf("good  morning!\n");
          case  2:  printf("good  afternoon!\n");  break;
          case  3:
          case  4: printf("good  night!\n");  break;
          default: printf("wrong!\n");
     }
return 0;
}
```

说明:

(1) switch 后面括号内的表达式可以是整型、字符型或枚举类型。

(2) 当表达式的值与某一个 case 后面的常量表达式值相等时,就执行此 case 后面的语句;若所有 case 后面的值没有与之相匹配的,就执行 default 后面的语句。如若输入的 x 值非 1、2、3 或 4,则执行 default 后面的语句。

(3) 各个 case 的出现顺序不影响执行结果。

(4) 多个 case 可以共用一组执行语句,例如,x 的值为 3 或 4 时都执行同一组语句。

(5) break 语句使控制退出 switch 结构。若没有 break 语句,则程序继续执行下一个 case 的语句组。如 x=1,则执行 case 1 后面的语句组之后,继续执行 case 2 后面的语句组,直到遇到 break 语句终止 switch 语句的执行。

视频

例 3-13　重新使用 switch 语句完成例 3-11。

程序代码如下:

```
#include<stdio.h>
int main()
```

```
{    int e,score;
     printf("please input a number(0-100): ");
     scanf("%d",&score);
     if(score>100 || score<0)
        printf("Error Data!\n");
     else
     {      e=score/10;/*将百分制分数值转换成 0~10 的整数*/
            switch ( e )
            {    case 6: printf("grade D\n"); break;
                 case 7: printf("grade C\n"); break;
                 case 8: printf("grade B\n"); break;
                 case 9: printf("grade A\n"); break;     /*可以省略此组语句*/
                 case 10: printf("grade A\n"); break;
                 default: printf("grade F\n"); break;
            }
     }
     return 0;
}
```

例 3-14 编写一个实现两个操作数四则运算的程序。

分析：两个操作数为 a 和 b，四则运算符为 op，它表示+、-、*和/，运算结果为 c。

程序代码如下：

```
#include<stdio.h>
int main()
{    int  a,b,c;
     char  op;
     printf("请输入操作数和操作符:");
     scanf("%d%c%d", &a, &op, &b);
     switch( op )
     {    case '+':    c=a+b;  printf("%d  %c  %d=%d\n",a, op, b,c); break;
          case '-':    c=a-b;  printf("%d  %c  %d=%d\n",a, op, b,c);break;
          case '*':    c=a*b;  printf("%d  %c  %d=%d\n",a, op, b,c);break;
          case '/':    if(b!=0) {c=a/b;printf("%d  %c  %d=%d\n",a, op, b,c);}
            break;
          default:    printf("操作符错误! \n"); break;
     }
     return 0;
}
```

例 3-15 用菜单进行四则运算。

视频

程序代码如下：

```
#include<stdio.h>
#include<conio.h>
int main()
```

```
{    int  a,b,c;
     char op;
     scanf( "%d,%d", &a, &b);
     printf( "****************************************\n" );
     printf( "*          请输入选项代码(0~4)          *\n" );
     printf( "*                 1——加法              *\n" );
     printf( "*                 2——减法              *\n" );
     printf( "*                 3——乘法              *\n" );
     printf( "*                 4——除法              *\n" );
     printf( "*                 0——退出              *\n" );
     printf( "****************************************\n" );
     op=getch();
     switch( op )
     {    case '1': c=a+b; printf("%d  +  %d=%d\n",a, b,c);break;
          case '2': c=a-b;  printf("%d  -   %d=%d\n",a, b,c);break;
          case '3': c=a*b;  printf("%d  *   %d=%d\n",a, b,c);break;
          case '4': if(b!=0){ c=a/b; printf("%d  /  %d=%d\n",a, b,c);} break;
          case '0': break;
          default: break;
     }
     return 0;
}
```

程序代码中用到了函数 getch(),它必须引入头文件 conio.h,getch()的作用是从键盘接收一个字符,而且并不把这个字符显示出来。也就是说,按一个键后它并不在屏幕上显示所按的字符,而继续运行后面的代码。

与 getch()很相似的还有 getche()函数,它也需要引入头文件 conio.h,不同之处就在于 getch()无返回显示,getche()有返回显示,即 getche()函数将读入的字符回显到屏幕上。

前面讲到的 getchar()函数也是从键盘上读入一个字符,回显到屏幕上,并在按下回车键后响应。

本章小结

C 语言中,使用条件语句来实现选择分支,if 语句和 switch 语句用于实现分支结构。if 语句可以实现单分支、双分支和多分支选择,switch 语句可以比 if 语句更加简易地实现多路分支。

习 题 3

一、客观题

1. 以下程序的运行结果是________。

```
#include<stdio.h>
int main()
{  int x,a=1,b=3,c=5,d=4;
   if(a<b)
   if(c<d)  x=1;
   else
        if(a<c)
         if(b<d)   x=2;
         else      x=3;
        else  x=6;
   else x=7;
printf("x=%d\n",x);
return 0;
}
```

2. 若有

```
int x=10,y=20,z=30;
```

以下语句执行后 x,y,z 的值是________。

```
if(x>y)
z=x;x=y;y=z;
```

A. x=10,y=20,z=30　　B. x=20,y=30,z=30
C. x=20,y=30,z=10　　D. x=20,y=30,z=20

3. 以下程序的运行结果是________。

```
#include<stdio.h>
int main()
{  int a=0,b=0,c=0;
   if(a=b+c) printf("***\n");
   else    printf("$$$\n");
}
```

A. 有语法错误不能通过编译　　B. 可以通过编译但不能通过连接
C. * * *　　D. $ $ $

4. 若程序运行时从键盘输入一个非零值,则以下程序的运行结果是________。

```
int k;
scanf("%d",&k);
k? printf("OK") : printf("NO");
```

A. NO　　B. OK　　C. 无结果　　D. OKNO

5. 以下程序的运行结果是________。

```
#include<stdio.h>
int main()
```

```
{   int x=1,y=0;
    switch(x)
      {  case  1:   switch(y)
                   {case  0:  printf("first\n");  break;
                    case  1:  printf("second\n");break;
                    }       /*若在此加语句 break;将会怎样? */
         case  2: printf("third\n");
       }
    return 0;
}
```

二、编程题

1. 输入一个学生成绩,判断其是否合格,如果合格输出 pass,不合格输出 failure。

2. 编写一个程序,若用户输入的一个整数是 4 的倍数,则显示 OK。

3. 输入 3 个整数 a、b、c,按从小到大的顺序输出。

4. 从键盘输入一个字符,判断该字符的类型(数字、大写字母、小写字母或其他类型)。

5. 编程实现:输入一个整数,判断它能否被 3、5 和 7 整除,并输出以下信息之一:

(1) 能同时被 3,5,7 整除;

(2) 能被其中两数(要指出哪两个)整除;

(3) 能被其中一个数(要指出哪一个)整除;

(4) 不能被 3,5,7 任一个整除。

6. 编写一个课表查询程序,输入一周中的星期值,能够显示出当天的课程。

7. 某超市商品打折促销。假定购买某商品的数量为 x 件,折扣情况如下:

$$\begin{cases} x<5 & \text{不折扣} \\ 5\leqslant x<10 & 1\%\text{折扣} \\ 10\leqslant x<20 & 2\%\text{折扣} \\ 20\leqslant x<30 & 4\%\text{折扣} \\ x\geqslant 30 & 6\%\text{折扣} \end{cases}$$

该商品单价由键盘输入,编程计算购买 x 件商品应付的总金额。要求分别用单独的 if 语句、嵌套的 if-else 语句和 switch 语句 3 种方法编程实现。

第4章　循环结构

本章主要内容：

- while 语句；
- do-while 语句；
- for 语句；
- 循环嵌套；
- break 和 continue 语句。

4.1 引　　例

例 4-1　输入三角形的三条边长，求三角形的面积。要求：能够实现多组三角形边长的输入并求其面积。

分析：在顺序及分支结构程序设计中求三角形面积的问题在功能上已经实现，在性能方面可以进行如下改进：当用户输入的三条边长无法构成三角形时，提供能够重复输入三条边长的操作或者一次实现多个三角形面积的求解。要实现上述性能的改进，就需要实现输入及面积计算的重复操作。重复操作可以使用循环结构实现。当输入的三条边长均为 0 时，结束求解。

视频

程序代码如下：

```
#include<stdio.h>
#include<math.h>
int main()
{  float a,b,c,s,area;
   while(1)
   {
      printf("请输入三角形的三条边长 a,b,c:");
      scanf("%f,%f,%f",&a,&b,&c);
      if(a==0 && b==0 && c==0)break;     /*输入的三条边长都为 0,退出循环*/
      if(a+b>c && a+c>b && b+c>a)
      {
        s=1.0/2*(a+b+c);
```

```
      area=sqrt(s * (s-a) * (s-b) * (s-c));
      printf("a=%7.2f  b=%7.2f c=%7.2f\n",a,b,c);
      printf("s=%7.2f area=%7.4f\n",s,area);
    }
    else
      printf("此三条边不能构成三角形！\n");
  }
  return 0;
}
```

例 4-2 在显示器上输出一行 * 号，要求 * 的个数为 60 个。

程序代码如下：

```
#include<stdio.h>
int main()
{   int i;
    i=1;
    while(i<=60)          /* 重复输出 * 60个——循环 */
    {
        printf("*");
        i=i+1;
    }
    printf("\n");
    return 0;
}
```

如果一行打印 5 个 *，可用 printf("*****\n");实现，但本例要求打印 60 个 *，在字符串中敲 60 下 *，并不可取。本例用短短几行代码完成了一项重复输出 60 个 * 的任务，解决了一行输出 60 个 * 的问题。

有规律的、重复性的操作在程序设计中称为循环。循环结构是结构化程序设计中的 3 种基本结构之一，应用广泛，很多应用程序都会用到循环结构。它是学习程序设计的基础，在本课程中占有重要地位。在 C 语言中实现循环的语句主要是 while 语句、do-while 语句和 for 语句。

需要说明的是，不论采用哪种语句实现循环，循环都是由循环条件和循环体两部分构成的。循环条件用于判断并决定是否继续循环；循环体是重复执行的操作部分，是完成某种特定功能的程序段。在循环条件中用于条件控制判断的变量叫作循环控制变量。

本章针对各种循环语句的使用方法进行介绍。引入循环结构之后，常采用"穷举法""递推法"和"迭代法"等程序设计方法来处理实际问题。

4.2 while 语句

while 语句的一般形式为

```
while(表达式)
  循环体语句;
```

其程序流程如图 4-1 所示。

while 语句的执行过程：当表达式的结果值为真时，执行循环体语句；当表达式的结果值为假时，循环体语句不执行，终止循环。

图 4-1　while 语句流程图

关于 while 语句，有如下几点说明。

(1) 循环体语句可以是单个语句、空语句(;)，也可以是一个复合语句（程序块）。

(2) while 语句的作用范围：循环体如果包含一个以上的语句，应该用大括号括起来，作为复合语句，否则 while 循环体的作用范围只到 while 后面的第一个分号处。例如：

```
while(a>1);
{   a++;
}
```

复合语句“{a++ ;}”不是循环体，“while(a>1);”后的分号所代表的空语句才是这里的循环体内嵌语句。

(3) 表达式可以是任意类型。当表达式为非 0 值时，表示条件为真，继续循环；相反，表达式值为 0 时，表示条件为假，则终止循环。如果在执行过程中，第一次条件判断表达式值就为假，则循环体一次也不执行。

(4) 当表达式为永真时，例如 while(1)，且循环无法结束，称为“**死循环**”，在程序设计过程中应尽量避免出现这种情况。

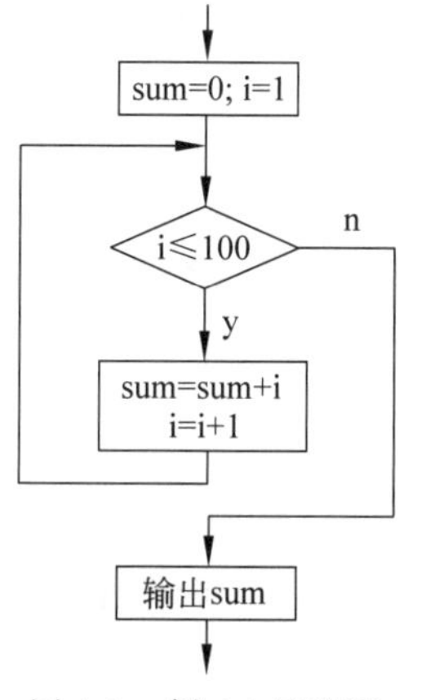

图 4-2　例 4-3 流程图

例 4-3　求 $\sum_{i=1}^{100} i = 1+2+3+\cdots+100$ 的值。

分析：此题是累加求和的实例，重复执行的操作是加法运算，加法运算的次数已知(循环次数固定)，求和数据项满足固定变化规律，可采用**递推算法**完成求和数据项的计算。递推算法就是从已知的初始条件出发，依据某种递推关系，逐次推出所要求的各中间结果及最后结果，本题中第一个求和项的值为 1，后一个求和项和前一求和项满足加 1 的递推关系，利用这种递推关系，可计算出每一个求和项。

视频

设 i 为数列项变量和循环控制变量，sum 为累加和变量，流程图如图 4-2 所示。

程序代码如下：

```
#include<stdio.h>
int main()
{   int i=1,sum=0;                /* 设循环初值 */
    while(i<=100)                 /* 循环条件判断 */
    {   sum=sum+i;                /* 循环主体：累加求和 */
        i++;                      /* 修改循环控制变量 */
```

```
    }
    printf("sum=%d\n",sum);      /* 输出结果 */
    return 0;
}
```

运行结果：

```
sum=5050
```

练习 4-1 求 1＋3＋5＋…＋99(100 以内奇数和)。

练习 4-2 计算 $1^2+2^2+3^2+\cdots+10^2$。

练习 4-3 从键盘输入 n 的值,求 $1+\frac{1}{2}+\frac{1}{3}+\cdots+\frac{1}{n}$。

例 4-4 求 300～800 中 7 的倍数之和。

分析：此题采用**穷举法**。穷举法的基本思想就是根据题目的条件确定答案的大致范围,并在此范围内对所有可能的情况逐一验证,直到全部情况验证完毕。此题的求解范围为 300～800,则对 300～800 的每一个数进行判断,如果是 7 的倍数就进行求和运算。

程序代码如下：

```
#include<stdio.h>
int main()
{     int i=300,sum=0;              /* 设置循环控制变量初值为 300 */
      while(i<=800)                 /* 循环条件为小于 800 */
      {     if( i %7==0)            /* 寻找 7 的倍数,进行筛选 */
                sum=sum+i;          /* 循环主体:累加求和 */
            i=i+1;                  /* 修改循环变量 */
      }
      printf("sum=%d\n",sum);       /* 输出结果 */
      return 0;
}
```

运行结果：

```
sum=39564
```

视频

例 4-5 依次输入一批正数,并求所有输入的正数之和,当输入负数或 0 时结束。

分析：此题是循环次数不固定的实例。

当输入的整数大于 0 时,进行求和操作同时输入新的数值;当输入负数或 0 时,循环结束并输出结果。

设读入值为 x,和值为 sum,sum 初值为 0。

程序代码如下：

```
#include<stdio.h>
int main()
{
   float x,sum;
```

```
    sum=0.0;
    scanf("%f", &x);            /*循环初值*/
    while(x>0.0)                /*循环条件*/
    {   sum=sum+x;              /*循环主体:累加求和*/
        scanf("%f", &x);        /*改变循环条件变量的语句,再次读入一个新的x值*/
    }
    printf("sum=%f\n",sum);     /*输出结果*/
    return 0;
}
```

运行结果:

```
1 2 3 4 5 -1↙
sum=15.000000
```

注意:运行循环程序,并不是输入一个数得到一个结果,再输入一个数再得到一个结果,而是连续输入一串数及该批数的结束值(本例中应是一个负数或0),每个数以空格符或回车符间隔,最后输入回车符,才能得到运行结果。

练习 4-4 用键盘输入10个整数,找出其中的最大值。

4.3 do-while 语句

do-while 语句的一般形式为

```
do
{
    循环体语句;
} while(表达式);
```

其程序流程如图4-3所示。

do-while 语句的执行过程:先执行循环体语句,后判断循环条件,如果表达式的值为真,继续执行循环体语句,表达式的值为假时,结束循环。即使表达式的初值为假,循环体语句至少执行一次。

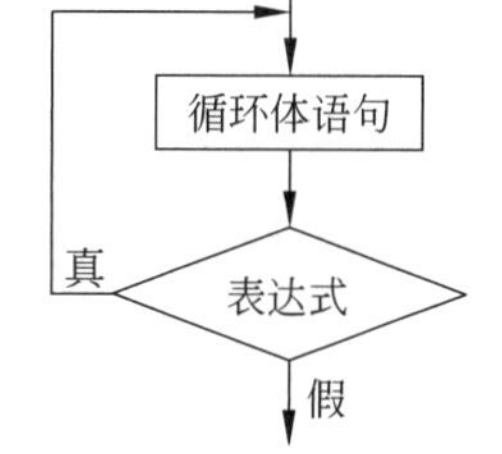

图4-3 do-while 语句流程图

关于 do-while 语句,有如下几点说明。

(1) do-while 语句作为一个整体,while 的表达式后必须加分号(;)。

(2) do-while 循环语句中,不管循环体是否为单一语句,都用大括号括起来。

下面仍以例4-5为例,介绍 do-while 语句的使用。

例 4-6 依次输入一批正数,求这批正数之和,当输入负数或0时结束。用 do-while 语句完成。

程序代码如下:

```
#include<stdio.h>
int main()
{   float x,sum;
    sum=0.0;                        /*循环初值*/
    do
    {    scanf("%f", &x);           /*改变循环条件变量的语句*/
         sum=sum+x;                 /*累加求和——累加器*/
     }while(x>0.0);                 /*循环条件*/
    printf("sum=%f\n",sum);         /*输出结果*/
    return 0;
}
```

运行结果：

```
1 2 3 4 5 -1↙
sum=14.000000
```

值得注意的是，从运行结果看，与用 while 循环完成的程序得到的结果不一致，原因是读入的最后一个负数也加入和值 sum 了。通过此例可以看出：解决循环问题时，有时需要考虑循环初始及循环结束时的不同情况，即对循环初次或循环最后一次的计算情况，加以分析，观察运行结果是否正确，如果不正确，进行合理更改。

视频

例 4-7 利用公式

$$\frac{\pi}{4} \approx 1 - \frac{1}{3} + \frac{1}{5} - \frac{1}{7} + \cdots$$

求 π 的近似值，直到最后一项的绝对值小于 10^{-6} 为止。

分析：此题仍可以看作累加求和问题。把每一个求和项记为 t，t 的规律包括正负交替变化，分母为等差数列，分子为 1。正负交替变化可以通过符号控制变量 m 控制，m 初值设置为 1，通过 $m=-m$，改变 m 的正负；分母变量 n，初值设置为 1，每次增 2；求和项为 t，初值设置为 1，则 $t=m*1./n$，和变量为 pi，pi 的初值设置为 0。进行求和操作的条件即循环条件为 t 的绝对值大于或等于 10^{-6}，可使用数学库中的 fabs()进行求绝对值的运算。

程序代码如下：

```
#include<stdio.h>
#include<math.h>
int main()
{    float  n, m, t, pi;
     t=1;  pi=0;  n=1;  m=1;          /*循环初值*/
     do
     {   pi=pi+t;                      /*累加 t*/
         n=n+2;                        /*循环变量增值*/
         m=-m;                         /*求符号位 m,正负号变化*/
         t=m*1./n;                     /*求一个数列项的值 t*/
     } while((fabs(t))>=1e-6);         /*fabs(t)为绝对值函数*/
     pi=pi*4;
```

```
    printf("pi=%f\n",pi);
    return 0;
}
```

运行结果：

```
pi=3.141594
```

练习 4-5 输入整数 n，求前 n 项数之和 $s=1-\frac{1}{2}+\frac{1}{3}-\frac{1}{4}+\cdots+\frac{1}{n}$。

4.4 for 语句

for 语句的一般形式为

```
for(表达式 1;表达式 2;表达式 3)
  循环体语句;
```

其程序流程如图 4-4 所示。

for 语句的执行过程如下。

第 1 步：求解表达式 1(循环初值)。

第 2 步：求解表达式 2(循环条件)，若为真(非 0)，则执行循环体语句，即第 3 步；若为假(0)，则结束循环，执行循环后面的语句，即第 6 步。

第 3 步：执行循环体语句。

第 4 步：求解表达式 3(通常用于修改循环控制变量)。

第 5 步：转去重复执行第 2 步。

第 6 步：执行循环后面的语句。

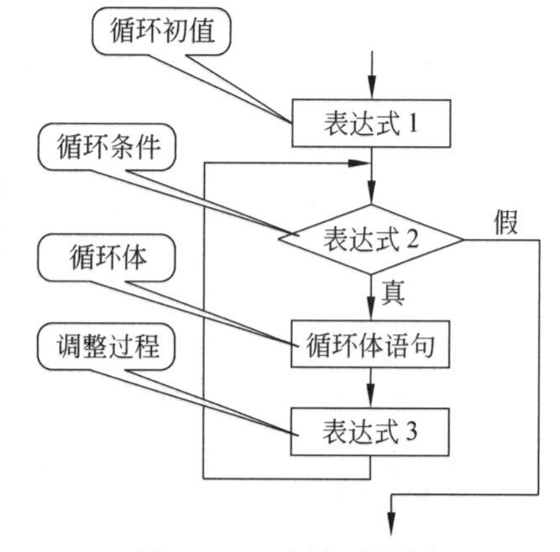

图 4-4 for 语句流程图

下面仍以例 4-3 为例，介绍 for 语句的使用。

例 4-8 求 $\sum_{i=1}^{100} i = 1+2+3+\cdots+100$ 的值，用 for 循环完成。

程序代码如下：

```
#include<stdio.h>
int main()
{   int i, sum;
    sum=0;
    for(i=1; i<=100; i++)
        sum=sum+i;
    printf("sum=%d \n",sum);
    return 0;
}
```

可以看出，此题采用 for 语句完成，更加简洁方便。

关于 for 语句有如下说明。

(1) 循环体语句可以是单条语句、空语句，也可以是一个复合语句。循环体如果包含一个以上的语句，必须用大括号括起来(作为复合语句)，否则 for 循环体的作用范围只到 for 后面的第一个分号处。

(2) 3 个表达式可以是任意类型，且均可省略，但其中的两个分号(;)不能省略。

① 表达式 1：通常用于循环变量赋初值。进入 for 语句首先执行而且仅执行一次表达式 1，表达式 1 一般为赋值表达式或逗号表达式，表达式 1 可以省略，将表达式 1 实现的操作可以放在 for 循环之前。上例可写为

```
sum=0; i=1;
for(; i<=100; i++) sum=sum+i;
```

② 表达式 2：通常用于循环条件判断。当表达式 2 的值为真时，执行循环体语句；当表达式 2 的值为假时，结束循环。如果表达式 2 省略，则认为表达式 2 始终为真，等价于循环条件恒成立，如果循环体内也无法结束循环，则程序会陷入死循环。

③ 表达式 3：通常用于改变循环控制变量的值。循环体语句每次执行完后要继续执行表达式 3，因此表达式 3 也可以是循环体语句的最后一条语句，此时表达式 3 可以为空，上例可写为

```
for(sum=0, i=1; i<=100;)
{       sum=sum+i;
        i++;
}
```

视频

例 4-9 打印 Fibonacci 数列：1,1,2,3,5,8,…的前 20 个数，并按每行打印 5 个数的格式输出。

分析：Fibonacci 数列问题起源于一个古典的、有关兔子繁殖的问题。假设在第 1 个月时有一对小兔子，第 2 个月时成为大兔子，第 3 个月时成为老兔子，并生出一对小兔子(一对老，一对小)。第 4 个月时老兔子又生出一对小兔子，上个月的小兔子变成大兔子(一对老，一对大，一对小)。第 5 个月时上个月的大兔子成为老兔子，上个月的小兔子变成大兔子，两对老兔子生出两对小兔子(两对老，一对中，两对小)……这样，各月的兔子对数为 1, 1, 2, 3, 5, 8, …

此题可采用**迭代算法**求解，迭代算法是一种不断用变量的旧值递推新值的过程，新值作为下次计算的旧值，重复多次完成，每一次重复称为一次迭代。迭代的要素包括迭代变量，迭代关系以及迭代过程控制。本题中数列项变化规律为 $F_1=1, F_2=1, F_n=F_{n-1}+F_{n-2}, (n\geqslant 3)$。在程序设计中用 f3=f1+f2 表示迭代关系，f1 初值为 1，f2 初值为 1，其中 f3 作为迭代变量，计算新值 f3 后，用 f2 代替 f1，用 f3 代替 f2，方可进行下一次的计算，迭代控制在本例中采用次数控制，根据题目要求，可知需要进行 18 次迭代。

程序代码如下：

```
#include<stdio.h>
```

```
int main()
{
    int n=3, f1=1,f2=1,f3; /* 定义 Fibonacci 数列前 2 个数列值赋初值 1,n 从 3 开始 */
    printf("%14d%14d",f1,f2); /* 输出前两个数列值,每个值占 14 位 */
    for(n=3;n<=20;n++)          /* n 从 3 到 20 的变化 */
     {     f3=f1+f2;            /* 按照 Fibonacci 数列的规则,得到下一个数列值 f3 */
           f1=f2;
           f2=f3;               /* 迭代 f1、f2 的值 */
           printf("%14d",f3);   /* 循环主体:输出一个数列值 */
           if(n%5==0)           /* 每行打印 5 个数,即打印 5 个数,输出一个换行符 */
               printf("\n");
     }
     return 0;
}
```

运行结果:

```
  1            1            2            3            5
  8           13           21           34           55
 89          144          233          377          610
987         1597         2584         4181         6765
```

例 4-10 计算 $1!+2!+3!+\cdots+n!$,其中 $n=20$。

视频

分析:此题是累加求和问题,求和项为累乘积。设 n 为数列项变量和循环控制变量,n 从 1 到 20,s 为累加和变量,初值为 0。t 为累乘积变量,初值为 1。

程序代码如下:

```
#include<stdio.h>
int main()
{
    float t,s;
    int n;
    for(s=0,n=1,t=1;n<=20;n++)      /* n 从 1 到 20 的变化 */
    {
            t=t*n;                  /* 计算 n!, 累乘积 t */
            s=s+t;                  /* 计算 n!的累加和 s */
     }
    printf("1!+2!+3!+…+n!=%e\n",s);
    return 0;
}
```

运行结果:

```
1!+2!+3!+…+n!=2.561327e+018
```

练习 4-6 计算 $s=m!+n!$,m 和 n 的值通过键盘输入。

4.5 循环嵌套

在循环体内部的语句,可以是任意执行语句,当然也可以是一个循环语句。一个循环体内又包含另一个完整的循环结构,称为**循环的嵌套**,又叫作**多重循环**。

循环嵌套的原则:循环相互嵌套时,被嵌套的一定是一个完整的循环结构,即两个循环结构不能相互交叉。

例:

```
while()
{
    while()
    {    }
}
```

```
for(;;)
{
    for(;;)
    {    }
}
```

```
for(;;)
{
    while()
    {    }
}
```

关于嵌套循环,有如下几点说明。

(1) 内循环必须完全嵌套在外循环内,不得互相交叉。

(2) 嵌套循环的循环控制变量不可同名,并列循环的循环控制变量可以同名。

(3) 嵌套循环从外循环开始执行,也从外循环结束。设外循环执行 m 次,内循环执行 n 次,则每执行一次外循环,就会执行内循环 n 次,因此整个循环执行次数=外循环次数×内循环次数=$m \times n$ 次。

(4) 为使程序结构清晰,在书写循环嵌套程序时,应采用逐层缩进的方式,以增加程序的可读性。

视频

例 4-11 打印九九乘法表。

分析:九九乘法表需要打印 9 行,每行打印若干列,且列数与所在行数有关,可以将行数的循环作为外循环,将列数的循环作为内循环。

程序代码如下:

```
#include<stdio.h>
int main()
{
  int i,j;
  for(i=1;i<=9;i++)                              /*外循环打印 1~9 行*/
  {
    for(j=1;j<=i;j++)
        printf("%d*%d=%-3d  ",i,j,i*j);     /*内循环打印在一行,打印 1~i 列*/
    printf("\n");                              /*退出内循环,打印换行符*/
  }
  return 0;
}
```

运行结果:

```
1*1=1
2*1=2  2*2=4
3*1=3  3*2=6   3*3=9
4*1=4  4*2=8   4*3=12  4*4=16
5*1=5  5*2=10  5*3=15  5*4=20  5*5=25
6*1=6  6*2=12  6*3=18  6*4=24  6*5=30  6*6=36
7*1=7  7*2=14  7*3=21  7*4=28  7*5=35  7*6=42  7*7=49
8*1=8  8*2=16  8*3=24  8*4=32  8*5=40  8*6=48  8*7=56  8*8=64
9*1=9  9*2=18  9*3=27  9*4=36  9*5=45  9*6=54  9*7=63  9*8=72  9*9=81
```

例 4-12 中国古代数学家张丘建在《算经》里曾提出一个世界数学史上有名的百鸡问题："鸡翁一，值钱五，鸡母一，值钱三，鸡雏三，值钱一，百钱买百鸡，问鸡翁、母、雏各几何?"

视频

分析：根据题意，设公鸡 x 只、母鸡 y 只、小鸡 z 只，建立如下方程组：

$$\begin{cases} x+y+z=100 \text{（百鸡）} \\ 5x+3y+z/3=100 \text{（百钱）} \end{cases}$$

其中，x、y、z 为整数。已知公鸡 5 元/只，百元最多可买 20 只，公鸡 x 取值为 0～20，母鸡 3 元/只，百元最多可买 33 只，母鸡 y 取值为 0～33，根据百鸡公式 $x+y+z=100$，当 x、y 的值通过外循环确定，则 $z=100-x-y$。采用穷举法解题，即在给定范围内，将列举的每一种可能按照给定的条件进行筛选，测试有无满足联立方程式条件的 x、y、z，用多重循环解决。

程序代码如下：

```
#include<stdio.h>
int main()
{
    int x,y,z;
    for(x=0;x<=20;x++)
        for(y=0;y<=33;y++)
        {   z=100-x-y;
            if(15*x+9*y+z==300)
                printf("%d %d %d\n",x,y,z);
        }
    return 0;
}
```

运行结果：

```
0     25     75
4     18     78
8     11     81
12     4     84
```

练习 4-7 求 $i^3+j^3+k^3=3$ 的完全整数解。其中，$-5\leqslant i\leqslant 11$，$-10\leqslant j\leqslant 9$，$-6\leqslant k\leqslant 18$。

4.6 break 和 continue 语句

C 语言的 3 种循环语句都是根据循环条件表达式值的真假来控制循环是否结束，循环在条件表达式的值为假时结束，是正常的循环结束。如果要在循环的中途非正常退出循环，则要用 break 或 continue 语句来实现。

4.6.1 break 语句

对于 break 语句，读者并不陌生，在第 3 章中的 switch 语句的 case 分支中，break 语句的作用是退出 switch 语句，转去执行 switch 语句后面的语句。本小节中的 break 语句，则是出现在 C 语言的 3 种循环语句中。

break 语句的一般形式为

```
break;
```

break 语句的功能是跳出循环体，即提前结束循环，接着执行循环语句后面的语句。

注意：break 语句只能退出当前循环结构或当前 switch 结构，不能用于其他语句。并且，若 break 语句处于多重循环中，break 语句只是结束当前层循环。

视频

例 4-13 韩信点兵。韩信有一队兵，他想知道有多少人，便让士兵排队报数：按从 1 至 5 报数，最末一个士兵报的数为 1；按从 1 至 6 报数，最末一个士兵报的数为 5；按从 1 至 7 报数，最末一个士兵报的数为 4；最后再按从 1 至 11 报数，最末一个士兵报的数为 10。请帮助韩信计算一下他至少有多少个士兵？

分析：解决该问题可采用穷举法。假设韩信有 x 个士兵，则 x 的试值应该为 1 到第一个满足条件的数值，x 每进行一次试值，数值做加 1 的处理，到第一个满足条件的 x 值时，应该使用 break 语句结束循环，即结束试值过程。条件的描述方法，以按从 1 到 5 报数，最末一个士兵报的数为 1 为例，可以用 x%5==1 进行描述，其他条件描述方法以此类推，多个条件之间是同时满足，应该用逻辑与进行连接。

程序代码如下：

```
#include<stdio.h>
int main()
{
    int x;
    for(x=1;  ; x++)
        if(x%5==1 && x%6==5 && x%7==4 && x%11==10)
        {   printf(" x=%d\n", x);
            break;
```

```
    }
  return 0;
}
```

运行结果：

```
x=2111
```

练习 4-8 爱因斯坦数学题。爱因斯坦曾出过这样一道数学题：有一条长阶梯，若每步跨 2 阶，则最后剩下 1 阶；若每步跨 3 阶，则最后剩下 2 阶；若每步跨 5 阶，则最后剩下 4 阶；若每步跨 6 阶，则最后剩下 5 阶；只有每步跨 7 阶，最后才正好 1 阶不剩。请问，这条阶梯最少有多少阶？

例 4-14 从键盘输入一个整数 m，判断该数是否是素数。

视频

分析：素数就是只能被 1 和它自身整除的数。判断一个数 m 是不是素数，是用 2～$m-1$ 或 2～$\sqrt{m}$ 的所有数来试除，看其是否能被整除，如果都不能被整除，则认为该数是素数，否则不是素数。

程序流程如图 4-5 所示。

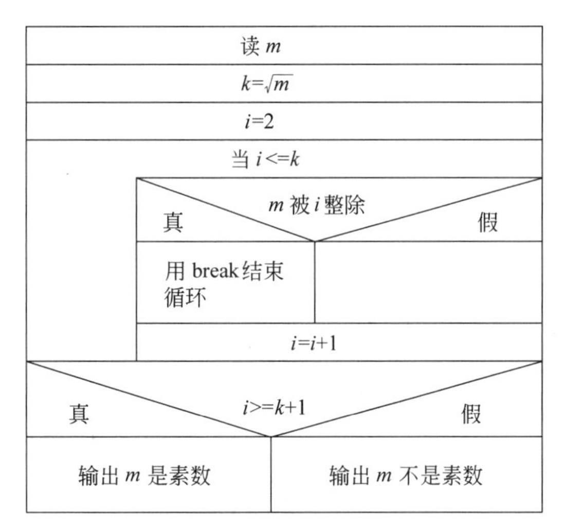

图 4-5 判断素数程序流程图

程序代码如下：

```
#include<math.h>
#include<stdio.h>
int main()
{
  int m,i,k;
  scanf("%d",&m);
  k=sqrt(m);
  for(i=2;i<=k;i++)
     if(m%i==0) break;     /*遇到一个可整除的数，即 m 不是素数，则跳出循环体*/
```

```
  if(i>=k+1)                    /* 当 i 大于或等于 k+1,表示循环是正常执行结束的 */
     printf("%d is a prime number\n",m);
  else                          /* 当 i 小于 k+1,表示循环是中途退出的 */
     printf("%d is not a prime number\n",m);
  return 0;
}
```

在解决该问题时也可以不用 break 语句,而是采用其他方法来控制循环。例如设标志变量 flag,其初值为 1。若在循环过程中,发现了能整除 m 的数,则置 flag 为 0,表示 m 不是素数。若整个循环过程中没有能整除 m 的数,则 flag 始终为 1。把判断 flag 是否为 1 作为循环条件表达式的一部分,当 flag 为 0 时立刻中断循环。由此,可得到如下程序:

```
#include<stdio.h>
int main()
{
  int m,i,flag=1;
  /* 标志变量 flag 作为循环条件表达式的一部分,当 flag 为 0 时,跳出循环体 */
  scanf("%d",&m);
  for(i=2;i<=m-1&&flag==1;i++)
     if(m%i==0) flag=0;         /* m 遇到可整除的数,置 flag=0 */
  if(flag)                      /* 循环结束后,若 flag 不为 0,则表示 m 为素数 */
     printf("%d is a prime number\n",m);
  else
     printf("%d is not a prime number\n",m);
  return 0;
}
```

4.6.2 continue 语句

continue 语句只能用于循环结构。continue 语句的一般形式为

continue;

continue 语句的功能是结束本次循环,即跳过循环体中 continue 下面尚未执行的语句,结束本次循环,继续下一次循环的判断执行过程。

例 4-15 从键盘输入 10 个数,统计其中正数的和及其平均值。

程序代码如下:

```
#include<stdio.h>
int main()
{
    int i,n=0;
    float sum=0,f;
    printf("Enter a real number:\n");
```

```
    for(i=1;i<=10;i++)
    {
        scanf("%f",&f);
        if(f<=0)
            continue;              /* 筛选掉部分非正数数据 */
        sum=sum+f;                 /* 累加正数:求正数和 */
        n++;                       /* 累加 1:求正数个数 */
    }
    printf("n=%d \n",n);
    printf("sum=%f\n",sum);
    printf("average=%f\n",sum/n);
    return 0;
}
```

需要注意的是,continue 与 break 语句在循环体中使用时,一般都会与 if 语句配合出现,即满足一定条件下结束本次循环或中途退出循环,而不是无条件地中途结束。

练习 4-9 输出 100～200 中不能被 3 整除的数。

例 4-16 用循环控制语句 break 和 continue 完成该题。从键盘输入若干学生的成绩,输入值在 0～100 为合法值,输入值大于 100 为输入错误,可再次输入,输入值小于 0 时表示输入结束。要求完成该课程成绩平均分的计算并输出。

视频

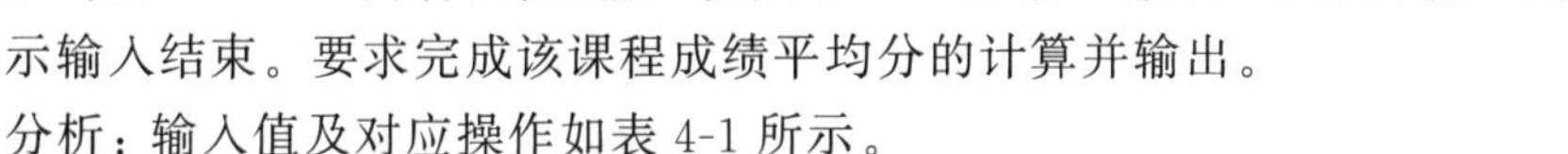

分析:输入值及对应操作如表 4-1 所示。

表 4-1 输入值及对应操作

输 入 值	操 作
<0	结束,用 break 语句
0～100	合法输入,计数,求和
>100	输入错误,用 continue 结束本次操作

程序代码如下:

```
#include<stdio.h>
int main()
{
    int x,sum=0,n=0;
    float aver;
    while(1)
    {
            scanf("%d",&x);
            if(x<0)
                break;
            else if(x>100)
                continue;
            else
```

```
            {   sum=sum+x;
                n=n+1;
            }
    }
    if(n!=0)
    {
        aver=sum*1.0/n;
        printf("平均分为%.2f,",aver);
    }
    else
        printf("没有有效分值用于计算");
    return 0;
}
```

4.7 goto 语句

goto 语句是无条件转向语句，本节只简单介绍 goto 语句的用法。

在 C 语言中，可执行语句前均可加语句标号，C 语言的语句标号是一个标识符，它标识程序的一个特定位置。语句标号的一般形式为

标识符：可执行语句；

语句标号可以和执行语句处在同一行，也可以单独成行，处在执行语句的上一行。被定义的语句标号以冒号结尾。它和其所标识的语句之间可有一个或多个空格，不许出现其他字符。它标识出 goto 语句在程序中跳转的位置。

goto 语句的一般形式为

goto 语句标号；

功能：将程序转移到语句标号指定的位置继续执行。

用 goto 语句和 if 语句可构成循环，可以用 while 语句或 for 语句替代。

例 4-3(计算 1＋2＋3＋…＋100 的和)可用 goto 语句和 if 语句构成的循环来完成。

程序代码如下：

```
   ⋮
loop:if(i<=100)
     {    sum=sum+i;
          i++;
          goto   loop;
      }
      ⋮
```

goto 语句的使用范围仅局限于函数内部。

在结构化程序设计中，不提倡使用 goto 语句，因为 goto 语句的自由跳转，会使程序的基本结构遭到破坏，从而降低程序的可读性和可维护性。但是，在某些特定情况下，使用 goto 语句，在某种程度上也可为程序设计带来一些特定的方便。

4.8 循环应用

循环结构程序设计是程序设计的重要基础，在很多领域都有广泛的应用。

例 4-17 输入两个正整数，并求它们的最大公约数。

视频

分析：此题是循环次数不固定的实例，采用相除取余的**迭代算法**。

已知：两正整数 x、y，两数的余数为 r。

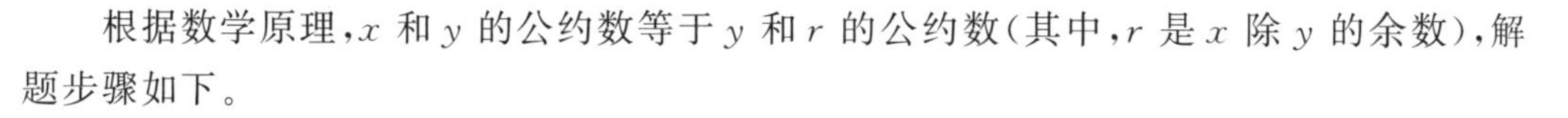

根据数学原理，x 和 y 的公约数等于 y 和 r 的公约数(其中，r 是 x 除 y 的余数)，解题步骤如下。

第 1 步：求 x 与 y 的余数 r。

第 2 步：将 y 赋给 x，迭代 x 值。

第 3 步：将 r 赋给 y，迭代 y 值。

第 4 步：如果 y 不等于 0，返回第 1 步；如果 y 等于 0，则此时的 x 值即为最大公约数。

以 $x=24$，$y=9$ 为例，演示相除取余的迭代过程如表 4-2 所示。

表 4-2　24 和 9 相除取余的迭代过程

整数 x，y	24，9	9，6	6，3	3，0
余数 r	6	3	0	

经过上述迭代，可以确定 24 和 9 的最大公约数为 3。

程序代码如下：

```
#include<stdio.h>
int main()
{
    int x, y, r;
    scanf("%d%d",&x, &y);               /*输入已知量*/
    while(y !=0)                         /*循环条件*/
    {   r=x %y;                          /*相除取余*/
        x=y;
        y=r;                             /*迭代改变循环条件变量 y 的值*/
    }
    printf("最大公约数=%d\n",x);          /*输出结果*/
    return 0;
}
```

运行结果：

```
24  9↙
最大公约数=3
```

视频

例 4-18 用牛顿迭代法求方程 y：$2x^3-4x^2+3x-6=0$ 在 1.5 附近的根，精度要求 $|x_{n+1}-x_n|<10^{-4}$。

分析：牛顿迭代法又称为牛顿-拉夫逊方法，它是牛顿在 17 世纪提出的一种在实数域和复数域上近似求解方程的方法。

具体解法：设 r 是 $f(x)=0$ 的根，选取 $x0$ 作为 r 的初始近似值，过点 $(x0,f(x0))$ 做曲线 $y=f(x)$ 的切线 L。L 为 $y=f(x0)+f'(x0)(x-x0)$，则 L 与 x 轴交点的横坐标 $x1=x0-\dfrac{f(x0)}{f'(x0)}$，称 $x1$ 为 r 的一次近似值，重复上述过程，得到 r 的近似值序列，$x_{n+1}=x_n-\dfrac{f(x_n)}{f'(x_n)}$，$x_{n+1}$ 为 r 的 $n+1$ 次近似值，上式称为牛顿迭代公式。

本例中迭代公式在程序设计中用 $x=x0-y/y1$ 表示，其中 $x0$ 的初值为 1.5，y 为函数在 $x0$ 点的函数值，$y1$ 为函数在 $x0$ 处的导数值；迭代控制采用精度控制。根据题目要求，$|x-x0|\geqslant 10^{-4}$ 时进行迭代运算。

程序代码如下：

```
#include<stdio.h>
#include "math.h"
int main()
{
  float x,x0,y,y1;
  x=1.5;                                    /*循环初值*/
  do
  {     x0=x;                               /*迭代 x0 的值,改变循环变量的值*/
        y=((2*x0-4)*x0+3)*x0-6;             /*求方程 y 在 x0 处的值*/
        y1=(6*x0-8)*x0+3;                   /*求方程 y'在 x0 处的值*/
        x=x0-y/y1;                          /*用迭代公式根据 x0 求 x 的值*/
  } while(fabs(x-x0)>=1e-4);    /*循环条件:前后两个 x 差的绝对值大于或等于 10^-4 */
  printf("root=%6.2f\n",x);                 /*输出结果 x*/
  return 0;
}
```

运行结果：

```
root=   2.00
```

注意：本例中迭代关系在代码中用 x=x0-y/y1 表示，迭代用 x0=x 表示，迭代控制采用的是精度控制，表示为|x-x0|>=1e-4。本题采用 do-while 循环实现，因为循环条件是判断两个 x 的差值，循环初值需要先计算 y 和 y′的值，得到新的 x 值，循环体内部也要利用新的 x 再次计算 y 和 y′。如果用 while 循环，则要在循环初值和循环体内分别计算 y

和 y′的值,要计算两次,而使用 do-while 循环,y 和 y′的值计算一次即可。

例 4-19 输入一串字符,输入回车符时表示输入结束,分别统计出其中英文字母、空格、数字和其他字符的个数。

分析:用回车结束一串字符输入。用 4 个计数器分别统计 4 类字符的个数。字符输入可以采用 getchar()函数实现。

视频

getchar()函数执行时具有如下特点。

(1) 以回车符作为字符输入的结束。

(2) 回车符前的字符存储在键盘缓冲区中。

(3) 后续 getchar()函数执行要先从键盘缓冲区获取字符,键盘缓冲区的数据读完才等待从键盘输入新的字符。

程序代码如下:

```
#include<stdio.h>
int main()
{
    int letters=0,space=0,digit=0,other=0;
    char c;
    printf("请输入一串字符: \n");
    while((c=getchar())!='\n') /*输入的字符赋给 c,回车符则进行字符的处理*/
    {   if(c>='a'&&c<='z'||c>='A'&&c<='Z')
            letters++;          /*统计字母的个数*/
        else if(c==' ')
            space++;            /*统计空格的个数*/
        else if(c>='0'&&c<='9')
            digit++;            /*统计数字字符的个数*/
        else
            other++;            /*统计其他字符的个数*/
    }
    printf("字母数: %d ,空格数: %d,数字数: %d,其他字符数: %d\n",letters,space,
digit,other);
    return 0;
}
```

运行结果:

```
请输入一行字符:
abc d123*%#,.@8 76 56jfkdj
字母数: 9, 空格数: 3, 数字数: 8, 其他字符数: 6
```

例 4-20 用等距梯形法计算定积分 $\int_a^b f(x)\mathrm{d}x$,$f(x)=x^2+12x+4$,x 的取值范围 a 和 b 由键盘输入。

视频

分析:面积法求定积分原理,即用**等距梯形法求定积分**。

函数 $y=f(x)$ 的定积分$\int_a^b f(x)\mathrm{d}x$ 在数值上等于图 4-6 所示的曲边梯形(粗线条围出的区域)的面积。为了近似地表示这块面积,采用数学上的等距梯形法来计算,即将 a,b 区间划分成n 个长度相等的小区间。用每个小区间所对应的窄梯形来代替窄曲边梯形,从而求得定积分的近似值,如图 4-6 所示。

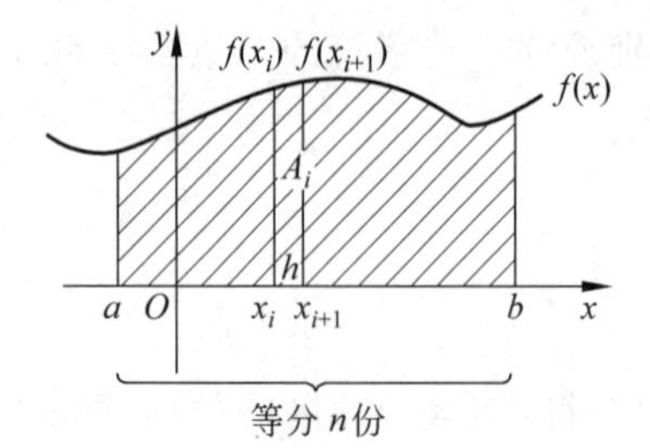

图 4-6　用等距梯形法求定积分

将曲边面积 n 等分,则每一等分的梯形面积为(上底+下底)* 高/2,其中,梯形的高为一等分的宽度 h,$h=(b-a)/n$,梯形的上底为 $f_1=f(x)$,其值是 $f(x)$ 在 x 处的取值,根据题意 $f(x)=x^2+12x+4$,梯形的下底为 $f_2=f(x+h)$,其值是 $f(x)$在 $x+h$ 处的取值,根据题意 $f(x+h)=(x+h)^2+12(x+h)+4$,x 值从 a 到 b 的变化,每次 x 值增加 h,累加各等分梯形的面积。即

$$A_i=(f(x_i)+f(x_i+h))/2*h$$

$$\mathrm{AREA}=\sum_{i=1}^{n}A_i$$

程序代码如下:

```
#include< stdio.h>
int main()
{
    float x,a,b, h,f1,f2,area;
    int i,n;
    scanf("%f%f%d", &a, &b, &n);        /* 输入区间 a、b,等分值 n */
     h=(b-a)/n;                         /* 将区间[a,b] n 等分,求步长 */
     area=0;
     x=a;                               /* x=区间[a,b]的初值 */
     f1=x*x+12*x+4;                     /* 计算 f(a)的值,梯形上底 */
     for(i=1;i<=n;i++)
     {  x=x+h;                          /* 计算梯形下底的 x 值 */
        f2=x*x+12*x+4;                  /* 计算 f(x)的值,梯形下底 */
        area=area+(f1+f2)/2*h;          /* 计算梯形面积,累加器 */
        f1=f2;                          /* 迭代:下一个梯形上底=上一个梯形的下底 */
    }
    printf("area=%.2f\n", area);
    return 0;
}
```

运行结果:

视频

```
1 4 1000↙
area=123.00
```

例 4-21　4 名学生中有一人做了好事,不留名。老师问这 4 人谁做的好事。

A 说：不是我　　　B 说：是 C　　　C 说：是 D　　　D 说：C 胡说

已知有 3 人说了真话，1 人说的是假话。判断是谁做的好事。

分析：设做好事的人是 thisman，变量 thisman 的取值范围是字符'A'～'D'，分别去测试对话，真话数累加为 3，则 thisman 的值即为所求。本例用循环去穷举“做好事的人”。

程序代码如下：

```
#include<stdio.h>
int main()
{
    char thisman;
    for(thisman='A';thisman<='D';thisman++)
      if((thisman!='A')+(thisman=='C')+(thisman=='D')+(thisman!='D')==3)
          printf("做好事的人是%c\n",thisman);
    return 0;
}
```

运行结果：

```
做好事的人是 C
```

例 4-22　设计开发一个小计算器，该小计算器可以反复完成两个 0～9 的随机数的算术运算。菜单功能如表 4-3 所示。

视频

表 4-3　计算器菜单功能表

菜单选项	菜单功能
1	加法
2	减法
3	乘法
4	除法
0	退出计算器
其他值	显示菜单

分析：此题采用菜单完成，主要训练学生用程序实现人机交互及程序的持续执行。

本题在例 3-15 的基础上，加上循环 while(1)，在循环中使用菜单实现与用户反复交互，可执行多遍运算。选菜单 0 退出循环，用 break 实现；选菜单值超界，继续显示菜单，用 continue 实现。生成两个 0～9 的随机数，用函数 rand()%10 获取。函数 srand(time(0))使每次初始产生的随机数不同。

随机数的使用：C 语言有如下几种产生随机数的常用函数，其头文件为 stdlib.h 和 time.h。

(1) rand()：该函数产生一个 0～32767 的随机数。因此，可用 rand()%10 产生一个 0～9 的随机数。

(2) srand(time(n))：该函数和 rand 函数配合使用，产生随机数的起始发生数据，n 为任意时间数值。例如，srand(time(0))是随机数初始化函数，使每次初始产生的随机数不同。

程序代码如下：

```
#include<stdlib.h>
#include<time.h>
#include<stdio.h>
int main()
{
    int op;
    int a,b,c;
    srand(time(0));             /*随机数初始化函数,使每次初始产生的随机数不同*/
    while(1)                    /*循环使用菜单*/
    {
        a=rand()%10;            /*生成两个 0~9 的随机数 a,b*/
        b=rand()%10;
        printf("            ******************************************\n");
        printf("            *             请输入选项代码(0~4)            *\n");
        printf("            *                   1——加法                 *\n");
        printf("            *                   2——减法                 *\n");
        printf("            *                   3——乘法                 *\n");
        printf("            *                   4——除法                 *\n");
        printf("            *                   0——退出                 *\n");
        printf("            ******************************************\n");
        scanf("%d",&op);        /*接收菜单选项值 0~4*/
        switch(op)              /*判断所选菜单值,做相应的四则运算之一*/
        {
            case 1:     c=a+b;  break;
            case 2:     c=a-b;  break;
            case 3:     c=a*b;  break;
            case 4:     if(b!=0) c=a/b;  break;
            case 0:     break;
            default:    break;
        }
        if(op<0||op>=5) continue;   /*选菜单值超界,继续显示菜单*/
        if(op==0) break;            /*选菜单 0 退出循环*/
        printf("a=%d b=%d c=%d\n",a,b,c);
    }
    return 0;
}
```

例 4-23 打印输出以下图案。

*

```
   ***
  *****
 *******
```

程序代码如下：

```
#include<stdio.h>
int main()
{
    int i,j,k;
    for(i=0;i<=3;i++)
      {for(j=0;j<=2-i;j++)
            printf(" ");
       for(k=0;k<=2*i;k++)
            printf("*");
      printf("\n");}
    return 0;
}
```

本章小结

循环结构是结构化程序设计三大结构之一，是学习程序设计语言的基础和重点之一，同时也是难点之一，是初学者用程序设计语言编写程序遇到的第一个坎。

本章主要介绍了C语言的三种循环语句的语法形式及运行流程，以及循环嵌套和循环控制语句等概念。C语言提供了while、do-while、for三种语句来实现循环结构。for语句功能最强，使用最多。break语句用于结束其所在的switch分支结构或while、do-while、for循环结构。continue语句用于结束本次循环。循环嵌套不允许交叉。

在C语言中，while语句和for语句是当型循环语句，先判断后执行循环体；do-while语句是直到型循环语句，执行一次循环体后才判断。

编写循环程序，一般可采用穷举法、迭代法或递推法，但有时也需要具体问题具体分析，采用其他的算法解题，结合不同的应用也会有不同的解题方法。读者可通过本章大量不同类型的实例的学习，拓宽解题思路，从中学会使用循环解决问题的逻辑思维方式及编程技巧，为后续章节课程的学习做铺垫。

习　题　4

一、客观题

1. 以下程序接收从键盘输入的若干学生成绩，统计并输出最高成绩和最低成绩，当输入的成绩为负数时结束，填空完成程序。

```
#include<stdio.h>
int main()
{ float x,fmax,fmin;
   scanf("%f",&x);
   fmax=fmin=x;
   while( A )
     { if(x>fmax)
          fmax=x;
       else
          if( B )
             fmin=x;
       scanf("%f",&x);
     }
  printf("\nmax=%f,min=%f",fmax,fmin);
  return 0;
}
```

2. 以下程序的运行结果是________。

```
#include<stdio.h>
int main()
{
  int i,j;float s;
  for(i=7;i>4;i--)
  { s=0.0;
    for(j=i;j>3;j--) s=s+i*j;
  }
  printf("%f\n",s);
  return 0;
}
```

A. 154　　　B. 90　　　C. 45　　　D. 60

3. 程序结束时，i、j 和 k 的值是________。

程序如下：

```
#include<stdio.h>
int main()
{
    int a=10,b=5,c=5,d=5;
    int i=0,j=0,k=0;
    for(;a>b;++b)i++;
    while(a>++c)j++;
    do
    {
      k++;
    } while(a>d++);
```

```
    printf("i=%d j=%d k=%d\n",i,j,k);
    return 0;
}
```

4. 阅读下面的程序，若用户输入“BEIJING#”，程序将输出________。

```
#include<stdio.h>
int main()
{ char ch;
  while((ch=getchar())!='#')
  { if(ch>='A'&&ch<='Z')
        ch+=32;
    putchar(ch);
  }
  return 0;
}
```

5. 以下程序的运行结果是________。

```
#include<stdio.h>
int main()
{   int num=0;
    while(num<=2)
    {   num++;
        printf("%d,",num);
    }
    return 0;
}
```

A. 1,　　　　B. 1,2,　　　　C. 1,2,3,　　　　D. 1,2,3,4,

二、编程题

1. 求 2+4+6+…+100(100 以内偶数之和)。

2. 用公式$\frac{\pi}{2}=\frac{2\times2}{1\times3}\times\frac{4\times4}{3\times5}\times\frac{6\times6}{5\times7}\times\cdots\times\frac{(2n)(2n)}{(2n-1)(2n+1)}$求 π 的近似值，设 $n=100$。

3. 求 $s=a+aa+aaa+\cdots+aa\cdots a$ 的值，其中 a 为一个数字，例如 3+33+333+3333，$n=4$，n 为 a 的个数，n 和 a 的值由键盘输入。

4. 鸡、狗与九头鸟同笼。如果笼中有 100 个头，100 只脚，并且三种动物皆有，问共有几种可能？每种又各有几只？

5. 输出 100～200 的全部素数。

6. 找出 100～999 的所有“水仙花数”。“水仙花数”是指一个三位数，其各位数字立方和等于该数本身，例如，$153=1^3+5^3+3^3$，故 153 是水仙花数。

7. 从键盘输入一串字符，输入回车符时表示字符输入结束，将输入字符中的数字字符删除后输出。

8. 统计 1000 以内的所有完数并输出。完数也叫作完备数,即所有真因子(除了自身以外的约数)之和恰好等于它本身的自然数,例如 $6=1+2+3$。

三、应用与提高题

1. 打印出如图 4-7 所示的图案。

```
     A
    ABA
   ABCBA
  ABCDCBA
 ABCDEDCBA
ABCDEFEDCBA
```

图 4-7　需打印的图案

2. 从键盘输入两个非负整数,求这两个非负整数的最小公倍数。

3. 用迭代法求 $x=\sqrt{a}$。求平方根的迭代公式为 $x_{n+1}=\frac{1}{2}\left(x_n+\frac{a}{x_n}\right)$,要求:$|x_{n+1}-x_n|<10^{-5}$,$a$ 的值由键盘输入。

4. 用矩形法计算定积分 $\int_a^b f(x)\mathrm{d}x$,$f(x)=x^2$,积分上限 a 和下限 b 的值由键盘输入。

5. 用二分法求方程 $2x^3-4x^2+3x-6=0$ 在 $(-10,10)$ 的根,精度为 10^{-5}。

6. 4 名专家对 4 款赛车进行评论。A 说:2 号赛车是最好的。B 说:4 号赛车是最好的。C 说:3 号不是最佳赛车。D 说:B 说错了。事实上只有一款赛车最佳,且只有一名专家说对了,其他 3 人都说错了。请编程输出最佳车的车号,以及哪位专家说对了。

7. 猴子吃桃问题。猴子第一天摘下若干桃子,当即吃了一半,还不过瘾,又多吃了一个。第二天早上又将剩下的桃子吃掉一半,又多吃了一个。以后每天早上都吃了前一天剩下的一半零一个。到第 10 天早上想再吃时,就只剩下一个桃子了。求第一天共摘下多少个桃子。

8. 甲乙两位化验员,测定同一样品中的铁含量,得到报告如下。

甲:20.45%,20.58%,20.53%,20.61%,20.50%,20.49%;

乙:20.43%,20.60%,20.58%,20.54%,20.61%,20.38%。

如果铁的标准值为 20.45%,分别计算他们的绝对误差和相对误差。

9. 有一标准试样中 SiO_2 的标准值为 59.80%,现在由 A 和 B 两位检测员检测该试样,得到如下结果。

A:58.32%,59.21%,57.90%,60.23%,60.43%;

B:60.25%,58.84%,59.35%,59.90%,60.12%。

编程对 A 和 B 两人测试结果的准确度和精密度进行比较。

第5章 数组

本章主要内容：

- 数组和一维数组；
- 二维数组；
- 字符数组和字符串；
- 数据文件的应用。

5.1 引　　例

例 5-1 输入班级中 10 名学生的“C 语言程序设计”课程月考成绩，统计平均分。

程序代码如下：

视频

```
#include<stdio.h>
int main()
{
    int a, i,sum=0;
    float ave;
    for(i=0;i<10;i++)         /* 输入 10 个成绩,依次相加 */
    {  scanf("%d",&a);
       sum+=a;
    }
    ave=sum/10;
    printf("%f",ave);
    return 0;
}
```

如果此题要求进一步求出高于平均分的人数？那么，显然需要把每个学生的成绩保留下来，与平均分数进行比较，才能得出高于平均分的人数。

可以定义 10 个变量存放学生成绩，程序代码如下：

```
    ⋮
    int a1,a2, a3, a4, a5, a6, a7, a8, a9,a10;
    int count;
    scanf("%d",&a1);
    scanf("%d",&a2);
    ⋮
    scanf("%d",&a10);
    sum=a1+a2+a3+a4+a5+a6+a7+a8+a9+a10;
    ave=sum/10;
    if(a1>ave)  count++;
    ⋮
    if(a10>ave)  count++;
    printf("%d",count);
    }
```

程序中需要用 10 个 scanf 函数输入学生的成绩,每个学生的成绩与平均分比较也需要使用 if 语句 10 次,这样的程序变得冗长且低效,如果学生人数增加到 100、1000 甚至更多,显然这样做是不现实的。因此,C 语言引入数组类型,对于相同类型的数据进行批量处理。该例用数组解题程序代码如下:

```
#include<stdio.h>
int main()
{   int i,sum=0,count=0;
    float ave;
    int a[10];                      /*定义一个数组 a,它包含 10 个整型元素*/
    printf("请输入 10 个整数:\n");
    for(i=0;i<10;i++)               /*输入 10 个整型数据*/
       scanf("%d",&a[i]);
    for(i=0;i<10;i++)
       sum+=a[i];                   /*10 个整数求和*/
    ave=sum/10;
    for(i=0;i<10;i++)
    if(a[i]>ave)  count++;          /*每个整数与平均值进行比较*/
    printf("%d",count);
    return 0;
}
```

程序中 int a[10];可以批量定义 10 个整型变量,用一个 scanf()函数循环 10 次完成了 10 个整数的输入并存储在数组元素 a[0]~a[9]中,语句 sum+=a[i];循环 10 次可以完成 10 个整数的求和运算,语句 if(a[i]>ave)是将每个整数与平均值相比较,循环 10 次。

从此例可以看出,数组可以简明、高效地对同一数据类型变量进行批量定义、批量存储数据,并能够通过循环批处理数据。

5.2　一 维 数 组

5.2.1　数组的概念

数组是指具有相同数据类型的变量的有序集合，集合中的变量称为数组元素。数组名是数组的名称，即集合的名称，在数组定义时，会在内存中给数组分配连续的内存空间，数组名对应为连续空间的起始地址。所以说，数组名是数组在内存中的起始地址。数组的下标是对数组中某一个元素在为数组分配的连续空间中的一个位置定位，即指出了某一数组元素在数组中所处的位置。数组下标的个数确定了数组的维数，根据数组下标的个数可以将数组分为一维数组、二维数组和多维数组。

5.2.2　一维数组的定义

要使用数组，首先要定义。定义一个一维数组，需要明确数组名、数组元素的数据类型和数组中包含的数组元素的个数(即数组的长度)。

一维数组定义的一般形式为

元素类型名　数组名[常量表达式];

例如：

```
float a[10];
```

这里定义了名字为 a 的数组，包含 10 个元素 a[0]～a[9]，每一个元素的类型均为浮点型。数组 a 在内存中占用连续的存储空间，其中每个元素占用 4 个存储单元，共占用 40 个存储单元，数组元素存储顺序如图 5-1 所示。

0013FF58	a[0]
0013FF5C	a[1]
0013FF60	a[2]
⋮	⋮
0013FF7C	a[9]

图 5-1　一维数组存储顺序示意图

定义说明：

(1) 元素类型名用来说明数组中每个元素的类型，可以是前面学习过的基本类型 int、char、float、double，也可以是后续章节中学习的构造类型，如结构体、枚举类型，或者是使用 typedef 定义的类型。

(2) 数组名必须是一个合法的标识符，且不能与其他普通变量同名。

(3) 常量表达式用来指明数组中包含的元素的个数，必须为整型常量且大于或等于 1。

注意：定义数组大小时不能使用变量动态定义数组的大小。下面定义数组的方法是错误的。例如：

```
int n;
scanf("%d",&n);
char name[n];
```

(4) 数组元素的下标从 0 开始,从小到大依次存储。如本例定义数组 a 包含的 10 个元素是 a[0]～a[9],注意没有元素 a[10]。

5.2.3 一维数组的引用

一维数组遵循先定义后引用的原则,但 C 语言规定只能逐个引用数组元素而不能一次引用整个数组。

引用数组元素时要指明数组名和数组元素在数组中的位置(即下标),引用的形式为

数组名[下标]

数组元素具有相同的名称(数组名)和不同的下标。使用整型变量表示下标时(下标变量),下标变量的改变可以代表数组中不同的数组元素。

C 语言不检查数组下标是否越界,但是在使用时可能会出现数组越界覆盖其他存储单元数据或者破坏程序代码等,建议下标不要越界使用。

具体到一个数组元素,它的类型在数组定义时已确定,一个数组元素的地位相当于相同数据类型的一个普通变量,其使用方法和同类型普通变量的使用方法完全相同。

视频

例 5-2 从键盘输入 10 个整数,找出其中的最大值及其位置。

程序代码如下:

```
#include<stdio.h>
int main()
{    int max,max_loc,a[10],i;        /* 定义一个数组 a,它包含 10 个整型元素 */
     printf("Please input 10 integers:\n");
     for(i=0;i<10;i++)
     scanf("%d",&a[i]);             /* 输入 10 个整数,赋给 a 数组的 10 个元素 a[0]~a[9] */
     max=a[0];                       /* 假设第一个数即为最大值 */
     max_loc=0;
     for(i=1;i<10;i++)               /* 通过循环遍历数组中的所有数据 */
     {
      if(a[i]>max)                   /* 当前值大于最大值 */
      {  max=a[i];                   /* 用当前值替换最大值 */
         max_loc=i;                  /* 记录最大值的位置 */
      }
     }
     printf("The max data is %d\nThe position is %d\n",max,max_loc);
                                     /* 输出最大值及其所在位置 */
     return 0;
}
```

运行情况:

```
Please input 10 integers:
34 56 78 54 92 0 -76 39 97 100↙
```

```
The max data is 100
The position is 9
```

练习 5-1　从键盘输入 10 个整数,找出其中的最小值及其位置。

练习 5-2　从键盘输入 10 个整数,找出其中的最小值并将其和第一个整数对换。

5.2.4　一维数组的初始化

数组元素和普通变量一样,也能够赋初值。定义数组时给数组元素赋值,称为数组的初始化。其一般形式为

元素类型名 数组名[整型常量表达式]={初始化列表};

对数组元素的初始化可以用以下方式来实现。

(1) 对数组的所有元素赋初值,此时可以省略数组长度。例如:

```
int a[10]={0,1,2,3,4,5,6,7,8,9};
```

定义了整型数组 a,并且对数组元素赋初值,a[0]~a[9]的值分别为 0~9。此时也可以省略数组长度,采用以下方法初始化:

```
int a[]={0,1,2,3,4,5,6,7,8,9};
```

只有数组全部元素都赋了初值时才可以省略数组的长度,此时系统会根据初值的个数自动给出数组的长度。为了提高程序的可读性,建议读者在定义数组时,不管是否对全体数组元素赋初值,都不要省略数组长度。

(2) 对数组的部分元素赋初值。例如:

```
int a[10]={1,2,3,4,5};
```

定义了整型数组 a,包含 10 个元素,但初始化列表中给出了 5 个初值,则元素 a[0]~a[4]的值分别为 1、2、3、4 和 5。

5.2.5　一维数组的应用

视频

例 5-3　利用数组求 Fibonacci 数列前 20 个数,并按每行打印 5 个数的格式输出。

分析:在例 4-9 中已经用迭代法求解过此题,本例定义数组 f[20],其中的数组元素表示 Fibonacci 数列中各项的值,与例 4-9 相比,使用数组可以保存 Fibonacci 数列中的值,并且处理变得简单,容易理解。

程序代码如下:

```
#include<stdio.h>
int main()
{   int i;
    int f[20]={1,1};                    /* 定义 Fibonacci 数组 f,前 2 个元素赋初值 1 */
```

```
    for(i=2;i<20;i++)
      f[i]=f[i-1]+f[i-2];           /* 按照 Fibonacci 数列的规则,给后续元素赋值 */
    for(i=0;i<20;i++)               /* 按照输出要求,输出 Fibonacci 数列的前 20 项 */
    {  if(i%5==0) printf("\n");
       printf("%14d",f[i]);
    }
    printf("\n");
    return 0;
}
```

运行情况:

```
  1           1          2          3          5
  8          13         21         34         55
 89         144        233        377        610
987        1597       2584       4181       6765
```

视频

例 5-4 用“冒泡法”将键盘输入的 10 个整型数据由小到大排序。

N 个数冒泡法排序的思路如下。

(1) 有 N 个数,从前向后将相邻的两个数进行比较(共比较 $N-1$ 次),每次比较,将小数交换到前面,大数交换到后面,$N-1$ 次后,最大的数将被移至数据最后。

(2) 取前面 $N-1$ 个数,继续步骤(1)的比较,将 $N-1$ 个数中的最大值移至最后(位于 N 个数最大值的前面)。

(3) 取前面 $N-2$ 个数,继续步骤(1)的比较,以此类推,直到最后两个数比较完成。

图 5-2 给出了 5 个数: 8,6,9,7 和 2 的冒泡法排序过程。

原始数据	第一趟比较 4 次					第二趟比较 3 次				第三趟比较 2 次			第四趟比较 1 次		排序后的数据
8	8	6	6	6	6	6	6	6	6	6	6	6	6	2	2
6	6	8	8	8	8	8	8	7	7	7	7	2	2	6	6
9	9	9	9	7	7	7	7	8	2	2	2	7	7	7	7
7	7	7	7	9	2	2	2	2	8	8	8	8	8	8	8
2	2	2	2	2	9	9	9	9	9	9	9	9	9	9	9

图 5-2 冒泡排序示意图

程序代码如下:

```
#include<stdio.h>
int main()
{  int i,j,temp;
   int a[10];
   printf("input 10 numbers:\n");
   for(i=0;i<10;i++)
     scanf("%d",&a[i]);
   for(i=0;i<9;i++)                /* 进行 9 次循环,实现 9 趟比较 */
```

```
    {
        for(j=0;j<9-i;j++)      /* 在每一趟比较中,进行 9-i 次比较 */
        {
            if(a[j]>a[j+1])      /* 相邻两个数比较 */
                {   temp=a[j];
                    a[j]=a[j+1];
                    a[j+1]=temp;
                }
        }
    }
    printf("The sorted number:\n");
    for(i=0;i<10;i++)
        printf("%8d",a[i]);
    return 0;
}
```

运行情况：

```
input 10 numbers:
16 34 -97 67 56 567 -84 29 45 9↙
The sorted numbers:
-97     -84     9      16      29      34      45      56      67      567
```

例 5-5 从键盘输入 10 个相异的整数,存入 a 数组中,再任意输入一个整数 k,在数组中查找 k,如果找到,输出相应的位置下标,否则输出没有找到的信息。

视频

程序代码如下：

```
#include<stdio.h>
int main()
{   int i,flag,k;
    int a[10];
    printf("Please input 10 integers:\n");
    for(i=0;i<10;i++)
      scanf("%d",&a[i]);
    printf("Please input k:");
    scanf("%d",&k);
    flag=0;               /* flag 作为是否找到的标志: flag=0,未找到;flag=1,找到 */
    for(i=0;i<10;i++)
    {
       if(a[i]==k)       /* 找到 */
       {  printf("Found:%d position is %d.\n",k,i);
          flag=1;
          break;
       }
    }
    if(flag==0)          /* 未找到 */
       printf("Not found %d.\n",k);
```

```
    return 0;
}
```

运行情况：

```
Please input 10 integers:
9 13 24 -9 -24 89 67 0 39 100↙
Please input k: 25↙
Not Found 25.
```

练习 5-3 从键盘输入 10 个整数，将其存入数组 a 中，再任意输入一个整数 k，在数组中查找 k 出现的次数。

练习 5-4 从键盘输入 10 个整数，分别统计其中正数、负数和 0 的个数。

5.3 二 维 数 组

C 语言可以定义多维数组，本节以二维数组为例进行介绍。

5.3.1 二维数组的定义

二维数组定义的一般形式为

元素类型名　数组名[常量表达式 1][常量表达式 2];

例如：

```
int a[3][2];
```

在二维数组的定义中，类型名、数组名和常量表达式的形式均和一维数组类似。常量表达式 1 指出了二维数组的行数，常量表达式 2 指出了二维数组的列数。

a[0][0]
a[0][1]
a[1][0]
a[1][1]
a[2][0]
a[2][1]

图 5-3　二维数组存储顺序示意图

二维数组的存储也需要在内存中占用一段连续的存储空间，数组名代表了给二维数组分配的连续存储空间的起始地址。C 语言中，二维数组在存储器中的存储是按行排列的。示例定义的数组 a 在存储器中的存放顺序为 a[0][0]、a[0][1]、a[1][0]、a[1][1]、a[2][0]和 a[2][1]，如图 5-3 所示。

也可以将二维数组看作一种特殊的一维数组，它的元素又是一个一维数组。例如，可以把示例中的 a 看作一个一维数组，它有 3 个元素：a[0]、a[1]和 a[2]，每个元素又是一个包含两个元素的一维数组。将 a[0]看作是一个一维数组名，也就是数组 a[0]包含两个元素：a[0][0]和 a[0][1]，a[1]和 a[2]也可以采用相同的理解方法。

5.3.2　二维数组的引用和初始化

1. 二维数组的引用

二维数组也必须先定义后使用,二维数组元素也只能逐个引用,而不能引用整个数组。引用二维数组元素时要指明数组名(分配的内存空间的起始地址)和下标(指明引用数组元素在分配的内存空间中的相对位置),其引用的一般形式为

数组名[行下标][列下标]

二维数组引用时应注意行下标和列下标的范围,行下标的范围为 0～行长度－1,列下标的范围为 0～列长度－1。二维数组也不能越界引用。

例如:定义了二维数组 a[3][2],则在引用数组元素时,a[2][2]、a[3][0]等都是越界元素,不能引用。

2. 二维数组的初始化

二维数组初始化的一般形式有如下几种。

1) 分行初始化

初始化的一般形式为

类型名 数组名[常量表达式 1][常量表达式 2]={{第 0 行元素初值表},{第 1 行元素初值表}…};

该方法比较直观,每一对大括号内的值赋给一行元素,大括号内的数据用逗号隔开。例如:

```
int a[3][2]={{1,2},{3,4},{5,6}};
```

初始化结果如下:

```
a[0][0]=1,a[0][1]=2,a[1][0]=3,a[1][1]=4,a[2][0]= 5,a[2][1]=6
```

2) 按数组元素排列的顺序给各数组元素初始化

初始化的一般形式为

类型名　数组名[常量表达式 1][常量表达式 2]={初值表};

初值表中的数据以逗号间隔。使用该方法初始化时,随着数据的增多,容易造成遗漏,不易检查。例如:

```
int a[3][2]={1,2,3,4,5,6};
```

3) 对部分数组元素初始化

例如:

```
int a[3][3]= {{1,2},{3},{4,5}};
```

初始化后:

```
a[0][0]=1,a[0][1]=2,a[1][0]=3,a[2][0]=4,a[2][1]=5,其余元素初值为 0
```

该初始化方法中，没有给初值的元素的值自动为 0。使用该方法初始化时，也可以使某一行所有元素赋 0。但该行对应的大括号不能省略。例如：

```
int a[4][3]={{1,2},{},{4,5},{}};
```

4）初始化时省略第一维长度

（1）二维数组初始化时，如果对全部元素赋了初值。此时可以省略第一维长度，但不能省略第二维的长度。例如：

```
int a[][3]={1,2,3,4,5,6,7,8,9};
```

等价于：

```
int a[3][3]={1,2,3,4,5,6,7,8,9};
```

系统会根据数组元素的总个数和第二维的长度算出第一维的长度。

（2）分行初始化时，在初值表中给出了所有行，此时也可以省略第一维长度，但不能省略第二维的长度。例如：

```
int a[][3]={{1,2},{},{4,5}};
```

建议在二维数组初始化时，采用分行初始化的形式，并且尽量不要省略数组第一维长度，这样会使程序直观，易读。

5.3.3 二维数组的应用

例 5-6 已知一个 3×4 的二维数组，编程找出其中的最大值，以及最大值所在的行和列。

分析：定义一个 3×4 的二维数组，用二重循环遍历该数组，一般外层循环表示行，内层循环表示列。遍历该数组中的元素，找最大值及其位置。其 N-S 流程图如图 5-4 所示。

程序代码如下：

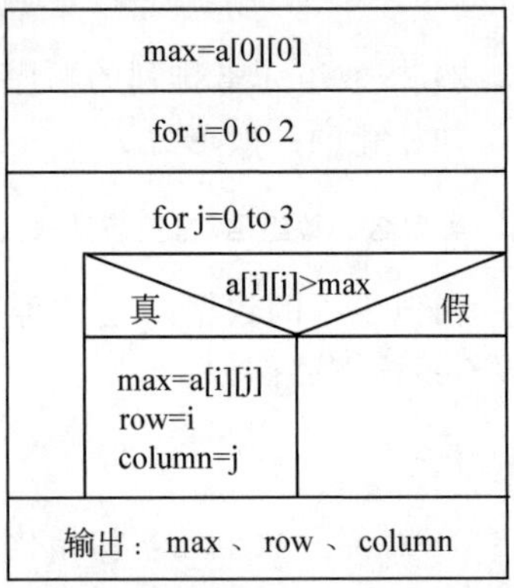

max=a[0][0]
for i=0 to 2
for j=0 to 3
a[i][j]>max
真
假
max=a[i][j]
row=i
column=j
输出：max、row、column

图 5-4 例 5-6N-S 流程图

```
#include<stdio.h>
int main()
{
   int a[3][4]={{9,18,-24,34},{0,17,-76,67},
                {83,48,100,23}};
   int max,row,column,i,j;
   printf("The 3*4 array: \n");
   for(i=0;i<3;i++)  /*按行输出二维数组*/
   {
   for(j=0;j<4;j++)
       printf("%5d",a[i][j]);
       printf("\n");
   }
   max=a[0][0];                  /*假设 a[0][0]为最大值*/
   row=0;
```

```
    column=0;
    for(i=0;i<3;i++)                /* 遍历二维数组,找出最大值 */
       for(j=0;j<4;j++)
            if(max<a[i][j])         /* 如果 a[i][j]大于假设的最大值,将最大值做替换 */
            {
                max=a[i][j];
                row=i;
                column=j;
            }
    printf("max=%d,row=%d,column=%d\n",max,row,column);
    return 0;
}
```

运行情况:

```
The 3*4 array:
9  18  -24  34
0  17  -76  67
83 48   100  23
max=100,row=2,column=2
```

例 5-7 已知一个 3×4 的二维数组,编程将该矩阵转置后输出。

分析:定义两个二维数组 a 和 b,a 是转置前数组,b 是转置后数组。两个数组应满足转置后数组的行数等于转置前数组的列数,转置后数组的列数等于转置前数组的行数,即 b[i][j]=a[j][i]。

程序代码如下:

```
#include<stdio.h>
int main()
{   int i,j, b[4][3];
    int a[3][4]={{1,2,3,4},{5,6,7,8},{9,10,11,12}};
    printf("The origin array:\n");
    for(i=0;i<3;i++)                        /* 输出转置前矩阵 */
      { for(j=0;j<4;j++)
            printf("%5d",a[i][j]);
        printf("\n");
      }
    for(i=0;i<4;i++)                        /* 矩阵转置 */
      for(j=0;j<3;j++)
            b[i][j]=a[j][i];
    printf("The changed array:\n");         /* 输出转置后矩阵 */
        for(i=0;i<4;i++)
          { for(j=0;j<3;j++)
                printf("%5d",b[i][j]);
            printf("\n");
          }
```

```
        return 0;
}
```

运行情况：

```
The origin array:
    1   2   3   4
    5   6   7   8
    9  10  11  12
The changed array:
    1  5   9
    2  6  10
    3  7  11
    4  8  12
```

视频

例 5-8 输入 5 个学生的高等数学、C 语言和英语 3 门课程的成绩，计算每个学生 3 门课程成绩的平均分。

程序代码如下：

```
#include<stdio.h>
#define N 5
#define M 3
int main()
{
    int score[N][M];
    int i,j;
    float aver_stu, sum;
    for(i=0;i<N;i++)
    {
       printf("请输入第%d个学生的三门课程成绩\n",i+1);
       for(j=0;j<M;j++)
          scanf("%d",&score[i][j]);
       printf("\n");
    }
    for(i=0;i<N;i++)                              /*计算每个学生的平均成绩*/
    {
       sum=0;
       for(j=0;j<M;j++)
          sum+=score[i][j];
       aver_stu=sum/M;
       printf("The average score of No %d is %.1f\n",i+1,aver_stu);
    }
    return 0;
}
```

运行情况：

```
请输入第 1 个学生三门课程的成绩：
60 60 60
请输入第 2 个学生三门课程的成绩：
90 95 98
请输入第 3 个学生三门课程的成绩：
87 90 75
请输入第 4 个学生三门课程的成绩：
67 88 75
请输入第 5 个学生三门课程的成绩：
80 76 87

The average score of No 1 is 60.0
The average score of No 2 is 94.3
The average score of No 3 is 84.0
The average score of No 4 is 76.7
The average score of No 5 is 81.0
```

该程序中用符号常量定义数组的长度，这种定义方法的优点是可以通过改变符号常量的值达到修改数组长度的目的，使程序应用更加灵活。若该例要计算 30 个学生 5 门课程的情况，仅需要修改学生数(N)和课程数(M)的值即可实现。

练习 5-5 输入两个 3×3 的矩阵，计算两个矩阵的和矩阵与差矩阵。

练习 5-6 输入 5 个学生的高等数学、C 语言和英语 3 门课程的成绩，计算每门课程的平均分。

5.4 字符数组和字符串

数组不仅可以存放数值型数据，也可以存储字符型数据。

5.4.1 字符数组

存放字符型数据的数组称为字符数组。字符数组的定义与前面普通数组定义类似，只是元素的类型为 char。

一维字符数组定义的一般形式为

```
char 数组名[常量表达式];
```

例如：

```
char s[10];
```

该例定义了 s 为字符数组，在内存中分配了 10 个连续的存储单元，分别用来存放数组元素s[0]～s[9]的值。其中，每个元素占 1 字节的内存单元。

字符数组也允许在定义时进行初始化，方法与前面介绍的数值型数组的初始化类似。

例如：

```
char s[11]={ 'H', 'e', 'l', 'l', 'o', '!' };
```

字符数组的引用方法即数组名加下标，和前面介绍的数值型数组引用相同，如例 5-9 所示。

例 5-9 从键盘输入 10 个字符，统计其中数字字符的个数。

程序代码如下：

```
#include<stdio.h>
int main()
{
    char str[10];
    int i,digit;
    printf("Input 10 characters: \n");
    for(i=0;i<10;i++)                        /* 输入 10 个字符 */
        scanf("%c",&str[i]);
    digit=0;                                 /* digit 为数字字符个数,统计前先设为 0 */
    for(i=0;i<10;i++)                        /* 依次检查 10 个字符 */
       if(str[i]>='0'&&str[i]<='9')          /* 当前字符为数字 */
              digit++;                                /* 数字个数加 1 */
    printf("The number of digit is %d.\n",digit);  /* 输出数字字符个数 */
    return 0;
}
```

运行情况：

```
Input 10 characters
Si345g,8ik↙
The number of digit is 4.
```

5.4.2 字符串

字符串的应用非常广泛，它是用双引号括起来的一串字符，例如："Hello!"。在 C 语言中，没有专门的字符串变量，通常用字符数组存放字符串。C 编译系统自动在字符串尾加上'\0'作为串的结束符。当把一个字符串存入数组时，也把结束符'\0'存入了数组，并以此作为该字符串是否结束的标志。

字符串"Hello!"共有 6 个字符，但在内存中存储时占用 7 字节存储单元，前面 6 字节存储单元分别存放 H,e,l,l,o 和！的 ASCII 码，第 7 个字节存储单元存放\0。

C 语言规定字符\0 作为字符串结束标志，\0 代表 ASCII 码为 0 的字符，ASCII 码为 0 的字符是一个空操作符，该字符既不能在显示器上显示，也不会产生任何控制操作。

在处理字符数组时，如果字符数组中不包含字符串结束标志\0，字符数组就只能逐个字符处理，不能当作字符串处理；如果在存放有效字符之后存放了字符串结束标志\0，就可以作为字符串来处理，其初始化和引用方式如下。

用字符串常量给字符数组初始化的一般形式为

char　数组名[数组长度]={字符串常量};

或

char　数组名[数组长度]=字符串常量;

例如：

```
char s[7]={ "Hello! "};
```

该数组在内存中的存储情况如图 5-5 所示。

s[0]	s[1]	s[2]	s[3]	s[4]	s[5]	s[6]
H	e	l	l	o	!	\0

图 5-5　字符串的存储

由于字符串的字符个数数起来不方便，可以直接在初始化时将全部元素赋初值，而省略数组的长度。例如：

```
char s[]="Hello!";
```

由于字符串结尾是'\0'，所以上面的初始化与下面等价：

```
char s[]=={ 'H', 'e', 'l', 'l', 'o', '! ' , '\0'};
```

而与

```
char s[]=={ 'H', 'e', 'l', 'l', 'o', '! ' };
```

不等价，因为它没有'\0'，不能算字符串。

字符串尾有串的结束符，则可以把字符串作为一个整体，引用整个字符串，采用数组名的形式。该引用形式多用于字符串的输入输出操作，简化了字符数组的输入和输出方式，而数值型数组是不能用数组名输入和输出其全部元素的，只能逐个元素输入和输出。

例 5-10　从键盘输入一行字符，把其中的大写字母转换成小写字母。

程序代码如下：

```
#include<stdio.h>
int main()
{    char str[30];
     int i;
     printf("Input a string:\n");
     scanf("%s",str);                        /*输入一个字符串*/
     for(i=0;str[i]!='\0';i++)               /*遍历整个字符串*/
     {
        if(str[i]>='A'&&str[i]<='Z')         /*当前字符是大写字母*/
            str[i]=str[i]+32;                /*转换为小写字母*/
     }
     printf("The changed string is:\n %s\n",str);
     return 0;
}
```

运行情况：

```
Input a string:
12AJKmkl.; "? 89KNM6↙
The changed string is:
12ajkmkl.; "? 89knm6
```

该例的几点说明如下。

(1) 使用 scanf 以%s 格式输入字符串时，输入项列表中给出的是数组名，因为数组名本身就是字符数组在内存中的起始地址，不需要再加上取地址符号 &。

(2) 使用 scanf 以%s 格式输入字符串时，以空格、回车或 Tab 键作为字符串结束的标志，所以使用 scanf 函数不能输入带有空格字符的字符串。

(3) 使用 printf 函数以%s 格式输出字符串时，是从指定的起始地址开始逐个输出字符，遇到第一个字符串结束标志'\0'时结束输出。所以在使用 printf 函数时，输出项列表中给出的是数组名，即要输出的字符串在内存中的起始地址。

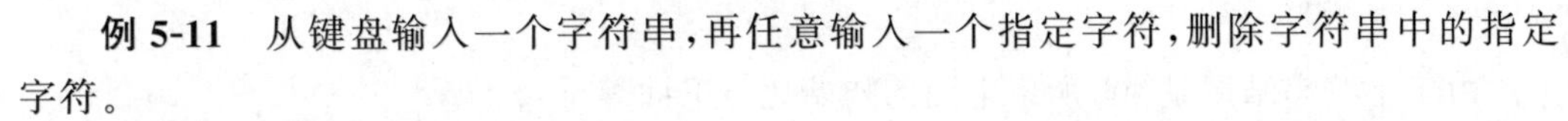

例 5-11 从键盘输入一个字符串，再任意输入一个指定字符，删除字符串中的指定字符。

视频

程序代码如下：

```
#include<stdio.h>
int main()
{    char str[30],new_str[30];
     int i,j;
     char c;
     printf("Input a string:\n");
     gets(str);          /* 字符串输入函数，将键盘上输入的字符串送到字符数组 str */
     printf("Input a random character:\n");
     c=getchar();
     printf("Delete the input character from the string:\n");
     for(i=0,j=0;str[i]!='\0';i++)
     {
       if(str[i]!=c)                          /* 当前字符不等于指定字符，赋给新串 */
         new_str[j++]=str[i];
     }
     new_str[j]='\0';                        /* 新串加字符串结束标志 */
     printf("The new string is:\n %s\n",new_str);
     return 0;
}
```

运行情况：

```
Input a string:
I am a student.↙
Input a random character:
a↙
```

```
Delete the input character from the string:
The new string is:
I m student.
```

通过上面的例程可以看出,对字符串的处理一般是遇字符串结束标志'\0'时结束处理,形成一个新串时在字符串最后要加字符串结束标志\0。

练习 5-7 输入一个字符串,再从键盘输入任意一个字符,统计字符串中包含键盘输入指定字符的个数。

练习 5-8 从键盘输入一个字符串到字符数组 s1,编写程序将该字符串复制到字符数组 s2。

5.4.3 字符串处理函数

C 语言库函数提供了丰富的字符串处理函数,用户可以直接调用。对于输入、输出字符串函数,在使用前应包含头文件 stdio.h,而使用其他的字符串函数,则应包含头文件 string.h。下面介绍几种常用的库函数。

1. 字符串输入输出函数

1) 字符串输入函数 gets()

gets()函数调用的一般形式为

```
gets(字符数组名);
```

例如:

```
char str[30];
gets(str);
```

运行时,从键盘输入"How are you!",将会把字符串"How are you!"送给字符数组 str,使用 gets()函数,可以输入带空格的字符串。gets()函数和 scanf()函数输入字符串的区别如表 5-1 所示。

表 5-1 使用 gets()函数和 scanf()函数输入字符串的区别

gets()函数	scanf()函数
输入的字符串可以包含空格字符	不能输入带有空格字符的字符串
以回车作为结束	以空格、回车或 Tab 键作为结束
只能是一个字符串	可输入多个字符串(如%s%s…)
不可限制字符串的长度	可限制字符串的长度(如%ns)

2) 字符串输出函数 puts()

puts()函数调用的一般形式为

```
puts(字符数组名);
```

该函数从指定的起始地址(数组名)开始逐个输出字符串内的字符,遇到字符串结束标志\0 时结束。

例如:

```
char str[10]="Hello!";
puts(str);
```

运行时,将在显示终端上输出:Hello!。

用 puts()函数输出的字符串中也可以包含转义字符。

2. 字符串连接函数 strcat()

strcat()函数调用的一般形式为

strcat(字符数组 1,字符数组 2);

该函数的功能是将字符数组 2 连接到字符数组 1 的后面,新串存放在字符数组 1 中,函数调用后得到一个地址,即字符数组 1 的地址。

例如:

```
char str1[30]="Hello";
char str2[10]=" World";
strcat(str1,str2);
```

调用 strcat()函数后,字符数组 str1 变为 Hello World。

使用 strcat()函数时应注意:字符数组 1 的长度要定义得足够长,以保证能够存放连接后的字符数组。

3. 字符串复制函数 strcpy()

strcpy()函数调用的一般形式为

strcpy(字符数组 1,字符串 2);

该函数的功能是将字符串 2 复制到字符数组 1 中,函数调用后得到一个地址——字符数组 1 的地址。例如:

```
char str1[10],str2[10]="China";
strcpy(str1,str2);
```

调用 strcpy()函数后,字符串 str1 变为 China。

调用 strcpy()函数时应注意:字符数组 1 的长度应足够长,以保证能够存放字符串 2 的全部字符(包含字符串结束标志);字符串 2 也可以是字符串常量。

4. 字符串比较函数 strcmp()

strcmp()函数调用的一般形式为

strcmp(字符串 1,字符串 2);

该函数的功能是将字符串 1 和字符串 2 自左向右逐个字符比较(按 ASCII 码比较),直到遇到不相同字符或者遇到字符串结束标志\0,函数调用后,得到一个整数值。

(1) 如果字符串 1 等于字符串 2,函数值为 0;

(2) 如果字符串 1 大于字符串 2,函数值为一个正整数;

(3) 如果字符串 1 小于字符串 2,函数值为一个负整数。

例如:

```
char str1[10]="BOOK",str2[10]="HOOK";
strcmp(str1,str2);
```

调用 strcmp()函数后,得到一个负整数值,因为 B 的 ASCII 码小于 H 的 ASCII 码,即'B'<'H'。

字符串比较时,不能使用关系运算符直接比较两个字符串,而是根据字符串比较的结果来判断字符串的大小。

例如:

```
if(str1<str2)  printf("%s\n",str1);
```

上述的比较形式是非法的。正确的用法为

```
if(strcmp(str1,str2)<0)  printf("%s\n",str1);
```

5. 检测字符串长度函数 strlen()

strlen()函数调用的一般形式为

```
strlen(字符串);
```

该函数的功能是检测字符串的有效长度(不包含字符串结束标志\0)。函数调用后,得到一个整数值,即字符串中有效字符的个数。例如:

```
char str [10]="BOY";
strlen(str);
```

调用 strlen()函数后,得到字符串 BOY 的有效长度 3。

strlen()函数也可以用来检测字符串常量的长度。

6. 字符串小写函数 strlwr()

strlwr()函数调用的一般形式为

```
strlwr(字符串);
```

该函数的功能是将字符串中的大写字母转换为小写字母。

7. 字符串大写函数 strupr()

strupr()函数调用的一般形式为

```
strupr(字符串);
```

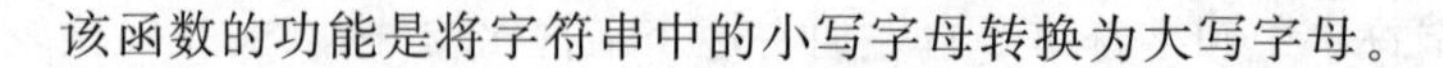

该函数的功能是将字符串中的小写字母转换为大写字母。

视频

例 5-12 从键盘输入 3 个字符串，比较 3 个字符串的大小，按照从小到大的顺序排列并输出。

程序代码如下：

```
#include<stdio.h>
#include<string.h>
int main()
{
    char s1[10],s2[10],s3[10],s[10];
    printf("请输入 3 个字符串:\n");
    gets(s1);
    gets(s2);
    gets(s3);
    if(strcmp(s1,s2)>0) {          /*字符串 s1 大于 s2,进行交换*/
        strcpy(s,s1);strcpy(s1,s2); strcpy(s2,s);
    }
    if(strcmp(s1,s3)>0) {          /*字符串 s1 大于 s3,进行交换*/
        strcpy(s,s1);strcpy(s1,s3);strcpy(s3,s);
    }
    if(strcmp(s2,s3)>0) {          /*字符串 s2 大于 s3,进行交换*/
        strcpy(s,s2);strcpy(s2,s3);strcpy(s3,s);
    }
    printf("\n%s\n%s\n%s\n",s1,s2,s3);
    return 0;
}
```

运行情况：

```
请输入 3 个字符串:
C program↙
Math↙
English↙
```

运行结果：

```
C program
English
Math
```

5.4.4 字符串数组

一维字符数组可以处理一串字符，当处理多串字符即字符串数组时，需要用二维字符数组来处理。

1. 字符串数组的定义

定义的一般形式为

char 数组名[常量表达式 1][常量表达式 2];

例如:

```
char s[3][10];
```

定义中的数组名和常量表达式的形式均和一维字符数组相似。在处理多个字符串时,常量表达式 1 指出了字符串的个数,常量表达式 2 指出了每个字符串最长的长度。

可以将上面定义的字符串数组看作包含 3 个元素:s[0]、s[1]和 s[2],每个元素是包含 10 个字符的字符串。由于字符串是一维数组,那么字符串数组就应该是二维数组,其内存形式如图 5-6 所示。

s[0][0]	s[0][1]	…	s[0][9]
s[1][0]	s[1][1]	…	s[1][9]
s[2][0]	s[2][1]	…	s[2][9]

图 5-6 字符串数组的内存形式

2. 字符串数组的初始化和引用

字符串数组的初始化可以采用二维数组的初始化形式实现,但是更为普遍的初始化形式是采用字符串常量进行。

例如:

```
char country[3][10]={{"China"},{"England"},{"Italy"}};
```

其中,里面的大括号可以省略,即

```
char country[3][10]={"China","England","Italy"};
```

二维字符数组 country 在存储器中的存储如图 5-7 所示。

'C'	'h'	'i'	'n'	'a'	'\0'	'\0'	'\0'	'\0'	'\0'
'E'	'n'	'g'	'l'	'a'	'n'	'd'	'\0'	'\0'	'\0'
'I'	't'	'a'	'l'	'y'	'\0'	'\0'	'\0'	'\0'	'\0'

图 5-7 二维字符数组 country 的存储结构

对于二维字符串的引用,可以引用整个字符串,也可以引用字符串中的一个字符。当引用整个字符串时,采用数组名加第一维下标的表示方法,如上例中引用字符串"China",则使用 country[0]表示;当引用字符串中的一个字符时,例如引用 3 个字符串中的字符'a'时,分别使用 country[0][4]、country[1][4]和 country[2][2]表示。

3. 字符串数组的应用

例 5-13 在 2015 年世界游泳锦标赛中,中国男子 4×100 米自由泳接力项目首次进入决赛, 现决赛第一道到第八道 8 个国家名称已给出,请按照国家名称在英文字典的顺序对参赛国家进行排序并输出。

视频

程序代码如下：

```
#include<stdio.h>
#include<string.h>
int main()
{
    int i,j;
    char str[10];
    char s[8][10]={"Poland","Japan","Italy","Russia","Brazil","France",
    "Canada","China"};
    for(i=0;i<7;i++)
    {
        for(j=0;j<7-i;j++)
        {
            if(strcmp(s[j],s[j+1])>0)
            {
                strcpy(str,s[j]);
                strcpy(s[j],s[j+1]);
                strcpy(s[j+1],str);
            }
        }
    }
    printf("the resort country is:\n");
    for(i=0;i<8;i++)
    printf("%s ",s[i]);
    return 0;
}
```

运行情况：

```
Brazil Canada China France Italy Japan Poland Russia
```

本例中字符串数组的输入和输出一般按照字符串的方式进行，所以按照数组名加第一维下标的方法表示。

5.5 用文件处理数据

本章的编程测试中，经常需要从键盘输入一批数据给数组，操作非常麻烦。其实，在实际处理数据时，还可以使用外部文件中的数据，以减少数据的反复输入过程；为了长期保存数据处理的结果，提高数据的共享性，也可以将数据以文件的形式存储到外部介质中。这就涉及对文件的操作。

对文件的操作一般有如下 3 个步骤。

(1) 创建/打开文件;

(2) 从文件中读取数据或向文件中写入数据;

(3) 关闭文件。

本节先介绍如何使用数据文件进行读写操作,更详细的文件相关内容参见第 9 章内容。先从一个例子来看数据文件的使用。

例 5-14 假设有 5 个学生 3 门课程的分数存放在名为 student.txt 的文件中,要求计算 5 个学生 3 门课程的平均分,并且将计算的结果存入 stu_aver.txt 文件中。

视频

程序代码如下:

```
#include<stdio.h>
#include<stdlib.h>
int main()
{
    int i,j,score[5][3];
    FILE * fp;                              /* 定义指向文件类型的指针变量 fp */
    float sum,stud_aver[5];
    if((fp=fopen("student.txt","r"))==NULL) /* 以只读方式打开文件 student.txt */
    {      printf("cannot open the file");   /* 打开失败输出提示并结束 */
           exit(0);
    }
    for(i=0;i<5;i++)                /* 从文件中按照整型格式读出数据,给数组 score */
    {
        for(j=0;j<3;j++)
            fscanf(fp,"%d,",&score[i][j]);
    }
    fclose(fp);                             /* 关闭打开的 student.txt 文件 */
    for(i=0;i<5;i++)                        /* 计算每个学生的平均分 */
    {
      sum=0;
      for(j=0;j<3;j++)
           sum+=score[i][j];
    stud_aver[i]=sum/3;
    }
    fclose(fp);
    if((fp=fopen("stud_aver.txt","w"))==NULL)
                                  /* 以写方式打开或创建 stud_aver.txt 文件 */
    {     printf("cannot open the output file");
          exit(0);
    }
    for(i=0;i<5;i++)
                                  /* 按照指定格式将数据写入 stud_aver.txt 文件 */
      fprintf(fp,"%.2f,",stud_aver[i]);
    fclose(fp);                   /* 关闭 stud_aver.txt 文件 */
```

```
    return 0;
}
```

运行情况：

student.txt 文件中的数据：

```
83, 88, 79, 86, 90, 84, 78, 73, 69, 68, 78, 63, 90, 94, 87,
```

stu_aver.txt 文件中的数据：

```
83.33, 86.67, 73.33, 69.67, 90.33,
```

该程序实现的功能就是将 student 文件中的 5 个学生(每个学生 3 门课程)的分数进行处理,计算出 5 个学生的平均分,保存到 stu_aver.txt 文件中。本例中使用 fopen()函数创建/打开文件;创建/打开成功后使用 fscanf()函数从文件中按照指定格式读取数据,对读取的数据进行处理,将处理结果使用 fprintf()函数按指定格式写入文件;使用 fclose()函数关闭文件。

需要说明的是,本例中 student.txt 文件与源代码文件存放在同一路径下,生成的 stu_aver.txt文件同样与源代码文件也位于同一目录下。student.txt 可以与源代码不在同一目录,此时只需在 fopen()函数中指明 student.txt 的路径即可;如果数据的目标文件不与源代码存放在同一个目录,也必须在 fprintf()函数中指明其路径。

除了本例中使用的文件函数外,还有其他文件函数,其功能和使用方法详见第 9 章。

5.6 数组应用

视频

例 5-15 折半查找也称二分查找。已知一个包含 10 个相异整数的有序数组 a,从键盘输入一整数 k,利用折半法在数组中查找 k,如果找到,输出相应的下标,否则,输出 Not Find。

分析：折半查找是一种效率较高的查找方法,但前提是被查找的数组必须是排好序的。基本思路：首先将待查数据与位于数组中间的元素进行比较,如果它们相等,则待查数据被找到,返回位置下标,结束查找。否则,根据待查数据与数组中间元素的大小比较结果,决定在中间元素的前半部分还是后半部分进行折半查找,直到找到待查数据相等的数组元素,或者在数组中没有找到。

图 5-8 是在数组中利用折半查找法查找 k=73 的过程,深色底纹的是查找范围。

设 10 个元素已经按照从小到大的顺序放在数组 a 中,用 front 和 end 两个变量表示查找区间,即在 a[front]～a[end]间查找 k 值。初始时 front=0,end=9。首先确定数组

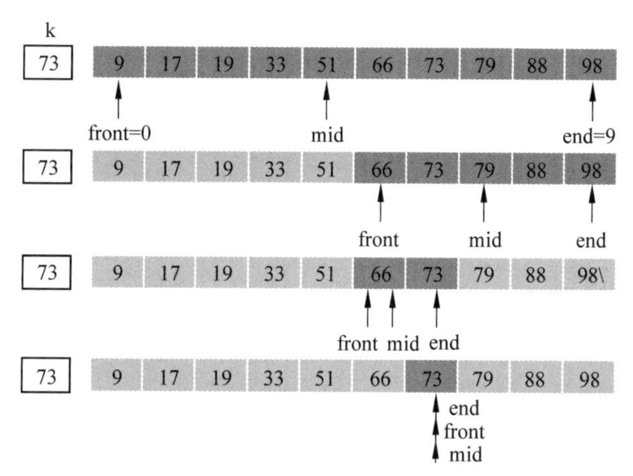

图 5-8　折半查找过程的例子

中间位置 mid=(front+end)/2，将 k 值与数组中间元素 a[min]比较，如果相等则找到了，记下位置，查找结束；如果 k>a[min]，更新查找区间为 min+1～end，即在 min 的右侧继续查找；如果 k<a[min]，查找区间更新为 front～min−1，即在 min 的左侧继续查找。查找过程中每次将查找区间缩小为原来区间的一半，即在一半的数组元素中查找。若 front>end，查找结束，即数组中不存在值为 k 的元素。

折半查找算法描述如下。

(1) 初始查找范围：front=0，end=N−1。

(2) mid=(front+end)/2。

(3) k == a[mid]　记下位置，停止查找。

(4) k>a[mid]　更新查找范围，在右侧寻找。

　 k<a[mid]　更新查找范围，在左侧寻找。

(5) 若 front>end，查找结束，否则，转到(2)。

程序代码如下：

```
#include<stdio.h>
int main()
{
    int a[10]={9,17,19,33,51,66,73,79,88,98};
    int k;
    int front,mid,end;              /*设置查找范围下标 front、end 和中间位置 mid*/
    front=0;
    end=9;
    printf("请输入要查找的数据:\n");
    scanf("%d",&k);
    while(front<=end)
        {
            mid=(front+end)/2;
              if(k==a[mid])          /*找到*/
```

```
                break;
            else if(k>a[mid])      /* 在后半部分 */
                front=mid+1;
                else               /* 在前半部分 */
                end=mid-1;
        }
        if(front>end)
            printf("Not Find\n");
        else
            printf("待查找的数据是第%d个\n",mid+1);
return 0;
}
```

运行情况：

```
请输入要查找的数据：
73↙
待查找的数据是第 7 个
```

视频

例 5-16 已知一个包含 10 个相异整数的有序数组 a，从键盘输入一整数 k，如果数据 k 是 a 的一个元素，要求将 k 从数组 a 中删除。

程序代码如下：

```
#include<stdio.h>
int main()
{
    int a[10]={98,76,66,32,31,25,23,16,9,2};
        int i,k,loc;
        printf("请输入要删除的数据：\n");
        scanf("%d",&k);
        loc=-1;                    /*初始化 loc,loc 为要删除数据的位置*/
        for(i=0;i<10;i++)
        {
            if(a[i]==k)            /*找到了要删除的数据*/
            {
                loc=i;             /*记录要删除数据的位置*/
                break;
            }
        }
        if(loc>=0)
        for(i=loc+1;i<10;i++)
            a[i-1]=a[i];
    printf("Result:");
    if(loc<0)
    {
        printf("没有要删除的数据\n");
```

```
        for(i=0;i<10;i++)
            printf("%d  ",a[i]);
    }
    else
        for(i=0;i<9;i++)
            printf("%d  ",a[i]);
return 0;
}
```

运行情况：

```
请输入要删除的数据：
23↙
Result:98  76  66  32  31  25  16  9  2
```

例 5-17 已知大学物理实验中的伏安法测电阻，某一小组测量的数据如表 5-2 所示，每组数据包括电压值 U 和电流值 I，采用最小二乘拟合曲线 $U=RI+b$，使残差 $U_i-f(I_i)$ 的平方和 $\sum_{i=0}^{9}[U_i-f(I_i)]^2$ 最小。其中 $R=\dfrac{\overline{U}\cdot\overline{I}-\overline{U\cdot I}}{\overline{I}^2-\overline{I^2}}$，$b=\overline{U}-\overline{R}I$。

表 5-2　电压与电流数据表

U(v)	1.000	1.050	1.100	1.150	1.200	1.250	1.300	1.350	1.400	1.450
I(mA)	71.1	74.8	78.2	82	86	89.1	92.9	97	100	99

程序代码如下：

```
#include<stdio.h>
#define N 10
int main()
{
    float I[N],U[N];                       /*定义电流数组 I 和电压数组 U*/
    float I_aver,U_aver,sum,II_aver,IU_aver,R,b;
    int i;
    printf("请输入 10 组数据:\n");          /*输入待处理数据*/
    for(i=0;i<N;i++)
        scanf("%f%f",&I[i],&U[i]);
    sum=0;                                 /*计算电流数组 I 的平均值*/
    for(i=0;i<N;i++)
        sum+=I[i];
    I_aver=sum/N;
    sum=0;                                 /*计算电压数组 U 的平均值*/
    for(i=0;i<N;i++)
        sum+=U[i];
    U_aver=sum/N;
```

```
    sum=0;                                      /* 计算 I²的平均值 */
    for(i=0;i<N;i++)
        sum+=I[i]*I[i];
    II_aver=sum/N;
    sum=0;                                      /* 计算 I·U 的平均值 */
    for(i=0;i<N;i++)
        sum+=I[i]*U[i];
    IU_aver=sum/N;
    R=(I_aver*U_aver-IU_aver)/(I_aver*I_aver-II_aver);
    b=U_aver-R*I_aver;                          /* 计算拟合曲线的系数 */
    printf("The approximate curve is U=%.2fI",R);
    if(b>0)
        printf("+");
    printf("%.2f",b);
return 0;
}
```

运行情况：

```
请输入 10 组数据：
0.0711 1.000 0.0748 1.050 0.0782 1.100 0.082 1.150 0.086 1.200 0.0891 1.25 0.0929
1.3000.097 1.350 0.100 1.400 0.099 1.450↙
The approximate curve is U=14,55I-0.04
```

最小二乘法是应用比较广泛的一种处理数据方法，该程序实现的功能就是根据测得的实验值，拟合自变量和因变量之间的直线关系。在程序中的求平均值等运算，可以通过后续学习的编写函数来实现，使程序结构更加简洁。

本 章 小 结

C 语言程序设计中使用的数据有两大类：基本数据类型和构造数据类型。基本数据类型有第 2 章介绍的整型、字符型和浮点型。构造数据类型是较为复杂的数据类型，它由基本数据类型按照一定的规则组成。

数组是最基本的构造数据类型，数组是一组排列有序且个数有限的同种类型数据构成的数据集合。即数组包含有限个数组元素，所有数组元素类型(基本数据类型或构造数据类型)相同，数组元素在内存中占用连续的存储空间。本章主要阐述了如何使用数组来处理一组类型相同的数据。给出了一维数组、二维数组、字符数组的定义、初始化，数组元素的引用和输入输出等。

对于字符数组，有两种处理方法：逐个元素处理或者按照字符串处理，逐个元素的处理方法与一维数组相同，按照字符串处理时，要关注字符串结束标志\0。

本章还简要介绍了文件数据的处理方法，如何读取文件中的数据，以及数据处理的结果如何存放到文件中。

习　题　5

一、客观题

1. 以下程序的功能是按顺序读入10名学生4门课程的成绩，计算出每位学生4门课程的平均分并输出，程序代码如下：

```
#include<stdio.h>
int main()
{
   int n,k;
   float score[11][5],sum,aver;
   sum=0.0;
   for(n=1;n<=10;n++)
   {
      for(k=1;k<=4;k++)
      {
         scanf("%f",&score[n][k]);
         sum+=score[n][k];
      }
      ave=sum/4.0;
      printf("No%d:%f\n",n,ave);
   }
   return 0;
}
```

以上程序运行后结果不正确，调试中发现有一条语句出现在程序中的位置不正确，这条语句是________。

A. sum=0.0;　　　　B. sum+=score[n][k];

C. ave=sum/4.0;　　　　D. printf("No%d:%f\n",n,ave);

2. 若二维数组a有m行n列，则在a[i][j]前的元素个数是________。

A. i*m+j　　B. i*n+j　　C. i*m+j-1　　D. i*n+j-1

3. 一个字符数组中包含了一个长度为n的字符串，则该字符串首尾字符的数组下标分别是________。

A. 0,n　　B. 1,n　　C. 0,n-1　　D. 0,n+1

4. 以下程序的运行结果是________。

```
#include<stdio.h>
int main()
{  char s[]="abcdef";
```

```
    s[3]='\0';
    printf("%s\n",s);
    return 0;
}
```

5. 以下程序的运行结果是________。

```
#include<stdio.h>
int main()
{
    char s1[]="this book",s2[]="that hook";
    int i;
    for(i=0;s1[i]!='\0'&& s2[i]!='\0';i++)
        if(s1[i]==s2[i])
            printf("%c",s1[i]);
    printf("\n");
    return 0;
}
```

二、编程题

1. 已知一个含有10个整型元素的一维数组,编程将所有元素逆序输出。

2. 已知一个含有10个整型元素的一维数组,编程将所有元素逆序存储在数组中,然后输出该数组。

3. 将含有 N 个整型数据的数组 a 中下标为偶数的元素从大到小排列,其余元素不变,其中 N 自行定义,数组 a 的值由键盘输入。

4. 从键盘输入10个整数,使用选择法从小到大排序并输出。

5. 在有序的一维数组中,插入从键盘任意输入的 k 值之后,使数组仍然有序。

6. 已知一个4×4的矩阵,分别计算两条对角线元素之和。

7. 输入一个2×3的矩阵和一个3×4的矩阵,计算两个矩阵的乘积。

8. 编写程序并打印出如下杨辉三角形(要求打印10行):

```
1
1  1
1  2  1
1  3  3  1
1  4  6  4  1
⋮
```

9. 找出二维数组的鞍点,即该位置上的元素在该行上最大,在该列上最小(每个数组有且仅有一个鞍点)。

10. 从键盘输入一个字符串,统计字符串的长度,不使用strlen()函数。

11. 从键盘输入两个字符串s1和s2,比较两个字符串的大小,比较的结果为第一对不相同字符ASCII码的差值,要求不使用strcmp()函数。

12. 从键盘输入一个字符串 s1,再任意输入一个正整数 k,将字符串 s1 的前 k 个字符复制到字符串 s2,要求不使用 strcpy()函数。

13. 从键盘输入两个字符串 s1 和 s2,将字符串 s1 和 s2 连接成一个字符串,存入 s1 中输出,要求不使用 strcat()函数。

14. 假设 score.txt 文件中存放着某班 30 个学生一门课程的成绩,计算该班学生的平均成绩,并统计优秀(≥90 分)学生人数和不及格学生的人数。

15. 假设有 5 个学生 3 门课程的分数存放在名为 student.txt 的文件中,要求计算每门课程的平均分,并且将计算的结果存入 course_aver.txt 文件中。

三、应用与提高题

1. student 文件中存有某班 30 个学生的学号和对应的数学成绩:

(1) 编程计算所有成绩中最高分、最低分、平均分,全班的优秀率和不及格率。

(2) 对 30 个学生按数学成绩的高低进行排名,将排名结果保存到文件 stu_sort 中。

2. 从键盘输入一个字符串,将字符从小到大排序,并删除重复的字符。

3. 在 voltage 文件中存放着已测量的电压数据(正弦波电压),已知采样周期 $T=80\mu s$,读入数据并计算电压的有效值,voltage 文件中的电压数据可以由实测获得,也可以通过对正弦采样获得。

4. 输入 5 个国家的英文名称,按首字母顺序排列输出。

5. 编写元素周期表中元素的查询程序,即从键盘输入元素周期表中元素的序号,输出该元素的符号。

第6章 函数

本章主要内容：

- 函数的定义及调用；
- 函数间的参数传递；
- 数组作为函数的参数；
- 函数的嵌套与递归；
- 程序的多文件组织；
- 作用域和存储类型。

6.1 引 例

例 6-1 编写自定义函数来求两个整数的和。

程序代码如下：

视频

```
#include<stdio.h>
int sumxy(int x, int y)              /* 自定义函数 */
{   int s;
    s=x+y;
    return s;
}
int main()                           /* 主函数 */
{   int a=1,b=10,sum;
    sum=sumxy(a,b);
    printf("%d",sum);
    return 0;
}
```

该程序示意了使用自定义函数的全过程，主函数调用自定义函数 sumxy 来计算两个整数的和，将返回的结果记录在变量 sum 中并输出。其中，sumxy 也可称为**被调函数**，主函数作为调用 sumxy 的函数也称为**主调函数**。

例 6-2 输入三角形的三条边长，求三角形的面积，要求计算三角形的面积使用自定义函数实现。

分析：求三角形的面积是一个独立的功能，可以设计为自定义函数。要想计算三角形的面积，需要的数据是三角形的三条边长，可以将自定义函数的参数设计为三条边长；求到的面积值为浮点型数据，可以将自定义函数的返回类型设计为浮点型。

视频

程序代码如下：

```
#include<stdio.h>
#include<math.h>
float tri_area(float x,float y,float z)
{   float res,s;
    s=1.0/2*(x+y+z);
    res=sqrt(s*(s-x)*(s-y)*(s-z));
    return res;
}
int main()
{  float a,b,c,area;
    printf("请输入三角形的三条边 a,b,c:");
    scanf("%f,%f,%f",&a,&b,&c);
    while(!(a+b>c && a+c>b && b+c>a))
    {   printf("请输入三角形的三条边 a,b,c:");
        scanf("%f,%f,%f",&a,&b,&c);
    }
    area=tri_area(a,b,c);
    printf("a=%7.2f  b=%7.2f c=%7.2f\n",a,b,c);
    printf("area=%7.4f\n",area);
    return 0;
}
```

在程序设计中，可以将具有独立功能的程序代码定义为函数。使用自定义函数可以使程序结构简洁清晰，易于理解，可读性好，体现了模块化的程序设计方法；同时可以提高代码的复用，使得程序易于维护。

在自定义函数的使用中主要要解决如下问题：

(1) 函数的定义；

(2) 函数的调用；

(3) 主调函数与被调函数之间的参数传递。

6.2 函数的定义及调用

通过函数的定义可以将具有独立功能的程序代码定义为函数，已定义的函数可以通过函数调用执行程序和实现功能。

6.2.1 函数的定义

C 语言对函数的定义采用 ANSI 规定的方式。基本形式如下：

```
返回类型名  函数名(形参表)
{
    语句
    ⋮
}
```

函数都是由函数头和函数体两部分构成的。其中，第一行称为函数头，描述函数的基本信息：返回类型、函数名和形参。大括号括起来的部分称为函数体，是一组用于实现函数功能的语句。

1. 函数头

在函数头中，函数名为标识符，是用户为该函数所起的名字，用于唯一标识该函数。

函数名后面一对括号中为形参表，形参表可以为空，也可以由一个或多个形参构成，多个形参之间用逗号分隔。

函数的形参通常用于定义该函数完成用户指定的功能时需要首先获得的信息，即主调函数需要提供给被调函数的数据，其语法格式如下：

```
形参数据类型 形参名
```

返回类型名用于说明该函数返回值的类型，也可以理解为函数的类型。

以例 6-1 中的 sumxy 函数为例进行分析，函数头给出的信息是：函数名为 sumxy，该函数有两个整型的形参 x 和 y，函数的返回类型为整型。

有一个或多个形参的函数，称为**有参函数**；除此之外，函数的形参个数也可以为 0，这时函数称为**无参函数**。例 6-3 就是一个无参函数的例子。

例 6-3 编写自定义函数输出一行“ * ”作为分隔线。

程序代码如下：

```
void Sep()
{
    printf("**********************************");
}
```

无参函数通常用于进行特定的输出限制。本函数的功能是输出一行 *，在程序中需要输出分隔线的地方，只需调用该函数即可，而不需多次书写复杂的输出语句，避免重复和烦琐。其函数名为 Sep，返回类型为 void，表示该函数执行后将不产生返回值。并且该函数不需要从主调函数获取数据或信息，因此没有参数。

2. 函数体

函数体部分用于实现函数的功能，对于有参函数，这些功能主要包括：针对通过形参

(sumxy 中的 x,y)传递过来的数据,结合一些要用到的自己定义的中间变量(sumxy 中的 s),按照特定的算法(sumxy 函数中即求 x 与 y 的和)求出结果,并将结果用 return 语句返回给主调函数(例 6-1 中即主函数)。

其中,return 语句也是一条流程控制语句,其语法格式如下:

```
return 表达式;
```

或

```
return (表达式);
```

值得一提的是,自定义函数通过 return 返回的值的数据类型必须和函数头中定义的函数返回类型一致,如例 6-1 中的 s 即为 int 类型。当表达式的类型与函数类型不同时,会将表达式的值强制转换为函数的类型并返回。

例 6-3 则是一个典型的没有返回值的函数例子,与函数头中 void 所定义的无返回值类型对应,函数体中没有 return 语句。

3. 几点说明

关于函数的几点说明如下。

(1) 函数的返回类型是可以缺省的,缺省情况下,其默认的返回类型为 int。

(2) 函数之间是并列的关系,因此函数的定义不能嵌套进行。

(3) 函数的多个形参之间用逗号隔开,逗号隔开的每一项都是一个完整的形参定义,即使各个参数数据类型相同,也不能省略其数据类型。如:

```
int max(int a,int b)
{…}
```

形参表不可以写成 int a,b。

(4) 形参和实参的变量名可以相同,因为它们属于不同的函数域,因此互不影响(将在 6.6 节中介绍)。

(5) 用 return 将值返回给主调函数时,只能返回一个值。

6.2.2 函数的调用

在函数调用时要注意函数调用的格式并理解函数调用的流程。

1. 基本格式

C 语言直接使用函数名和实参调用函数,调用的基本形式为

```
函数名(实参表);
```

实参表是一组用逗号分隔的表达式,通过实参,主调函数可将被调函数所需要的参数传递过去。实参表达式的个数、数据类型应当与对应的形参一致。如果二者不一致,并且都是数值类型的数据,编译器将会按照自动类型转换的规则,将实参表达式的结果值转换为对应形参的数据类型后,再传递给被调函数。

函数的一次调用在语法上相当于一个表达式，函数的返回值即表达式的结果值，函数的返回类型即表达式的结果类型。因此，与一般表达式一样，函数调用可构成表达式语句或作为另一个表达式的操作数，也可作为流程控制语句的组成部分。

例 6-1 中主函数调用 sumxy 函数时的语句

```
sum=sumxy(a,b);
```

就是函数调用表达式作为赋值项的例子。表示将函数 sumxy 的返回值赋值到变量 sum 中。

若要在程序中调用例 6-3 中的函数 Sep，则应该写成如下的语句：

```
Sep();
```

由于该函数不带参数，因此，在调用该函数时，实参表也为空，但()不能丢。并且该函数没有返回值，整个函数调用构成了一个简单的函数调用表达式，进而构成函数调用语句。

2. 函数调用的流程

程序的执行是从主函数开始的，当程序执行到函数调用语句时，程序的执行流程将转向被调函数，从被调函数函数体的起始位置开始执行，并在执行完函数体中的语句遇到函数体的右大括号(})或者执行到一个 return 语句时返回，此时，程序流程转回主调函数的调用点继续执行。

例如，在例 6-1 中，程序执行的流程如图 6-1 所示。

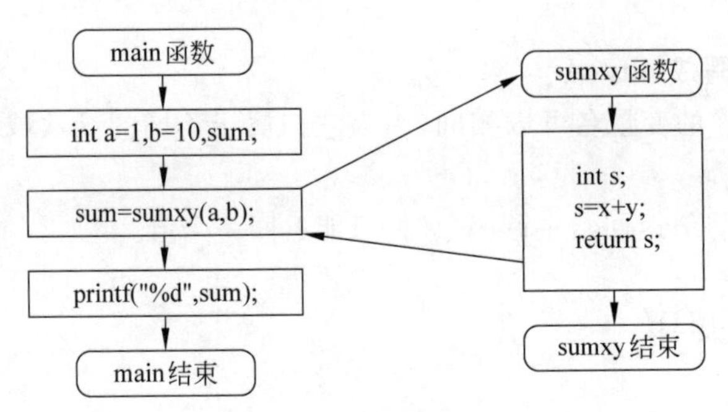

图 6-1　例 6-1 程序调用函数的执行流程

程序中如果多次用到这个函数，则可反复调用，程序代码并不重复。

视频

例 6-4　从键盘输入一个正整数，求该数的阶乘，阶乘的计算要求编写自定义函数。

分析：要完成一个整数的阶乘的计算，需要的数据是一个整数，因此形参为一个整型数据；一个整数的阶乘其结果仍然为一个整数，因此函数的类型定义为整型。

程序代码如下：

```
#include<stdio.h>
int JC(int x)
{   int i, s=1;
```

```
    for(i=1;i<=x;i++)
        s*=i;
    return s;
}
int main()
{   int n,res;
    scanf("%d",&n);
    res=JC(n);
    printf("%d",res);
    return 0;
}
```

练习 6-1 由键盘输入两个浮点数,求这两个数中的较大值。要求通过编写自定义函数实现。

练习 6-2 进一步完善练习 6-1,编写一个无参函数用于输出程序功能简介及作者相关信息描述,并在主函数输出较大值之前,调用该函数输出这些信息。

6.2.3 函数声明

在调用函数之前,应当先对被调用的函数进行说明,有如下两种办法。

1. 函数定义

函数定义可以看作函数的说明,采用这种办法,需要将函数的定义写在函数的调用之前。换句话说,如果函数的定义在先,则使用该函数时不需要重新说明。如例 6-1 和例 6-4 都是这种情况。

2. 函数声明

如果函数的定义在函数的调用之后,则需要特意添加函数的说明,也称为**函数声明**。函数声明的基本形式如下:

返回类型名 函数名(形参表);

其基本格式与函数定义中的函数头部分格式一致,只是添加了一个分号作为一个独立的函数声明语句。

需要注意的是,函数声明与函数定义不同。函数定义体现了函数从无到有的创建过程,而函数声明则只是对一个已定义的函数进行存在性说明。即将已有函数的名字、返回值的类型以及形参的个数、类型和顺序通知编译系统,以便在调用该函数时系统据此进行合法性检查。

因此,例 6-4 中的程序也可以写成如下的形式。

例 6-5 从键盘输入一个正整数并求该数的阶乘,要求使用自定义函数并进行函数的声明。

程序代码如下：

```
#include<stdio.h>
int main()
{   int n, res;
    int JC(int x);                  /*对 JC 函数进行函数声明*/
    scanf("%d",&n);
    res=JC(n);
    printf("%d",res);
    return 0;
}
int JC(int x)
{   int i,s=1;
    for(i=1;i<=x;i++)
        s*=i;
    return s;
}
```

在 C 语言中，函数声明语句 int JC(int x)也可以略写成 int JC(int)的形式，即省略形参的名字，只保留形参的类型。这样的函数声明也称为**函数原型**。其重点在于完整描述了函数所需的参数个数及参数类型，方便编译器进行检查。

练习 6-3 编写函数，实现求 $S=1+2+3+\cdots+n$，n 由用户输入，并尝试使用函数声明。

6.2.4 两种特殊的函数

读者已经了解了一个简单自定义函数的定义和使用过程。除了上面例子中的自定义函数外，主函数 main 以及前面已经反复使用过的诸如 printf、sqrt 等库函数也都是函数，都遵循函数的定义和使用规范。这里不妨重新认识一下这两种已经很熟悉的函数。

1. main 函数

大家已经习惯了如下的写法：

```
int main()
{
    ⋮
    return 0;
}
```

在这里，main 函数是一个无参函数，返回类型为 int。

2. 标准库函数

ANSI C 语言标准中提出了一组标准库函数，各种 C 语言的编译系统通常都支持这些标准库函数。标准库函数非常丰富，包含了诸如标准输入输出函数、数学计算函数、字符和字符串处理函数等很多常用的功能,附录 C 给出了常用库函数的函数原型供读者参考使用。根据这些函数原型,程序员可以得到关于这些函数的基本定义信息(如函数名,函数返回类型,需要的形参个数、类型和顺序等),从而知道这些库函数的具体用法。

与普通函数一样,在使用这些库函数之前,也应进行函数声明。C 语言编译系统通常会将库函数的声明以及其他一些信息写在一些.h 头文件中,程序员只需用#include 预编译指令将相应的头文件嵌入源程序即可获得相应库函数的声明。这也是前面使用#include 预处理命令的原因。

6.3 数组作为函数的参数

前面介绍了简单数据作为函数参数的情形,在利用自定义函数解决实际问题的过程中,如果待处理的数据比较多,且待处理的数据在内存中以数组的形式存储,例如求一组整数(以数组形式存储)的平均值,对一组整数(以数组形式存储)进行排序等,则可以采用给出待处理数据的首地址,进而获得待处理数据的方法,即采用数组作为函数的参数。

6.3.1 一维数组作为函数的参数

例 6-6 编写函数,求一组已知整型数据的平均值。

分析:数据以数组的形式存储时,数据连续存储且类型相同,只需给出数据的起始地址,就可以获取待处理数据。

视频

程序代码如下:

```
#include<stdio.h>
int main()
{
    int a[10]={4,7,9,1,54,67,88,2,21,3};
    float ave;
    float average(int m[]);          /* 函数声明 */
    ave=average(a);                  /* 将数组传递给自定义函数 average */
    printf("%7.2f",ave);
    return 0;
}
float average(int m[10])             /* 数组作函数的参数 */
{
    int i,sum=0;
    for(i=0;i<10;i++)
        sum+=m[i];
    return sum/10.0;                 /* 求出平均值,并将结果返回主调函数 */
}
```

运行结果：

```
25.60
```

上例中，主函数和子函数间参数关系的示意图如图 6-2 所示。

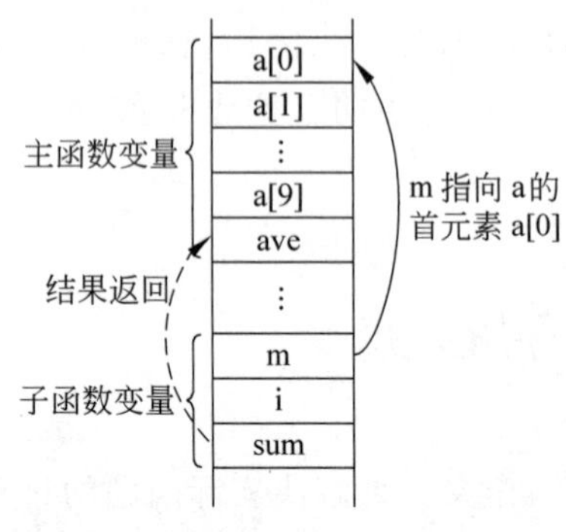

图 6-2 例 6-6 主函数和子函数间参数关系示意图

本例中自定义函数 average 的形参为数组类型，因此在函数调用时实参为数组 a，通过前面的学习，数组 a 实际是 a 数组在内存的起始地址，即 &a[0]。函数调用时，将实参 a 的值即 &a[0]传给形参 m，则 m 的值为 &a[0]，这样形参数组 m 和实参数组 a 对应的是相同的内存空间，即实参数组和形参数组是同一个数组。实际效果是形参数组和实参数组建立了联系，从而实现通过对函数中形参数组 m 的操作完成对主调函数中实参数组 a 的操作。这种数据传递的过程叫作地址传递。

值得注意的是，在函数中用一维数组作函数参数时，形参数组的说明中，数组的大小可以省略，即可以事先不确定形参数组的元素个数。如上例中函数 average 可以写成如下的形式：

```
float average(int m[])
{
    ⋮
}
```

练习 6-4 编写函数，求用户输入的一组浮点数中的最大数。

6.3.2 函数间的参数传递

要说明的是，6.3.1 节中数组作为函数参数的方法与数组元素作为函数参数的用法不同。数组元素作为函数的参数，只能作为实参，其使用方法和普通变量作函数参数相同。

例 6-7 计算一组整数中偶数的个数。其中，偶数的判断用函数实现。

程序代码如下：

```
#include<stdio.h>
int main()
{
    int a[10]={4,7,9,1,54,67,88,2,21,3};   /*也可以让用户输入或从文件中读取*/
    int even_num(int n);
    int i,count=0;
    for(i=0;i<10;i++)
        count+=even_num(a[i]);             /*将每个元素传递给自定义函数 even_num*/
    printf("%d",count);
    return 0;
```

```
}
int even_num(int n)
{
    if(n%2==0)
        return 1;
    else
        return 0;
}
```

运行结果：

```
4
```

例 6-7 中，主函数和子函数间参数传递的示意图如图 6-3 所示。

例 6-7 中自定义函数 even_num 的形参为简单的整数类型，因此在每次函数调用时将数组元素 a[i]（也是整数类型）作为实参传递。这种数据传递的过程叫作值传递。

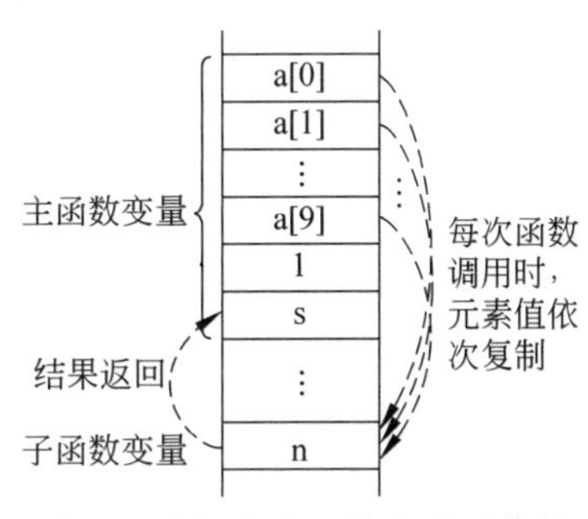

图 6-3　例 6-7 主函数和子函数间参数传递示意图

至此，事实上介绍了函数间参数传递（由主调函数向被调函数传递数据）的两种不同形式：值传递和地址传递。

（1）值传递。函数形参的数据类型为简单数据类型。在调用函数时，会将实参的具体数值传递给被调函数。被调函数利用形参接收这些数据的副本，进行使用。实参和形参对应的为相互独立的存储空间。6.2 节中的全部例题和本节中例 6-7 采用数组元素作为函数参数的例子均属于此类型。值传递的特点是，被调函数中对形参的任何操作都是对主调函数中的相应实参数据副本的操作，对实参数据不造成任何影响。

例 6-8　编写函数，完成两个整数的交换（用值传递方式）。

程序代码如下：

```
#include<stdio.h>
int main()
{
    int a,b;
    scanf("%d%d",&a,&b);
    void swap(int,int);
    swap(a,b);
    printf("%d %d",a,b);
    return 0;
}
void swap(int m,int n)
{
    int t;
```

```
    t=m;
    m=n;
    n=t;
}
```

本例中,实参 a,b 以单向值传递的方式传递给形参 m,n。在被调函数 swap 中借助中间变量 t 对 m,n 的值进行交换。但这一过程对主调函数中的 a,b 的值没有任何影响,因此在主函数中对 a,b 进行输出时,并没有输出交换后的值。具体地讲,由于函数形参的数据类型为简单数据类型,在调用函数时,会将实参的具体数值传递给被调函数。被调函数利用形参接收这些数据的副本,进行使用。其特点是,被调函数中对形参的任何操作都是对主调函数中的相应实参数据副本的操作,对实参数据不造成任何影响。

(2) 地址传递。函数形参的数据类型为地址类型,如数组类型(第 7 章中将介绍的指针也属于这一类型)。在调用此类函数时,形参变量接收到的是主调函数中某变量的地址,从而使得形参变量拥有了对主调函数中该变量的访问权,既包含读也包含写的权利,从而可以在自定义函数中通过形参变量对主调函数相应的变量进行访问和修改。

如例 6-6 中的函数 average 就是利用形参 m 访问了主调函数中数组 a 的每一个元素,并对其进行读取求和操作,从而计算出平均值的。

由于地址传递的特点,数组作函数参数时,除了可以提供待处理的数据,同时也为自定义函数将结果带回主调函数提供了方法,即将结果反馈给主调函数。

在编程过程中也可以很好地利用地址传递这一特点,实现某些特定的功能。

如例 6-8 中采用值传递时子函数无法完成主函数两个变量值的交换。若换成地址传递的方式,这个问题就迎刃而解了,请看例 6-9。

例 6-9 编写函数,完成两个整数的交换(用地址传递方式)。

程序代码如下:

```
#include<stdio.h>
int main()
{
    int a[1],b[1];
    scanf("%d%d",&a[0],&b[0]);
    void swap(int a[],int b[]);
    swap(a,b);
    printf("%d %d",a[0],b[0]);
    return 0;
}
void swap(int m[],int n[])
{
    int t;
    t=m[0];
    m[0]=n[0];
    n[0]=t;
}
```

本例中用两个只包含一个元素的数组 a,b 代替了例 6-8 中的简单变量 a、b,并编写了数组作参数的交换函数 swap。在函数调用时,将主函数中数组的名字 a、b——其实是两个地址作为参数传递给被调函数,从而使得被调函数 swap 可以通过函数的形参 m、n 分别访问主函数的数组 a、b 的内容,除了读取之外,还可以改写 a、b 数组元素的值,从而实现了使用了函数完成土函数两个变量值的交换。

例 6-10 编写冒泡排序函数,实现对一组(10 个)已知整型数据从小到大排序。

视频

分析:待处理数据是 10 个整型数据,可以采用数组作为参数,给出待处理数据的首地址;处理结果是排序后的包含 10 个整型数据的整型数组,利用地址传递的特点,可以利用数组作函数参数带回多个结果。

程序代码如下:

```
#include<stdio.h>
void popo(int a[])
/*形参 a 接收主函数中实参 array 的首地址*/
{
    int i,j,t;
    for(j=0;j<9;j++)
      for(i=0;i<9-j;i++)
      {
            if(a[i]>a[i+1])
            {
                t=a[i]; a[i]=a[i+1];a[i+1]=t;
            }
      }
}
int main()
{
  int array[10]={10,5,73,8,9,45,34,55,23,6},i;
  popo(array);
  printf("\n the sorted numbers:\n");
  for(i=0;i<10;i++)
      printf("%d  ",array[i]);
  return 0;
}
```

在自定义函数的设计过程中,要尽量提高自定义函数的通用性。自定义函数本身就是模块化设计的产物,其目的就是使程序结构清晰,易于维护,提高代码的复用率,减少程序员的重复劳动。因此函数的通用性越高,函数的效率就越高。

例 6-10 中冒泡排序函数只能实现对 10 个数据的冒泡排序,下面就对冒泡排序的自定义函数进行通用性改进,以提高冒泡排序函数的通用性。

改进方案一(对被调函数进行改进)。

程序代码如下:

```
#include<stdio.h>
void popo(int a[ ],int k)     /*形参 k 表示进行排序的数据个数*/
{
    int i,j,t;
    for(j=0;j<k-1;j++)
      for(i=0;i<k-1-j;i++)
      {
              if(a[i]>a[i+1])
              {
                  t=a[i]; a[i]=a[i+1];a[i+1]=t;
              }
      }
}
int main()
{
  int array[10]={10,5,73,8,9,45,34,55,23,6},i;
  popo(array,10);
  printf("\n the sorted numbers:\n");
  for(i=0;i<10;i++)
      printf("%d  ",array[i]);
  return 0;
}
```

通过在自定义函数中增加处理的数据个数的参数，提高了自定义函数处理数据的通用性，此时自定义函数的数据处理能力取决于主调函数中数组的长度。

可以通过对主调函数的改进，进一步提高程序的通用性。当然，函数的通用性只能达到一定程度，没有绝对的通用函数。

改进方案二(对主调函数进行改进)。

程序代码如下：

```
#include<stdio.h>
void popo(int a[ ],int k)
{
    int i,j,t;
    for(j=0;j<k-1;j++)
      for(i=0;i<k-1-j;i++)
      {
              if(a[i]>a[i+1])
              {
                  t=a[i]; a[i]=a[i+1];a[i+1]=t;
              }
      }
}
int main()
```

```
{
  int array[100],i,n;   /*将数组长度定义的尽量大,预留足够空间*/
  scanf("%d",&n);     /*n用于表示实际的数组长度*/
  for(i=0;i<n;i++)
    scanf("%d",&array[i]);
  popo(array,n);
  printf("\n the sorted numbers:\n");
  for(i=0;i<n;i++)
      printf("%d  ",array[i]);
  return 0;
}
```

在改进方案二中,采用了定义大数组预留空间的方法。将数组先定义为长度为100的数组(int array[100];),再定义整型变量n(int n;),n的值由键盘输入,用于记录数组的实际长度(n≤100),可以根据用户需要键入n的数值,实现数组长度可调可控,提高程序的通用性。

值得说明的是,多维数组、字符数组作为函数的参数也都同样具有地址传递的性质,因此不再赘述,接下来仅就二维数组和字符数组各自的特点进行阐述。

6.3.3 二维数组作为函数的参数

例6-11 编写函数,求一个已知二维矩阵主对角线上元素的最大值。

视频

分析:函数的返回结果只有一个,可以用return语句返回。

程序代码如下:

```
#include<stdio.h>
int main()
{
    int a[3][3]={1,2,3,4,5,6,7,8,9};
    int main_max(int s[3][3]);
    int res;
    res=main_max(a);          /*将二维数组名作为实参传递给函数main_max*/
    printf("主对角线元素最大值为%d\n",res);
    return 0;
}
int main_max(int s[3][3])     /*二维数组作函数的参数*/
{
    int i;
    int m=s[0][0];
    for(i=1;i<3;i++)
        if(s[i][i]>m)
              m=s[i][i];
    return m;
}
```

运行结果：

```
主对角线元素最大值为 9
```

视频

例 6-12　编写函数，求一个已知 3×4 二维矩阵中各行元素的最大值。

分析：3 行 4 列的二维数组各行的最大值结果是 3 个，无法使用 return 语句返回，可以利用数组作函数的参数带回多个结果。

程序代码如下：

```
#include<stdio.h>
int main()
{
    int a[3][4]={1,2,3,4,5,6,7,8,9,10,11,12};
    int m[3];                          /*用于存放结果*/
    int i;
    void row_max(int s[3][4],int res[3]);
    row_max(a,m);
    for(i=0;i<3;i++)
        printf("第%d行最大值为%d\n",i+1,m[i]);
    return 0;
}
void row_max(int s[3][4],int res[3])
/*s用于访问主调函数中二维数组的值,res用于存放结果*/
{
    int i,j;
    for(i=0;i<3;i++)
    {   res[i]=s[i][0];
        for(j=1;j<4;j++)
            if(s[i][j]>res[i])
                res[i]=s[i][j];    /*将结果通过 res 写入主调函数的 m 中*/
    }
}
```

运行结果：

```
第 1 行最大值为 4
第 2 行最大值为 8
第 3 行最大值为 12
```

该程序中，自定义函数 row_max 通过形参 s 读取主函数二维数组 a 中每个元素的值，求出了各行的最大值，然后通过使用形参 res 改写主函数数组 m 各个元素内容的方法，将结果写入主函数的 m 数组中。本例中利用了地址传递的特点，数组作函数参数带回多个结果。

练习 6-5　编写函数，求一个已知二维数组各列元素的和。

6.3.4 字符数组作为函数的参数

字符数组作为函数的参数同一维数组、二维数组作为函数的参数类似，属于地址传递。

例 6-13 编写函数，求一个字符串中小写字母的个数。

视频

程序代码如下：

```
#include<stdio.h>
int main()
{
    char s[100];
    int n;
    int Num(char s[100]);
    gets(s);
    n=Num(s);
    printf("%d",n);
    return 0;
}
int Num(char s[100])
{
    int i=0;
    int c=0;
    while(s[i]!='\0')
    {   if(s[i]>='a'&&s[i]<='z')
            c++;
        i++;
    }
    return c;
}
```

当输入 Hello 时，运行结果为

```
4
```

例 6-14 从键盘输入一个字符串(字符个数小于 100)存入字符数组 s1，将其中的数字字符删除后存入字符数组 s2，要求使用自定义函数完成数字字符的删除。

视频

分析：结果是删除数字字符后的字符串，无法使用 return 语句返回，可以利用数组作为函数的参数，为带回字符串结果提供方法，通过形参数组元素的修改完成对实参数组元素的修改。

程序代码如下：

```
#include<stdio.h>
```

```
void del_digit(char str1[100],char str2[100])
/*数组作函数的参数*/
{
    int i,j=0;
    for(i=0;str1[i]!='\0';i++)
        if(!(str1[i]>='0'&&str1[i]<='9'))
            str2[j++]=str1[i];
    str2[j]='\0';
}
int main()
{
    char s1[100],s2[100];
    gets(s1);
    del_digit(s1,s2);
    printf("原始字符串：%s\n",s1);
    printf("删除数字后的字符串：%s",s2);
    return 0;
}
```

例 6-15 将例 5.13 对 8 个参赛国家名称在英文字典中的顺序进行排序的问题编写函数实现。

程序代码如下：

```
#include<stdio.h>
#include<string.h>
int main()
{
    int i;
    char s[8][10]={"Poland","Japan","Italy", "Russia","Brazil","France","
    Canada","China"};
    void str_sort(char s[8][10]);
    str_sort(s);
    printf("the resort country is:\n");
    for(i=0;i<8;i++)
        printf("%s ",s[i]);
    return 0;
}
void str_sort(char s[8][10])
{
    int i,j;
    char str[10];
    for(i=0;i<7;i++)
    {
        for(j=0;j<7-i;j++)
        {
```

```
            if(strcmp(s[j],s[j+1])>0)
            {
                strcpy(str,s[j]);
                strcpy(s[j],s[j+1]);
                strcpy(s[j+1],str);
            }
        }
    }
}
```

可见,字符数组作函数的参数与普通数组没有区别,具有地址传递的性质。

练习 6-6 编写函数,求用户输入的一个字符串中数字字符的个数,并在主函数中输出。

练习 6-7 编写函数,将用户输入的一个字符串中的小写字母变为大写,其他字符不变,并在主函数中输出修改后的字符串。

6.4 函数的嵌套与递归

函数的调用是可以嵌套进行的,即在被调函数的执行过程中又调用另一个函数,这一点与函数的定义完全不同。函数的嵌套调用过程如图 6-4 所示。

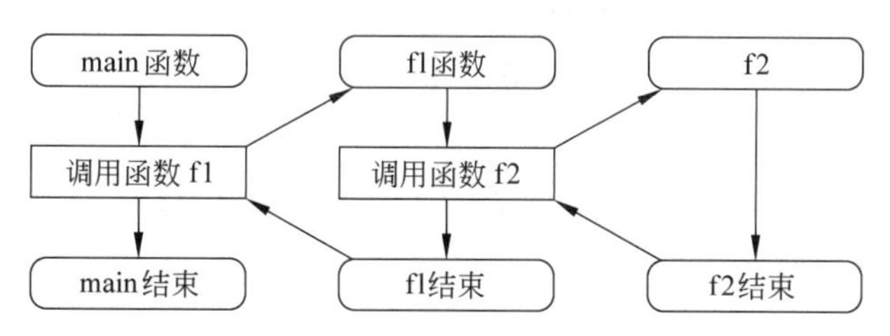

图 6-4 函数的嵌套调用

例 6-16 从键盘输入两个正整数,求这两个数的最大公约数和最小公倍数,最大公约数和最小公倍数的求解要求编写自定义函数。

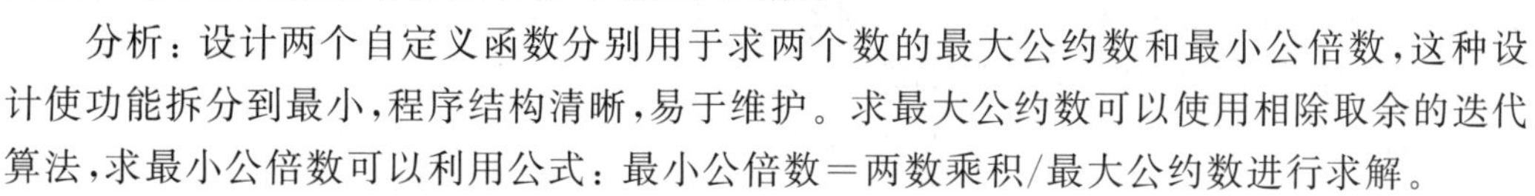
分析:设计两个自定义函数分别用于求两个数的最大公约数和最小公倍数,这种设计使功能拆分到最小,程序结构清晰,易于维护。求最大公约数可以使用相除取余的迭代算法,求最小公倍数可以利用公式:最小公倍数=两数乘积/最大公约数进行求解。

程序代码如下:

```
#include<stdio.h>
int GCD(int x,int y)
{   int r;
    while(y!=0)
    {       r=x%y;
            x=y;
```

```
            y=r;
        }
        return x;
    }
    int LCM(int x,int y)
    {   int res;
        res=x * y/GCD(x,y);
        return res;
    }
    int main()
    {
      int a,b,Res_gcd,Res_lcm;
      scanf("%d%d",&a,&b);
      Res_gcd=GCD(a,b);
      Res_lcm=LCM(a,b);
      printf("最大公约数=%d\n 最小公倍数=%d",Res_gcd,Res_lcm);
      return 0;
    }
```

本例中在求最小公倍数 LCM()函数的执行过程中，调用了求最大公约数的 GCD()函数。

在函数嵌套调用的过程中，有时候会用到函数直接或者间接调用自己的情况，称为**递归调用**。递归调用是程序设计中的一种基本技术。使用递归可以用少量的程序代码描述出重复计算过程，减少了程序的代码量。

简单地讲，递归调用方法就是一种"大事化小，小事化了"的程序设计方法，如例 6-17 所示。

视频

例 6-17 从键盘输入一个正整数 n，用递归法求 $n!$，求解过程要求使用自定义函数。

分析：$n!$ 可以描述为

$$n! = \begin{cases} 1 & n \leqslant 1 \\ n(n-1)! & n > 1 \end{cases}$$

要求 n 的阶乘，其实只要知道了 $n-1$ 的阶乘再乘上 n 就解决了；同理，要求$n-1$ 的阶乘，只要知道了 $n-2$ 的阶乘再乘上 $n-1$ 就可以了；以此类推，直到要求 2 的阶乘，只需 1! * 2 就可以得到，而 1 的阶乘是很容易得到的。这种一步步化小的子问题可以设计成函数来实现，这样的设计思路就是递归的方法。

程序代码如下：

```
#include<stdio.h>
int fact(int n)
{   if(n<=1) return 1;
    else     return n * fact(n-1);      /* fact 函数自己调用了自己 */
}
int main()
{   int n, res;
    scanf("%d",&n);
```

```
    res=fact(n);
    printf("%d!=%d",n,res);
    return 0;
}
```

以 $n=3$ 为例，n!递归调用的计算过程如图 6-5 所示。

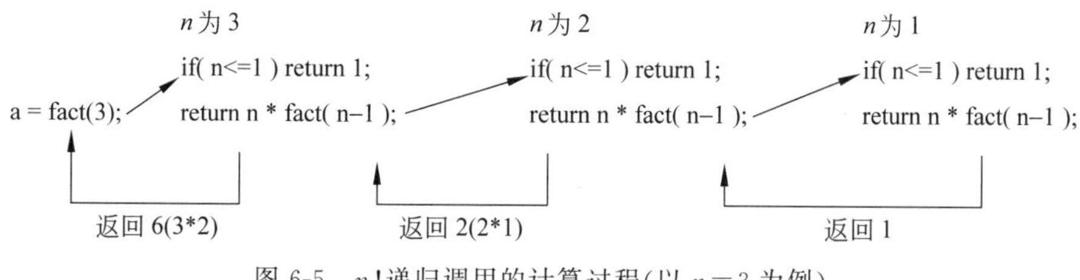

图 6-5　n!递归调用的计算过程(以 $n=3$ 为例)

可见，有时候可以将一个复杂的问题一步步简化为简单的、易于解决的子问题，而这些子问题与原来的问题又具有共同的特征和相似的性质，只是比原来的问题规模变小且更容易解决，这时就可以采用递归调用的方法。其中关键的问题可以归纳为如下三点(也可以称为递归三要素)。

(1) 确定问题的形式。问题的形式指问题计算结果的形式及所需的计算参数。其中，计算结果的形式即原有问题与子问题所共有的形式。一旦确定了问题的形式，就可以在分解问题时，得到同类型的子问题。在例 6-17 中，问题的形式就是 n!。而子问题与原问题区别的标识就是所需的参数，在例 6-17 中就是 n。

(2) 找到递归规则。递归规则描述的是如何由子问题的解得出原问题的解。在例 6-17 中，$n!=n*(n-1)!$就是该问题的递归规则。

(3) 确定问题终结条件。问题的分解、规模的缩小需要有一个终点，称为终结条件。即问题分解到一定规模就可以直接得到结果，而不需要进一步递归下去。也只有如此，才能保证递归函数顺利执行完毕。如本例中递归到 $n=1$ 时，1!可以直接求出，因此 $n\leqslant 1$ 就是该问题的终结条件。

了解了递归问题中的关键问题，有助于我们解决类似的递归问题。当然，递归问题通常也可以采用非递归的方法实现，如上述求阶乘的问题就可以用循环来完成。但很多递归问题在采用非递归实现的过程中常常要复杂得多(关于递归程序的非递归实现可以参考数据结构的有关内容)。如下面的汉诺塔问题就是一个典型的例子，接下来介绍解决该问题的递归方法。

例 6-18　汉诺塔问题。

汉诺塔问题来源于印度传说中的一个故事。上帝创造世界时制作了三根金刚石柱子，在一根柱子上从下向上按大小顺序摞着 64 片黄金圆盘。上帝命令婆罗门把圆盘从下面开始按大小顺序重新摆放在另一根柱子上。并且规定，大圆盘不能放在小圆盘之上，并且在三根柱子之间一回只能移动一个圆盘。

有预言说，这件事完成时宇宙会在一瞬间闪电式毁灭。也有人相信婆罗门至今仍在一刻不停地搬动着圆盘。

传说有它独特的神秘气息，相信搬动盘子的工作也的确艰辛。但信息技术日益发达的今天，我们完全可以通过程序来提前窥探一下搬动的过程，递归函数是解决该问题最好的方法。

先将上述问题提炼成如下问题：有3个塔A、B和C，A上放着一摞盘子，盘子的大小不同，从上到下按照从小到大的顺序叠放在一起。一次只能将一个塔上最顶端的盘子移动到另一个塔的盘子上面，且不允许将大的盘子压到小的盘子上。已知最初在A上的盘子数目，要把A上的所有盘子移动到C上去，求出盘子移动的步骤。

接下来以只有3个盘子为例，图6-6示意了问题的初始状态。

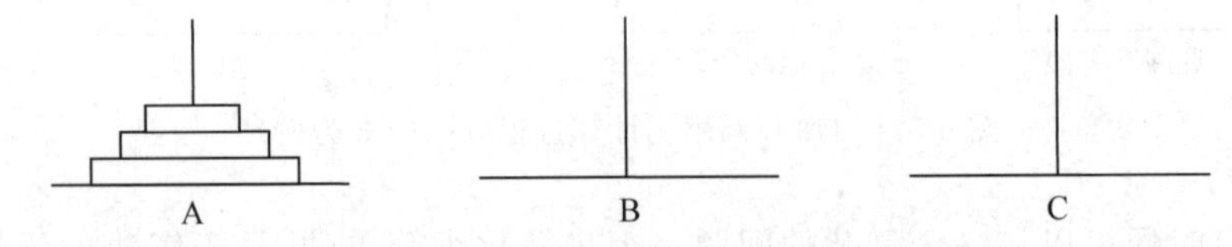

图6-6　以3个盘子为例的汉诺塔问题

分析：设A塔上有 n 个盘子，要将这 n 个盘子全部移到C塔上去。可以分解成如下的三步动作：首先设法将 $n-1$ 个盘子从A移动到B塔上；再将最底下的 n 号盘子直接从A移动到C塔上；然后再将B塔上的 $n-1$ 个盘子设法移动到C塔。

可见，规模为 n 的汉诺塔问题，可以分解为规模为 $n-1$ 的汉诺塔问题，这是一个典型的可以用递归方法求解的问题。下面就分别确立递归函数的三要素，从而求出该问题的解决方案。

1. 问题的形式

在汉诺塔问题的分解中，不仅问题的规模在发生变化，而且从哪个塔移动到哪个塔也在发生变化。因此，待移动盘子的个数 n，起始塔、过渡塔和目标塔都是问题的参数。

2. 递归规则

本例中，要将 n 个盘子从起始塔移动到目标塔，可描述为如下的步骤：

(1) 将 $n-1$ 个盘子从起始塔移动到过渡塔；

(2) 将第 n 个盘子从起始塔移动到目标塔；

(3) 将 $n-1$ 个盘子从过渡塔移动到目标塔。

3. 终结条件

当 $n<1$ 时，不再有盘子需要移动，因此移动终止。

程序代码如下：

```
#include<stdio.h>
void move(int n,int x,int y,int z)
{   if(n==1)    printf("%c-->%c\n",x,z);
```

```
    else
    {   move(n-1,x,z,y);
        printf("%c-->%c\n",x,z);
        move(n-1,y,x,z);
    }
}
int main()
{   int h;
    printf("\ninput number:\n");
    scanf("%d",&h);
    printf("the step to moving %2d diskes:\n",h);
    move(h,'a','b','c');
    return 0;
}
```

可见,递归算法在形式上比较简洁、代码紧凑,但递归的工作过程是靠函数的递归调用来实现的,需要一定的空间和时间消耗。同时,整个递归过程的额外时间和空间消耗也将随着递归深度的增加而增加。

练习 6-8 计算 $1+2+3+\cdots+n=?$ (n 由用户输入),其中求和要求采用递归函数实现。

6.5 程序的多文件组织

前面介绍的程序规模都比较小,只需要一个源文件就足够描述整个程序。但在实际的开发应用中,对于规模较大的程序,仅用一个源文件描述整个程序,文件规模可能会太大,既影响编译效率,也难以维护和修改。因此,有时需要将一个完整的程序用多个源文件来编写,每个源文件是整个程序的一部分,这就是程序的多文件组织。采用多文件组织代码有利于代码的开发和维护。

6.5.1 多文件组织

多文件组织的程序中,每个源文件都是整个程序的一部分。因此,在各源文件中的函数、数据之间,必然存在着相互的引用。在某一个源文件中,如果需要调用一个本文件中的函数,则应当在调用之前定义或声明被调用的函数。如果被调用函数的定义与调用者不在同一个源文件中,则应当在调用函数的文件中,在调用之前给出被调函数的函数声明。利用多文件程序结构,可以将一些具有通用性的函数提取出来,单独组成源文件,方便使用。

此时,通常会将源文件中的公用函数声明等写在一个头文件(.h)中,而将函数的具体实现等内容写在一个单独的源文件(.c 或.cpp)中。包含主调函数的源文件如果要使用某函数，则只需要将头文件用#include 指令嵌入即可获得所需的声明。例 6-19 就是一个多文件组织的例子。

视频

例 6-19 采用多文件组织方式对冒泡排序程序进行组织。

分析：冒泡排序程序代码主要包括主调函数 main()函数和被调函数 popo()函数，将函数的声明组织为 declare.h 文件，被调函数 popo()组织为 funL.cpp 文件，主调函数 main()组织为 multi.cpp 文件。

mtlti.cpp：主函数所在的程序文件，代码如下：

```
#include<stdio.h>
#include "declare.h"
/*用""和用<>的区别在于前者使得编译器会在用户路径中查找相应的文件*/
int main()
{   int a[7]={3,2,5,7,4,9,8},i;
    popo(a,7);
    for(i=0;i<7;i++)
        printf("%2d",a[i]);
    return 0;
}
```

funL.cpp：自定义函数库所在的源文件，当前只有一个冒泡排序函数 popo()，代码如下：

```
void popo(int a[],int n)
{   int i,j,t;
    for(j=1;j<n;j++)
        for(i=0;i<n-j;i++)
            if(a[i]>a[i+1])
            {  t=a[i];
               a[i]=a[i+1];
               a[i+1]=t;
            }
}
```

declare.h：用于声明函数的头文件，程序代码如下：

```
void popo(int a[],int n);
```

作为程序设计的初学者，可以将自己设计的一些实现特定功能的程序段做成通用的函数写入 funL.cpp，而将它们的声明写入 declare.h，逐渐积累、扩充，形成自己的“专业函数库”，在程序设计的过程中方便取用。

上述方法也特别适用于较大型的程序开发，多人共同维护一个函数库，因为开发人员的工作都围绕同一个主题展开，所以会有很多可以相互借鉴的地方，项目函数库的引入方便了每一位开发人员，避免重复劳动。

6.5.2 Dev C++ 集成环境中多文件组织的应用

现代集成开发环境均支持多文件组织,并且通常通过工程(Project)来对多个文件进行管理,即将程序所用到的所有文件统一管理在一个工程中。程序编译时将以工程作为一个整体进行编译,形成最终的.exe 文件。

对于本节中要介绍的多文件组织的情况,通常需要手工创建工程文件,把所用到的各个源代码文件加入工程中即可。

首先新建一个工程,工程名为 MyProject1,同时进行保存,如图 6-7 所示。

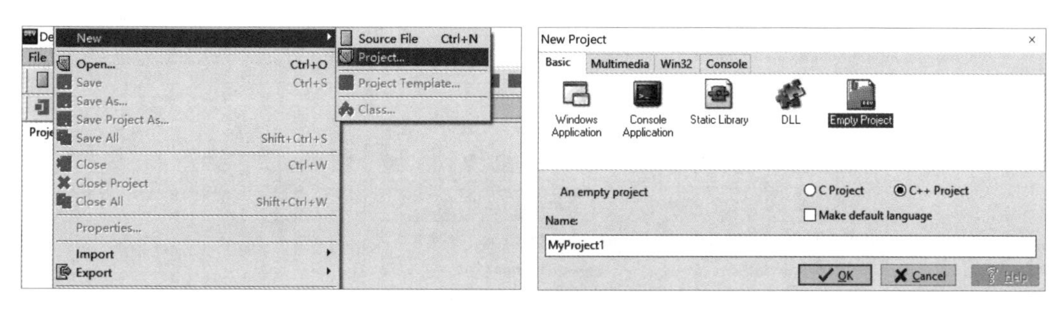

图 6-7 新建工程

然后在工程中添加 multi.cpp,funL.cpp 和 declare.h 文件,添加过程包括新建源文件并添加至工程,如图 6-8 所示。

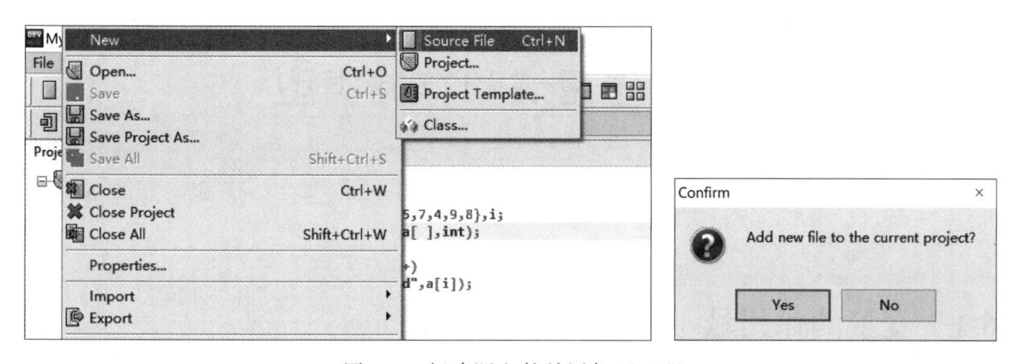

图 6-8 新建源文件并添加至工程

最后对源文件进行编辑和保存,对头文件进行保存时注意对文件的保存形式进行选择,如图 6-9 所示。

当工程中的文件都编辑添加完成后,可以在开发环境的左侧窗口看到工程的组织情况,如图 6-10 所示。当工程组织完成后,可以对整个工程进行编译(按 F9 键),编译完成生成可执行文件后,可以运行程序(按 F10 键)。

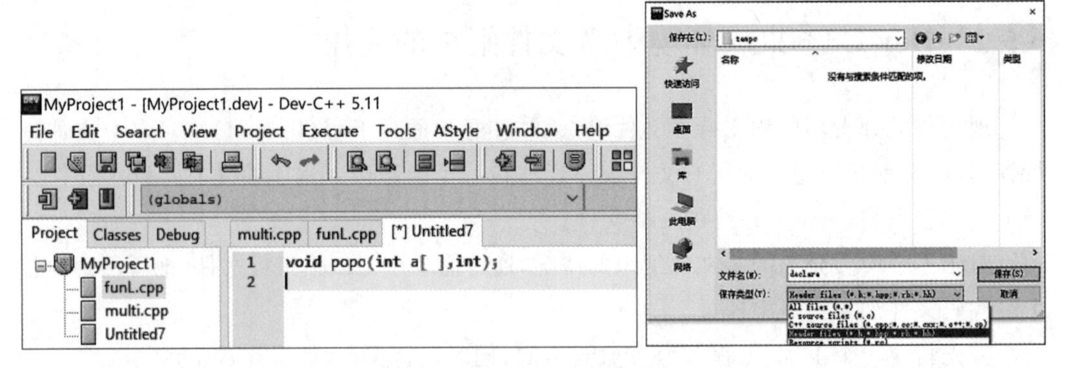

图 6-9　头文件的编辑及保存

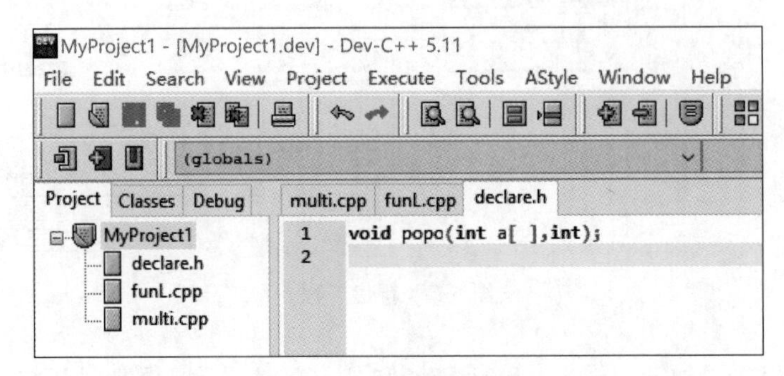

图 6-10　工程的组织情况

6.6　作用域和存储类型

变量具有作用域和生存期两个属性，且变量的作用域和生存期通常由变量的存储类型决定。

6.6.1　变量的作用域

变量的作用域指一个变量在程序中可以被使用的范围，也称为变量的可见范围。这个范围是变量可合法使用的范围，一旦超出此范围，对该变量的引用将是非法的。

根据变量在函数内部或外部定义，变量的作用域分为局部作用域和全局作用域两种。

1. 局部作用域

变量在函数内部定义，则变量具有从定义位置开始到函数结束位置为止的局部作用域。若变量在某个复合语句块内定义，则变量具有从定义位置开始到复合语句结束位置为止的局部作用域。具有局部作用域的变量也称为局部变量，如例 6-20 所示。

例 6-20 局部变量作用域示例。

```
int main()
{   int fun(int a);
    int i,j;                /* 局部变量 i,j 的作用域起点 */
    ⋮
}                           /* 局部变量 i,j 的作用域终点 */
int fun(int a)              /* 形参 a 的作用域起点 */
{   int b,c;                /* 局部变量 b,c 的作用域起点 */
    if(b>c)
    {   int x,y;            /* 局部变量 x,y 的作用域起点 */
        x=2;
        ⋮
    }                       /* 局部变量 x,y 的作用域终点 */
⋮
}                           /* 形参 a 以及局部变量 b,c 的作用域终点 */
```

2. 全局作用域

变量在所有函数外部定义,则变量具有全局作用域,作用范围从变量的定义位置开始到变量所在源文件结尾位置结束。具有全局作用域的变量也称为全局变量,如例 6-21 所示。

例 6-21 全局变量作用域示例。

```
int x,y=4;          /* 全局变量 x 和 y 的作用域起点 */
int main()
{    float f1(float a);
⋮
}
float a=8,b;        /* 全局变量 a 和 b 的作用域起点 */
float f1(float a)
{⋮
}                   /* 全局变量 a 和 b 的作用域终点,全局变量 x 和 y 的作用域终点 */
```

特别要说明的是,例 6-21 中尽管 x、y、a 和 b 都是全局变量,但它们的作用范围不同。其中,f1 函数可以访问 x、y、a 和 b 四个变量。但对于 main 函数而言,由于 a 和 b 在其后面定义,因此,main 函数无法访问到 a 和 b 变量。

由于全局变量可以被其作用域内的所有函数访问,因此可以作为一种在各函数间传递数据的方法,如例 6-22 所示。

例 6-22 编写自定义函数,求一组整型数据(5 个)的最大值、最小值和平均值。

视频

分析:自定义函数的计算结果包括最大值、最小值和平均值 3 个结果,无法使用 return 语句返回,设计时可以将平均值用 return 语句返回,最大值和最小值通过全局变量的全局作用域实现主调函数和被调函数之间的数据共享。

程序代码如下：

```
#include<stdio.h>
int max,min;                          /* 全局变量 max 和 min */
float func(int array[ ])
{   int i,sum=0;
    float result;
    max=min=array[0];                 /* 假设第一个元素为最大值和最小值 */
    for(i=0;i<5;i++)
    {
        if(max<array[i])              /* 当前值大于最大值 */
            max=array[i];             /* 用当前值替换最大值 */
        if(min>array[i])              /* 当前值小于最小值 */
            min=array[i];             /* 用当前值替换最小值 */
        sum+=array[i];
    }
    result=sum/5.0;
    return result;
}
int main()
{   int score[5];
    int i;
    float aver;
    for(i=0;i<5;i++)
        scanf("%d",&score[i]);
    aver=func(score);
    printf("%.2f\n%d\n%d\n",aver,max,min);
    return 0;
}
```

在例 6-22 中，max 和 min 为全局变量，main()函数和 func()函数均可以访问，因此在 func()函数中将计算得到的最大值和最小值直接赋给变量 max 和 min，在 main()函数中再访问 max 和 min 并输出结果，实现了主调函数和被调函数之间的数据共享。

至此，我们共学习了 4 种在函数间传输数据的方法：

(1) 全局变量；

(2) 自定义函数的形参；

(3) 函数返回值；

(4) 文件。

全局变量的方法简单、方便，但同时也增加了程序模块对全局变量的依赖性，降低了模块的独立性，对程序的调试、维护和移植都带来了一定的困难。因此，建议大家要谨慎使用全局变量，而尽可能采用其他的方式进行数据传递。

使用文件也可以完成函数间的数据传递。可以在一个函数中将数据存入文件，而在另一个函数中将数据从文件中读出。

此外，仔细观察例6-21，细心的读者也许会发现标识符a在程序的不同区域多次被定义，这样的程序正确吗？它们之间会不会出现冲突呢？这其实是变量同名的问题。

3. 变量同名

首先，在C语言中，在同一个作用域内不允许出现同名变量定义。否则，会提示变量重复定义的错误。同名变量仅在不同的作用域中才可以合法出现。这时，它们的使用将遵循如下规则。

（1）如果一个作用域与其所包含的子作用域内都定义了相同的变量，则在子作用域内，子作用域中定义的变量将屏蔽子作用域外部的同名变量。

（2）相互独立的两个作用域中的同名变量互不干扰。

例6-23 变量同名程序代码示例。

视频

```
int x=0,y=0,z=0;
other()
{   int x=100,y=200;
    printf("other\n");
    printf("x=%d y=%d z=%d\n",x,y,z);
}
int main()
{   int x=1,y=2,z=3;
    printf("\nmain\n");
    printf("x=%d y=%d z=%d\n",x,y,z);
    other();
    return 0;
}
```

运行情况：

```
main
x=1 y=2 z=3
other
x=100 y=200 z=0
```

本例中，在other()函数中，其内部定义的局部变量x，y起作用，全局变量x和y被屏蔽，在main()函数中，其内部定义的局部变量x，y和z起作用，全局变量x，y和z被屏蔽。other()函数和main()函数中的同名变量x和y，由于作用域相互独立，互不干扰。

作用域是从空间的角度说明变量的作用范围。而生存期则是从时间的角度说明变量的生命周期。作用域和生存期都与变量的一个很重要的属性——存储类型相关。

6.6.2 变量的存储类型

在C语言中，每个变量都有数据类型和存储类型两个属性。如前所述，数据类型描述了数据的存储格式和运算规则。而存储类型则描述了数据的存储空间分配。

数据的存储空间分配根据使用方式不同可分为数据段、栈和堆 3 部分。变量在数据段中的存储空间分配，属于静态存储方式，在程序开始运行时就被分配并初始化，直到程序运行结束时才被释放回收；而变量在栈中的存储空间分配，则属于动态存储方式，是程序运行过程中根据需要分配的工作空间，所有的临时变量、函数调用的空间开销都从栈中分配；其他没有被系统分配的空间称为堆，主要用于满足程序在运行过程中动态地申请空间。

不同的存储空间分配直接对应了不同的存储类型。同时，不同的存储类型也会对变量的作用域和生存期带来一定影响。

C 语言中变量的存储类型有自动型变量(auto)、寄存器型变量(register)、外部型变量(extern)和静态型变量(static)4 种。引入了变量的存储类型后，变量的定义就变成了如下的形式：

[存储类型]　　数据类型　　标识符；

例如：

```
auto  int a;     static float b;
```

都是带有存储类型定义的变量定义。

1. 自动型变量

自动型变量是最常见的一种局部变量，通过在局部变量定义前加 auto 关键字前缀说明局部变量为自动型变量，如下所示：

```
auto int i;
auto float j;
```

其中，关键字 auto 可以省略，自动型变量是局部变量的默认存储类型。

自动型变量属于动态存储方式。函数的形参和在函数中定义的变量都属于此类，系统会在调用函数时为它们分配存储空间，函数调用结束就自动释放这些存储空间。

2. 寄存器型变量

寄存器型变量是把变量的数据存储在 CPU 的寄存器中的变量。

一般情况下，变量占用的是内存的存储单元。当程序中用到哪个变量时，由控制器指令将内存中的数据读入运算器，计算后得到的结果重新写入内存。因此，如果某些变量使用非常频繁，读取内存将花费大量的时间。为了提高效率，C 语言允许将局部变量的值放到访问速度要高得多的 CPU 寄存器中，这种变量称为寄存器型变量，可以通过在局部变量定义前加上关键字 register 来定义这种变量，如例 6-24 所示。

例 6-24　编程求 $1^2+2^2+3^2+\cdots+100^2$。

程序代码如下：

```
#include<stdio.h>
int main()
```

```
{   register  int i;
    int sum=0;
    for(i=1;i<=100;i++)
        sum+=i * i;
    printf("%d",sum);
    return 0;
}
```

使用寄存器型变量应注意以下几点。

(1) 一般数据类型为 long、float 和 double 的变量不能定义为寄存器类型，因为这种类型的长度超过了寄存器本身的长度。同理，寄存器型变量也不能容纳构造类型的数据。

(2) 由于寄存器型变量不在内存中，因此不能进行取址(&)操作。

(3) 由于寄存器资源有限，局部变量定义为寄存器型变量并不能保证一定可以分配到寄存器资源。

(4) 早期的 C 编译程序不会把变量保存在寄存器中，除非命令它这样做，这时寄存器型变量是 C 语言的一种很有价值的补充。然而，随着编译程序设计技术的进步，在决定哪些变量应该被存到寄存器中时，现在的 C 编译程序能比程序员做出更好的决定。因此，许多 C 编译程序会忽略 register 声明，因此，在实际应用中使用 register 声明变量是不必要的，是为了兼容以前的 C 代码才继续保留。读者对其有所了解即可。

3. 外部型变量

外部型变量是在函数的外部定义的，是一种全局变量，其存储方式为静态存储，具有全局的作用域。但其作用范围受定义位置的约束。

1) 一个文件内部使用外部变量

外部型变量的作用范围从定义位置开始到所在文件末尾。如果外部变量不在文件的开头定义，则在定义位置之前的部分要访问该变量，需要通过 extern 进行声明，以扩展外部变量的作用范围，如例 6-25 所示。

例 6-25 用 extern 扩展外部变量在程序文件中的作用范围。

```
#include<stdio.h>
int main()
{   extern int a,b;                    /* 声明外部变量 */
    int max(int x,int y);
    printf("%d",max(a,b));
    return 0;
}
int a=1,b=2;                           /* 外部变量定义 */
int max(int x,int y)
{   if(x>y)    return x;
    else return y;
}
```

运行结果：

```
2
```

在例 6-25 中,外部变量 a 和 b 的定义在整个程序文件的中间部分,"extern int a,b;"的作用就在于将 a 和 b 的作用域扩展到了从外部变量声明开始的位置,从而使得主函数也可以访问这两个变量。可见,外部变量的声明有些类似函数的存在性说明,只是为了告诉编译系统,所声明的外部变量是存在的,已经在程序的某个位置作了定义,是一个声明的过程,和变量的定义有本质的不同。

外部变量的声明也可以省略其中的数据类型名,如例 6-25 中的声明可以简写成如下的形式:

```
extern a,b;
```

2) 多文件程序中使用外部变量

在多文件组织的源程序中,也可以利用 extern 将外部变量的作用域从一个源文件扩展到另一个源文件,如例 6-26 所示。

例 6-26 用 extern 将外部变量的作用域从一个源文件扩展到另一个源文件。

mainf.cpp 文件:程序的主文件。

```
#include<stdio.h>
extern int size;          /*声明另一个文件 CommonVar.cpp 中的外部变量 size*/
int main()
{   int i,a[100];
    printf("How many numbers do you want?");
    scanf("%d",&size);
    for(i=0;i<size;i++)
    {   scanf("%d",&a[i]);
    }
    for(i=0;i<size;i++)
    {   printf("%d",a[i]);
    }
    return 0;
}
```

CommonVar.cpp 是一个专门存放公共变量或公共函数的文件。

```
int size;
```

本程序共由两个文件构成,假设 CommonVar.cpp 存放了程序中常用到的一些公共变量,目前只有一个 size。而主文件中要用到文件 CommonVar.cpp 中定义的 size,因此在主文件中使用了 extern 对外部变量 size 进行声明,从而将 size 的作用域扩展到了 main.cpp 中。

4. 静态型变量

在一个变量的定义前加上关键字 static,表示定义了一个存储类型为静态型的变量。静态型变量采用的是静态的存储分配方式。静态型变量在程序运行一开始就被分配相应的内存空间,并且所分配的存储空间在整个程序运行过程中自始至终归该变量使用,直至程序结束。

静态型变量分为内部静态变量和外部静态变量两种。

1）内部静态变量

在局部变量的定义前加上关键字 static,就表示定义了一个内部静态变量。由于内部静态变量也是在函数内部定义的,因此具有局部的作用域。但其静态的特性决定了变量具有全局的生存期,如例 6-27 所示。

例 6-27 通过两次调用函数 add()了解内部静态变量的特性。

```
#include<stdio.h>
float add(float x, float y)
{   static float z=0;                  /*定义内部静态变量 z*/
    z=z+x+y;
    return(z);
}
int main()
{   float s,x=2,y=3;
    s=add(x,y);
    printf("s=%f\n",s);
    s=add(x,y);
    printf("s=%f",s);
    return 0;
}
```

运行结果:

```
s=5.000000
s=10.000000
```

这里定义了内部静态变量 z,初值为 0,z 具有全局的生存期。这意味着 z 在整个程序运行过程中自始至终都不被释放,直至程序结束。因此,在主函数两次调用 add()函数时,对 z 的修改都保留了下来,而不像普通的 auto 型变量那样,每次随着函数的调用和返回而创建和释放。因此,例 6-27 中第一次调用 add()函数得到的结果是 5,第二次调用 add()函数得到的结果是 10。

值得一提的是,系统会在程序运行之初自动为静态变量赋初值 0。因此,static float z＝0;也可以略写成“static float z;”。

2）外部静态变量

同理,将外部变量加上 static 的限制,就表示定义了一个外部静态变量。外部静态变量具有全局的作用域和全局的生存期。更重要的是,static 还将限制外部变量向其他文件中进行作用范围的扩展。即定义成 static 类型的外部变量将无法再使用 extern 将其作用范围扩展到其他文件中,而是被限制在了本身所在文件内。这使得在项目开发中,项目的开发人员可以在各自编写的模块文件中定义并使用外部静态变量,而不会与项目其他人员文件中的同名变量产生干扰和影响。从而给程序的模块化、通用性提供方便。

变量的存储类型对存储空间分配、作用域以及生存期的影响如表 6-1 所示。

表 6-1　变量的存储类型对存储空间分配、作用域以及生存期的影响

存储类型	空间分配	作用域	生存期
自动型变量	栈	局部	动态的生存期，随着变量被使用而创建，离开作用域而释放
寄存器型变量		局部	
外部型变量	数据段	全局	程序运行时分配空间，直至程序运行结束释放空间
内部静态变量		局部	
外部静态变量		全局	

6.6.3　函数的存储类型

对于函数来说，由于函数的定义总是在其他函数之外，所以，从本质上讲函数的存储类型都是外部的，具有全局的生存期。但函数也可以通过 static 和 extern 的使用来限制或扩充其作用域。用 static 和 extern 说明的函数分别叫作内部函数(静态函数)和外部函数，其基本定义形式如下：

static 返回类型名 函数名(形参表)
extern 返回类型名 函数名(形参表)

静态函数局限于它所在的源文件，即对它所在源文件中的各函数是可见的，而对别的源文件中的函数是不可见的(即不能引用)。所以不同源文件中的内部函数可重名。

外部函数的作用域是整个程序，因此在该作用域内的任何其他函数都可引用。

6.7　函数的应用

例 6-28　任意输入一个年份，编写函数，判断该年是否为闰年。

分析：闰年的判断条件：能被 4 整除但不能被 100 整除，或能被 400 整除。

程序代码如下：

```
#include<stdio.h>
int main()
{
    int n;
    int Leap(int n);
    printf("Please input a year: ");
    scanf("%d",&n);
    if(Leap(n)==1) printf("Yes,it's leap year");
    else printf("No,it isn't");
    return 0;
}
```

```
int Leap(int n)
{    if((n%4==0&&n%100!=0)||(n%400==0))
           return 1;
     else return 0;
}
```

例 6-29　完成例 4-20 中等距梯形法计算定积分 $\int_a^b f(x)\mathrm{d}x$ 的求解，要求用自定义函数实现。

分析：主函数需要向被调函数传递的参数为区间 a、b 以及等分值 n。自定义函数需要返回给主函数的值为所求得的定积分。

程序代码如下：

```
#include<stdio.h>
int main()
{    float a,b,integ;
     int n;
     float integral(float,float,int);       /*函数的声明*/
     scanf("%f%f%d",&a,&b,&n);              /*输入区间 a、b,等分值 n*/
     integ=integral(a,b,n);                 /*调用求积分函数 integral*/
     printf("The integral is %.2f",integ);
     return 0;
}
float integral(float a,float b,int n)
{    int i;
     float x,h,area,f1,f2;
     h=(b-a)/n;
     x=a;    area=0;
     f1=x*x+12*x+4;
     for(i=1;i<=n;i++)   /*循环累加求各等距梯形面积的和,即为积分的近似值*/
     {    x=x+h;
          f2=x*x+12*x+4;
          area=area+(f1+f2)/2*h;
          f1=f2;
     }
     return area;
}
```

例 6-30　某兴趣小组 10 名成员对组长候选人 A 的选举结果记录在了数组 a 中，a 的每个元素按下标递增的顺序与成员编号相对应，a 的元素值取 1 或取 0 就代表了某个组内成员对该候选人的支持和反对情况(1：支持；0：反对)。请编写函数统计候选人 A 在全班的支持率。

分析：主函数需要将含有 10 个元素的数组 a 传递给被调函数，被调函数计算出结果后，将支持率返回给主调函数。

程序代码如下：

```
#include<stdio.h>
int main()
{   int a[10]={1,0,1,0,0,1,1,1,1,1};
    float res;
    float sup(int m[10]);                    /* 函数声明 */
    res=sup(a);                              /* 将数组 a 作为实参传递给函数 sup */
    printf("Support Ratio is :%.2f",res);
    return 0;
}
float sup(int m[10])                         /* 形参为数组类型 */
{   int i,sum=0;
    for(i=0;i<10;i++)
        sum+=m[i];
    return sum/10.0;
}
```

运行结果：

```
Support Ratio is: 0.70
```

练习 6-9 用随机数模拟生成一组[0,1]的试验数据，编写几个函数，分别求出这些数据的平均值、最大值和最小值。

本 章 小 结

在 C 语言中，程序是由 main()函数以及 0 个或多个自定义函数构成的。无论 main()函数、自定义函数，还是标准库函数，都是命名的程序段，用来完成某一特定功能。

标准库函数是系统已经定义好的标准函数，只需按照附录 C 中给出的各种库函数原型使用即可。并根据所使用函数的不同将包含有相应函数说明的头文件嵌入程序中(使用预处理命令#include)。

自定义函数是用户根据自己的需要定义的函数。函数的定义和调用都采用函数原型的方法，并遵循先定义后调用的原则。如果函数的调用出现在函数定义位置之前，则应该在调用之前采用函数原型对函数进行说明。函数的定义是不允许嵌套的，但函数的调用可以嵌套。

函数的调用要和函数定义时的基本形式一致，如需要的参数类型、个数要与定义时所要求的类型、个数相一致；返回值的类型也要与定义时所规定的类型相匹配。另外，要确定好主调函数和被调函数之间的数据传递关系：值传递或地址传递。

用数组元素作为函数的参数与普通变量作为函数的参数用法相同，都是值传递的过程。而数组作为函数的参数则是一种地址传递的过程。

函数如果直接或间接地调用自身则构成了递归函数。构造递归程序重点要做好确定问题的形式、找到递归规则以及确定问题终结条件 3 个要素。

变量的存储类型的引入使得变量的定义扩展为具有存储类型和数据类型两个属性。变量的存储类型共有 4 种：自动型、寄存器型、静态型、外部型。不同的存储类型决定了变量不同的生存期和作用域。当存储类型省略时，默认情况下变量的存储类型为 auto 型。

函数由于其特殊性，本质上都是外部的，其存储类型根据所加前缀 extern 和 static 的不同分为可被其他文件中函数调用的外部函数以及不可被其他文件中函数调用的内部函数两种情况。

习　题　6

一、客观题

1. 以下程序通过调用自定义函数求一个字符串的长度，请填空。

```
#include<stdio.h>
int slen(char p[80])
{  int i=0;
    while(____A____) i++;
    ____B____;
}
int main()
{   char  s[80];
    int len;
    gets(s);
    len=____C____;
    printf(____D____,len);
    return 0;
}
```

2. 以下程序的运行结果是________。

```
#include<stdio.h>
int fun (int, int)
int main()
{   int k=4,m=1,p;
    p=fun(k,m); printf("%d,",p);
    p=fun(k,m); printf("%d",p);
    return 0;

}
fun(int a,int b)
{   static int m=0,i=2;
    i+=m++;
    m=i+a+b;
```

```
    return(m);
}
```

A. 8,8　　B. 8,16　　C. 7,14　　D. 7，7　　E. 以上答案都不对

3. 以下程序的运行结果是________。

```
#include<stdio.h>
int num()
{   extern x,y;  int a=15,b=10;
    x=a-b;
    y=a+b;
}
int x,y;
int main()
{   int a=7,b=5;
    int x;
    x=a+b;
    y=a-b;
    num();
    printf("%d,%d\n",x,y);
    return 0;
}
```

4. 以下程序的运行结果是________。

```
#include<stdio.h>
void func(int x)
{
    while(x)
    {
        if(x%10)
            printf("%d",x%10);
        x=x/10;
    }
}
int main()
{
    func(2345);
    return 0;
}
```

5. 以下程序的运行结果是________。

```
#include<stdio.h>
void swap(int p1,int p2)
{
    int temp;
    temp=p1;
```

```
        p1=p2;
        p2=temp;
    }
    int main()
    {
        int a=6,b=8;
        swap(a,b);
        printf("%d,%d",a,b);
        return 0;
    }
```

二、编程题

1. 从键盘输入一个数据，判断该数是否为水仙花数并输出结果。要求水仙花数的判断通过编写自定义函数实现。

2. 有一个二维数组 score，其中存放了 3 个学生 5 门课程的成绩。编写函数对每位学生各门课程的总成绩进行统计。

3. 编写函数，将给定的二维数组(4×4)转置。

4. 验证哥德巴赫猜想：任意一个大于 2 的偶数都可以表示为两个素数之和。要求：素数的判断用自定义函数实现。

5. 编写函数，统计一个英文句子中单词的个数，在主函数中输入字符串，调用此函数并输出结果。

6. 在主函数中输入一个英文句子，编写函数将其中每个单词的首字符变成大写，最后在主函数输出结果字符串。

7. 给出年、月、日，编写函数，计算该日是该年的第几天。

8. 用递归的方法求解下面的问题：有 5 个数，第五个数比第四个数大 3，第四个数比第三个数大 3，第三个数比第二个数大 3，第二个数比第一个数大 3，若第一个数是 6，请问第五个数是多少？

9. 利用递归方法求 Fibonacci 数列第 n 项数的值。要求从主调函数中输入整数 n，并在主调函数中输出其对应的值。

10. 编写函数，统计一个英文句子中字母、数字、空格和其他字符的个数，在主函数中输入字符串，调用此函数并输出结果。

11. 有一行电文保存在文件 dianwen.txt 中，已按下面的规律译成密码：A→Z，a→z，即第一个字母变成第 26 个字母，第 i 个字母变为第$(26-i+1)$个字母，非字母字符不变。请编写函数将其译回原文，并在主函数打印出密码和原文。

三、应用与提高题

1. 用随机数生成函数模拟生成一组实验数据(实验数据的个数由键盘输入，每个实验数据为 30～80)，编写函数，计算该组实验数据的均值和方差。

2. 输入一个数，用迭代法求该数的平方根，其中迭代法求平方根要求使用自定义函

数实现。求平方根的迭代公式为 $x_{n+1}=\frac{1}{2}\left(x_n+\frac{a}{x_n}\right)$，精度要求：$|x_{n+1}-x_n|<10^{-5}$。

3. 编写函数，将输入的一个十六进制数转换成相应的十进制数，用主函数调用此函数并输出结果。

4. 从键盘输入两个整数 m 和 n，计算组合数 C_m^n。要求使用递归函数完成求解，递归公式如下：

$$C_m^n=\begin{cases}1 & n=m \text{ or } n=0\\ C_{m-1}^n+C_{m-1}^{n-1} & 1\leqslant n<m\end{cases}$$

5. 甲、乙二人用同样的方法分析同一试样，结果如下。

甲：95.60，94.70，96.20，95.10，95.60，96.50，96.00；

乙：93.30，95.10，94.10，95.00，95.50，94.10。

用 F 检验法完成 F 值的计算，辅助进行两种检验方法有无显著性差异的判断。

要求：标准方差，均值及 F 值的计算分别编写自定义函数。

6. 用光度法测定合金钢中 Mn 的含量，吸光度与 Mn 的含量间有下列关系：

Mn 的质量(x)/ug	0	0.02	0.04	0.06	0.08	0.10	0.12
吸光度(y)/A	0.032	0.135	0.187	0.268	0.359	0.435	0.511

求标准曲线的回归方程。

第7章 指针

本章主要内容：

- 指针的基本概念；
- 指向数组的指针；
- 指针与函数；
- 指针数组。

7.1 引　　例

例 7-1　从键盘输入两个整型数据并求这两个整数之和。

程序代码如下：

```
#include<stdio.h>
int main()
{   int x,y,sum;
    int *px,*py;
    px=&x;
    py=&y;
    scanf("%d%d",&x,&y);
    sum=*px+*py;            /*用指针访问x、y的值*/
    printf("Sum=%d\n",sum);
    return 0;
}
```

运行情况：

```
3 7 ↙
Sum=10
```

在第 2 章中已经知道，变量具有变量名、值和内存地址 3 个属性。其实，内存地址也可以称为**指针**，是一个常量数据，而用于存放地址的变量就称为**指针变量**。

例 7-1 中，定义了两个指针变量 px 和 py，分别存储了两个简单变量 x 和 y 的内存地址,从而建立起了 px 和 py 与简单变量 x 和 y 之间的关系,即指针 px 指向了变量 x,指针 py 指向了变量 y,从而多了一种采用指针访问数据的方式。

把直接访问原来的变量 x 和 y 的值进行运算的方式,称为**直接引用**,使用指针访问数据的方式就称为**间接引用**。

值得说明的是,指针在 C 语言中占有非常重要的地位,它也是 C 语言的精华。

7.2 指针变量的定义和引用

本节详细介绍指针变量是如何定义、如何使用的。

7.2.1 指针变量的定义

指针变量同样遵循"先定义后使用"的规则,其定义的一般形式为

类型说明符 *变量名;

其中,"类型说明符 *"表示要定义一个指针变量,变量名则是给要定义的指针变量起的名字,是一个标识符。由于指针变量用于存放变量地址,因此,也称该指针指向了某一个变量,这个变量就是**目标变量**。所以,这里的"类型说明符"表示的是目标变量的类型。下面是几种常见的指针变量的定义形式:

```
int *px;            /*定义了一个指向整型变量的指针变量 px*/
float *pointf;      /*定义了一个指向浮点型变量的指针变量 pointf*/
```

指针变量定义后,还必须指向一个合法的地址空间方可正确使用。可以通过初始化或者直接赋值等途径将指针指向某个已经定义的变量(即合法的地址空间)。

1. 指针定义的初始化

在定义指针变量时对指针变量赋变量地址值称为给指针变量赋初值,也称为**指针定义的初始化**,如:

```
int x;
int *px=&x;         /*初始化*/
```

上述语句的作用是,用指针变量 px 指向了目标变量 x,如图 7-1 所示。

px		x
&x	→	

图 7-1 指针变量 px 与目标变量 x 的关系

2. 指针变量的赋值

若指针定义时没有进行初始化工作,也可以在使用指针之前,通过**赋值运算**将变量的地址赋予指针变量。如下面的语句,也可以实现与图 7-1 同样的效果:

```
int x;
```

```
int * px;
⋮
px=&x;          /* 赋值运算 */
```

除了将指针指向一个已定义的目标变量外,若指针暂时没有具体的指向,也可将指针初始化或赋值为 NULL(NULL 在 stdio.h 中定义为常量,代表数值 0)。以后需要时再赋予其他的地址值。

指针变量作为一种变量,在运行时也要占有一定的内存空间。所占空间的大小与机器字长有关,在 16 位系统下是 2 字节,在 32 位系统下则是 4 字节。

7.2.2 指针变量的引用

指针变量的引用问题,简单地说,就是如何使用指针变量间接访问目标变量的问题。这需要借助于**指针运算**来完成,指针运算也可以称为取值运算、间接访问运算和取目标变量运算等。其运算符 * 也可以相应地称为**指针运算符**、取值运算符等。基本用法如下:

```
int x;
int * px=&x;
* px=5;
```

这里,* px=5 为赋值语句,=左侧的 * px 为指针运算,表示取目标变量 x。这句话表示给目标变量 x 赋值 5。

可见,指针运算(*)与前面介绍过的取址运算(&)是一个互逆的过程。取址运算用于取变量的地址(指针),而指针运算则反过来,取指针所对应的目标变量。例 7-2 简单说明了 & 和 * 的用法。

例 7-2 判断一个整数是否为偶数,用指针完成。

程序代码如下:

视频

```
#include<stdio.h>
int main()
{   int x=10;
    char res;
    int * px;
    px=&x;                      /* 将已定义的变量 x 的地址赋给指针 px */
    if(* px%2==0) res='Y';      /* 用指针运算访问指针 px 的目标变量,判断其奇偶性 */
    else res='N';
    printf("%c",res);
    return 0;
}
```

运行情况:

```
Y
```

本例介绍的是使用指针访问数据的最一般用法。初学者常常容易将其中的关键步骤

(本例中的 px= &x)丢失。这时,由于被定义的指针 px 没有通过初始化或赋值操作赋予合法的地址值,因此,px 中保存的是系统中的一个随机值,对这样的指针进行指针运算所取得的目标变量是不可预知的,无法得到所需要的效果,在某些操作中甚至会给整个系统环境带来不可预料的危害。这种没有被赋予合法地址值的指针就称为**悬空指针**。悬空指针在程序设计中应坚决避免使用,最好的办法就是在定义指针变量后立即给指针变量赋值。

7.2.3 指针变量的应用

本节通过下面两个相似而不相同的例子来进一步说明指针的使用,加深读者对指针用法的理解。

视频

例 7-3 使用指针交换两个整型变量的值。

程序代码如下:

```
#include<stdio.h>
int main()
{   int x=10,y=20, * px, * py, t;
    px=&x; py=&y;
    printf("x=%d\ty=%d\n",x,y);
    t= * px;
    * px= * py;
    * py=t;
    printf("x=%d\ty=%d\n",x,y);
    return 0;
}
```

运行情况:

```
x=10    y=20
x=20    y=10
```

本例中两个指针变量 px 和 py 分别指向了整型变量 x 和 y。因此,可以通过对 px 和 py 进行指针运算的方法间接访问目标变量 x 和 y。在此基础上,借助中间变量 t,实现目标变量 x 和 y 值的交换。

同样的问题,如果代码写成了例 7-4 的形式,则会得到不同的结果。

视频

例 7-4 使用交换指针值完成两个变量值的交换。

程序代码如下:

```
#include<stdio.h>
int main()
{   int x=10,y=20,t, * px, * py, * pt;
    px=&x;py=&y; pt=&t;
    printf("x=%d\ty=%d\n",x,y);
    pt=px;
    px=py;
```

```
    py=pt;
    printf("x=%d\ty=%d\n",x,y);
    return 0;
}
```

运行情况：

```
x=10    y=20
x=10    y=20
```

例 7-4 中的指针 px、py 和 pt 分别指向了目标变量 x、y 和 t。但在交换数据时使用的却是指针本身的值——地址，而非目标变量的值。因此，本例中交换的是指针变量的值，即指针 px 原来指向 x，交换后指向了 y，指针 py 原来指向 y，交换后指向了 x，而目标变量 x 和 y 的值没有变化。

练习 7-1　从键盘输入 3 个整数，求这 3 个数中最大的数并输出，用指针完成。

7.3　指针与数组

7.2 节已经介绍，每个变量都对应一个指针，即变量在内存的地址。而数组可以理解成一组类型相同的简单变量的集合，因此，每个数组元素对应一个地址，也可以对应一个指针，从而可以定义指针变量来指向数组的元素。

7.3.1　指向数组元素的指针

可以用与定义指向简单变量指针同样的方法，定义一个指针变量指向一个数组元素。此时，可以把数组元素完全按照一个简单变量来处理，例如：

```
int m[5]={0};
int *p;
p=&m[0];
```

其中，p=&m[0] 将指针变量 p 指向了数组 m 下标为 0 的元素，由于数组的名字本身就是一个地址常量，代表了数组第一个元素的地址，即数组的首地址，因此 p=&m[0]也可以用 p=m 来代替。效果如图 7-2 所示。

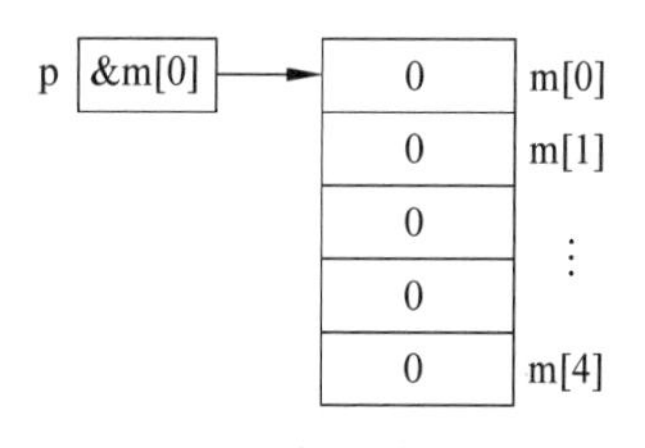

图 7-2　指向数组元素的指针

同样的道理，还可以定义指向其他元素的指针。由于数组的元素在内存中是连续存放的，因此相邻数组元素的地址之间是有规律的，彼此相差一个元素所占的内存空间字节数。相邻数组元素所对应的指针之间也是有规律的，C 语言中，按照此规律规定了**指针加减一个常数**的运算规则，即对于指向某个数组元素的指针，当指针加减一个常数 a 时，不是进行简单的加减 a 的操作，而是将指针的指向移动了 a

个元素，即指针加减了 a * sizeof(数组元素)。

以图 7-2 所示的情况为例，p+1 的值就是 m[1]的地址，即 p+1 指向了元素 m[1]；同理，p+4 表示 m[4]的地址，即 p+4 指向了 m[4]。因此，*(p+1)就等价于 m[1]，*(p+4)就等价于 m[4]。

可见，通过指向数组元素指针的引入，又多了一种采用指针访问数组元素的方式，即对于任意一个数组 m，若指针 p 指向数组的首地址，则 *(p+i)等价于 m[i]。

同样，由于数组名 m 本身是一个地址，是指针常量，因此数组元素也可以用 *(m+i)来描述。另一方面，对于数组元素 m[i]，其中的[]实际上是**变址运算符**。因此，将指针进行变址运算又得到了数组元素的另一种描述形式：p[i]。

综上所述，引用数组元素可以有如下 4 种方法：

m[i]⇔p[i]⇔*(m+i)⇔*(p+i)

这 4 种方法又可以归结为两类情况，即用指针法和下标法引用数组元素。

例 7-5 输出含有 8 个元素的整型数组中的所有元素，分别用指针法和下标法实现。

程序代码如下：

(1) 下标法(数组名——指针常量)：

```
#include<stdio.h>
int main()
{    int i,a[8]={1,2,3,4,5,6,7,8};
     for(i=0;i<8;i++)
        printf("%d",a[i]);
     return 0;
}
```

(2) 下标法(指针变量)：

```
#include<stdio.h>
int main()
{    int i,a[8]={1,2,3,4,5,6,7,8};
     int *pa;
     pa=a;
     for(i=0;i<8;i++)
        printf("%d",pa[i]);
     return 0;
}
```

(3) 指针法(数组名——指针常量)：

```
#include<stdio.h>
int main()
{    int i,a[8]={1,2,3,4,5,6,7,8};
     for(i=0;i<8;i++)
        printf("%d",*(a+i));
     return 0;
}
```

(4) 指针法(指针变量)：

```
#include<stdio.h>
int main()
{    int i,a[8]={1,2,3,4,5,6,7,8};
     int *pa;
     pa=a;
     for(i=0;i<8;i++)
        printf("%d",*(pa+i));
     return 0;
}
```

有时，也可以使用指针作为循环计数变量，如例 7-6 所示。

视频

例 7-6 将含有 8 个元素的整型数组中的每个元素值增加 1 后输出。

程序代码如下：

```
#include<stdio.h>
```

```
int main()
{   int i,a[8]={1,2,3,4,5,6,7,8};
    int * pa;
    for(pa=a; pa<a+8;pa++)   /* 用指针 pa 作循环控制变量 */
        * pa= * pa+1;        /* 用指针引用每个元素,每个元素值增加 1 */
    pa=a;                    /* 将指针重新指向数组 a 的第一个元素 */
    for(i=0;i<8;i++)
        printf("%d", * pa++);
    return 0;
}
```

本例中,指针作为循环计数变量,参与了循环的控制过程。作为循环结束条件判断的表达式 pa＜a＋8 运用了指针的**关系运算**,表示当指针 pa 的值大于或等于给定的指针常量 a＋8 时,循环结束。值得说明的是,仅在指针指向同一数组时,进行关系运算才是有意义的(如本例中的使用)。指针的关系运算比较的是指针(即内存地址)的大小。

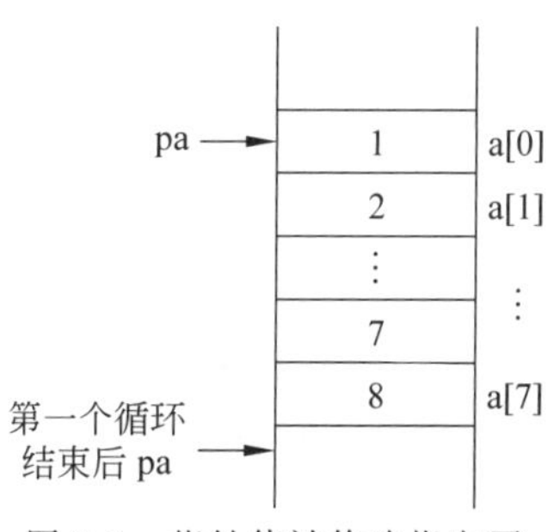

图 7-3　指针值被修改指向了数组元素后面的空间

除此之外,本例在第一个循环执行的过程中,指针 pa 的值也随之发生变化,当第一个循环结束时,指针 pa 指向数组元素 a[7]后面的空间,如图 7-3 所示。因此需要有一个重新回位的语句"pa＝a;"将指针重新指回第一个元素,从而再用指针循环输出。可见,在指针变量的值发生变化时,应特别关注指针某个时刻的当前值,不可大意。

练习 7-2　用随机函数产生 10 个整数存放到一维数组中,用指针法找出其中最大的数组元素值。

7.3.2　指针与字符串

前文已知,字符数组可以用来存放一定长度范围内任意长度的字符串。因此,当定义了一个指向字符数组元素的指针时,就可以使用该指针来处理数组中所存放的字符串了。例 7-7 和例 7-8 示意通过字符指针操纵字符数组中所保存的字符串,进行特定处理的情况。

例 7-7　从键盘输入一个字符串,统计其中数字字符的个数。

视频

程序代码如下:

```
#include<stdio.h>
int main()
{   char str[128], * cp;
    int digit=0;
    gets(str);
    for(cp=str; * cp!='\0';cp++)
        if( * cp >='0' && * cp<='9')
```

```
            digit++;
    printf("The number of digit is %d",digit);
    return 0;
}
```

运行结果：

```
Si345igs89↙
The number of digit is 5
```

该程序实现的功能是，从键盘输入一个字符串（按字符数组处理），然后循环逐个检查字符，如果遇到数字字符，则变量 digit 自增 1，直到指针指向字符数组中的\0，循环结束，最后输出数字的个数。

除了定义指向字符数组的指针来间接处理数组中存放的字符串以外，还可以直接定义指向字符串的指针来处理字符串。如：

```
char *s="Character Point";
```

这时，系统真正完成的工作是自动开辟了一段空间将字符串存放起来，并把字符串的首地址赋给了指针变量。字符指针中存放的仍然是一段空间的首地址，而不是整个字符串。正因为如此，也可以采用如下的字符指针定义和赋值方法：

```
char *s;
s="Character Point";
```

这是一种很特殊的用法，该语句的作用仍然是系统自动开辟一段空间将字符串保留起来，并将其首地址赋值给指针 s，如例 7-8 所示。

视频

例 7-8 用指针将字符串 Beijing University of Chemical Technology 中的大写字母输出。

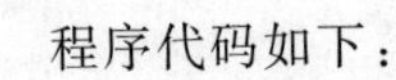

程序代码如下：

```
#include<stdio.h>
int main()
{   char *t;
    t="Beijing University of Chemical Technology";
                                  /*系统自动将保存字符串的首地址赋给 t*/
    while(*t!='\0')
    {    if(*t>='A'&&*t<='Z')
             putchar(*t);
        t++;
    }
    return 0;

}
```

特别要注意的是：①可以把字符串赋给指针，指针只是获取了字符串的首地址；不可以将字符串赋给已经定义好的字符数组，但可以在定义字符数组的同时，用一个字符串对其进行初始化操作。②已指向字符串的指针一旦被赋予新的字符串首地址，原字符串的地址就“丢失”了。

练习 7-3 从键盘输入一个字符串，用指针法将其中的小写字母转化为大写字母。

例 7-9 定义字符数组 str[100]，其中的每个字符元素为 str[i]＝266 * sin(i * 0.127)，i＝0，1，…，99，用字符指针将其中的英文字母和数字字符分别保存为两个字符串并进行输出。

视频

分析：例 7-9 中直接给出了一个含有 100 个元素的字符数组，每个元素由一个数学运算式得到，现要将其中的字母字符和数字字符分别找出来形成两个新的字符串输出。这里的初始数据是一组含有 100 个元素的字符数组，与前面的例题中初始的字符串处理方法不同，需要依次扫描数组的每个元素，在这一过程中使用字符指针处理。

程序代码如下：

```
#include<stdio.h>
#include<math.h>
int main()
{   char str[100],num[100],letter[100];
    char *p=str;                          /*定义指向原字符数组 str 的指针*/
    int i=0,n=0,l=0;
    for(i=0;i<100;i++){
        str[i]=266*sin(i*0.127);          /*构造字符数组 str 中的每一个元素*/
    }
    for(i=0;i<100;i++){                   /*依次扫描数组的每个元素*/
        if(*(p+i)<='9'&&*(p+i)>='0'){
            num[n]=*(p+i);
            n++;
        }
        if(*(p+i)<='Z'&&*(p+i)>='A'||*(p+i)<='z'&&*(p+i)>='a'){
            letter[l]=*(p+i);
            l++;
        }
    }
    num[n]='\0';letter[l]='\0';           /*人为添加'\0',形成新的串*/
    puts(num);puts(letter);
    return 0;
}
```

例 7-9 中，定义了两个新的字符数组 num 和 letter 用于保存新的字母字符串和数字字符串，使用指针 p 扫描原字符数组中的字符，将满足条件的字符放入新的数组中。循环扫描结束后，数组 num 和 letter 中分别存放了一系列字符，需人为添加'\0'形成新的字符串输出。

7.3.3 指针与二维数组的关系

前面介绍了指针处理一维数组的基本方法，本节介绍如何使用指针处理二维数组。

1. 指向二维数组元素的指针

用 7.3.1 节相同的方法，可以定义一个简单的指针变量指向一个二维数组元素。同时，由于二维数组在内存中是采用按行的方式依次线性存储的，因此，仍然可以通过指针加减一个常数的办法访问二维数组中的每一个元素。例 7-10 示意了用简单指针变量处理二维数组元素的过程，其示意图如图 7-4 所示。

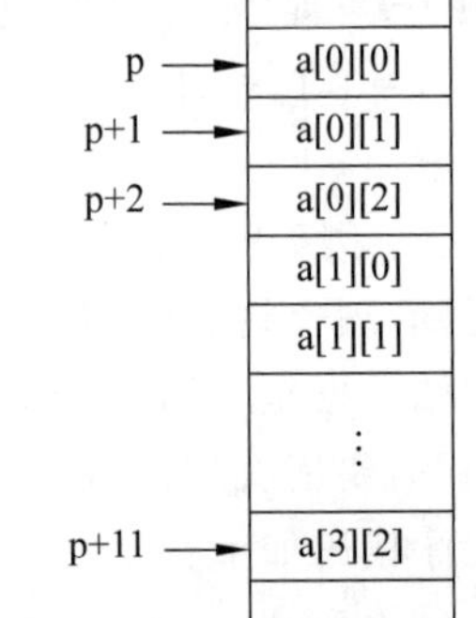

图 7-4　指向二维数组元素的指针

视频

例 7-10　用指向二维数组元素的指针输出数组的全部元素。

程序代码如下：

```
#include<stdio.h>
int main()
{   int i;
    int a[4][3]={{1,5,9},{2,6,10},{3,7,11},{4,8,12}};
    int * p=&a[0][0];
    for(i=0;i<12;i++)
        printf("%3d", * (p+i));
    return 0;
}
```

运行情况：

```
1   5   9   2   6   10   3   7   11   4   8   12
```

例 7-10 的处理方法是通过一个简单的指针变量依次访问二维数组的每个元素，最终将 12 个元素全部输出。这一方法充分利用了二维数组在内存中线性存储的原理。方法虽然简单，但忽略了二维数组本身的特性，将二维数组行列的关系淡化，没有体现出二维数组所表现出来的逻辑关系。因此，还可以通过定义指向二维数组中一行元素指针的方式来解决这一问题。

2. 指向一行元素的指针

指向一行元素的指针，也就是指向一个由多个元素组成的一维数组，这种指针称为行指针。相应地，原来的指向数组元素的指针就对应地称为列指针。行指针定义的基本形式如下：

类型说明符　(* 指针名)[M];

其中，指针名为所定义行指针的名字，是一个标识符。而类型说明符和[M]则共同表示指针所指向的是一个一维数组，即一行数据。与列指针的定义有很大区别。

另一方面，行列指针从本质上讲，可以理解为指针级别上的区别：列指针记录的是某个简单变量(包括数组元素)的地址；而行指针则记录了一组数据的首地址。因此，行指针在参与运算时与列指针也有很大的区别：以如下所定义的行指针 p 和二维数组 a 为例进行说明,假设指针 p 指向了数组 a 的首地址。

```
int a[4][3];
int (*p)[3];
p=a;
```

1) 行指针加减常数运算

行指针在进行加减 1 的运算时,是以一行为单位移动的,而不同于列指针的逐个元素的移动,图 7-5 中的长箭头所指向的位置即 p、p+1、p+2 和 p+3 都是行指针。

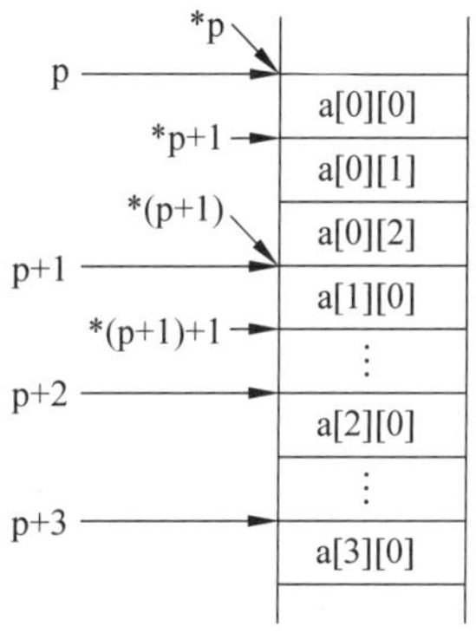

图 7-5　行、列指针的关系

2) 行指针与列指针的相互转换

在使用行指针引用数组元素时,需要先将行指针转换成列指针,再按照列指针的使用方式来访问具体的元素。

* 运算可以将行指针转换为列指针,图 7-5 中所示的 *p、*p+1、*(p+1)和 *(p+1)+1 等都是列指针。因此,某个元素如 a[1][2]就可以用行指针 p 来描述,其基本形式为 *(*(p+1)+2),即下标为 1 的行中的下标为 2 的列所对应的元素。由此可以得出如下的结论:对于一个二维数组 a,如果定义了一个行指针 p,指向了第一行(即下标为 0 的行),则每个元素 a[i][j]就可以用行指针描述成如下的通用形式:*(*(p+i)+j)。

反过来,使用 * 运算的逆运算 & 也可以将一个列指针转化为一个行指针,如 &(*p)就是行指针 p。

类似地,行、列指针的关系也适用于行、列指针常量。如二维数组的名字作为地址常量是一个行指针,因此,如果用指针法访问数组元素 a[i][j],则可以写成 *(*(a+i)+j)。

为了更好地说明行、列指针的关系,也可以绘制如图 7-6 所示的行、列指针逻辑示意图。该图从逻辑上更直观地展示了行指针和列指针的区别和联系。

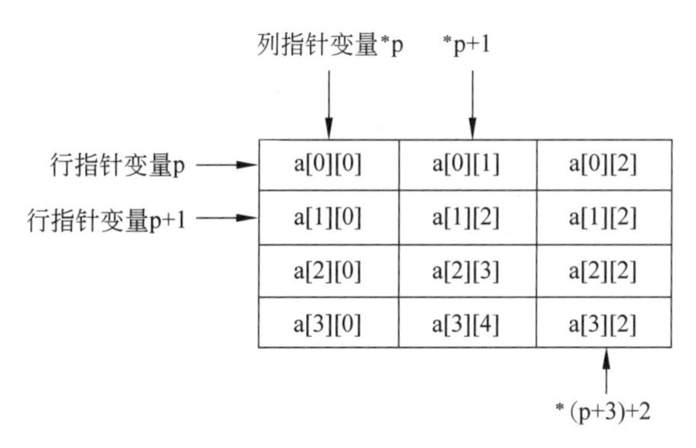

图 7-6　指向二维数组的行、列指针关系的逻辑示意图

要注意的是,逻辑示意图是为了从逻辑上帮助人们理解行、列指针关系的示意图,实际上,在物理内存中,二维数组还是按照图 7-5 所示的样子进行线性存储的。

3）行指针的赋值运算

在给行指针赋值或进行初始化时，也应将行指针值赋予行指针变量，而不能使用列指针值。如本例中的二维数组名字 a 就是一个行指针常量，可以用于给行指针变量赋值：p＝a。或者由于 a[0]是二维数组第一行元素的首地址，是一个列地址，因此也可以使用 &a[0]将列地址转化为行地址给 p 赋值。

对例 7-10 中的问题，重新采用行指针进行处理，如例 7-11 所示。

视频

例 7-11 使用行指针输出数组的全部元素。

程序代码如下：

```
#include<stdio.h>
int main()
{   int i,j,x[4][3]={{1,5,9},{2,6,10},{3,7,11},{4,8,12}};
    int (*p)[3];
    p=x;                                   /*行指针常量 x 赋值给行指针变量 p*/
    for(i=0;i<4;i++)
        for(j=0;j<3;j++)
            printf("%3d",*(*(p+i)+j));
    return 0;
}
```

也可以采用如下的方法将行指针转换成列指针，再依次扫描二维数组的每一个元素，程序代码如下：

```
#include<stdio.h>
int main()
{   int i,j,x[4][3]={{1,5,9},{2,6,10},{3,7,11},{4,8,12}};
    int (*p)[3];
    p=x;                                   /*行指针常量 x 赋值给行指针变量 p*/
    for(i=0;i<12;i++)
            printf("%3d",*(*p+i));
    return 0;
}
```

视频

例 7-12 将“对 8 个参赛国家名称按在英文字典中的顺序进行排序”的问题用字符行指针实现。

分析：本题中需要使用行指针来处理多个字符串的排序。

程序代码如下：

```
#include<stdio.h>
#include<string.h>
int main()
{   int i,j;
    char str[10];
    char s[8][10]={"Poland","Japan","Italy","Russia","Brazil","France",
    "Canada","China"};
    char (*p)[10]=s;
    for(i=0;i<7;i++)
```

```
    {   for(j=0;j<7-i;j++)
        {  if(strcmp( * (p+j), * (p+j+1))>0)
           {   strcpy(str, * (p+j));
               strcpy( * (p+j), * (p+j+1));
               strcpy( * (p+j+1),str);
           }
        }
    }
    printf("the resort country is:\n");
    for(i=0;i<8;i++)
        printf("%s ",p[i]);
    return 0;
}
```

程序中,二维数组 s 中存储多个字符串的逻辑示意图如图 7-7 所示。p 为指向二维字符数组 s 的行指针,* p 为列指针,指向其中的一个字符串的首地址,类似一维字符数组的名字,可以表达该一维数组中存储的字符串。因此在程序中,用 * (p+j)来表达每一个字符串,参与比较。

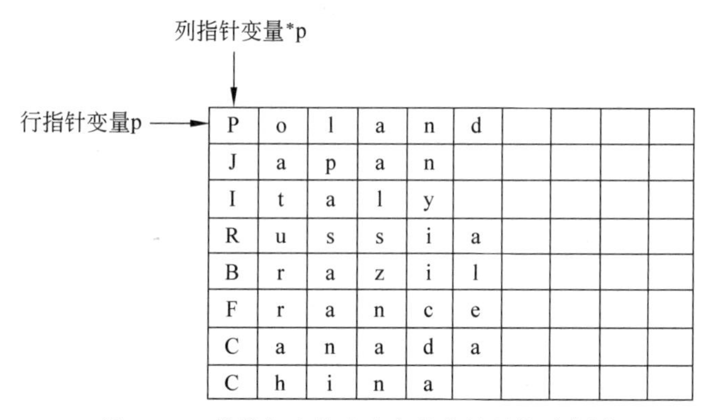

图 7-7　二维数组存储多个字符串的逻辑示意图

练习 7-4　用行指针处理已知二维数组,求其主对角线元素的和。

7.4　指针与函数

本节介绍指针作为函数的参数、返回值为指针的函数以及指向函数的指针等涉及指针与函数关系的基本应用。

7.4.1　指针作为函数的参数

通过第 6 章的介绍可以知道,变量作为函数的参数有值传递和地址传递两种情况。要说明的是,不论是采用值传递还是地址传递,数据的传递都是单方向的,即由主调函数向被调函数传递。其中，值传递是将变量值的一个副本传递给被调函数供其使用；而地址传递则是通过数组和本章介绍的指针变量将一个地址传递给被调函数：对于简单变量，传递的是简单变量的地址；如果是数组，则传递的是第一个数组元素的地址。地址传递使得被调函数拥有对主调函数中相应数据的访问权限(包括读和写的权限)，因此通过地址传递，可以将被调函数中产生的计算结果直接写回到相应地址所指向的空间中，从而给主调函数和被调函数间的通信带来极大的便利。

下面就是采用指针对基本类型变量进行地址传递的例子。

视频

例 7-13 编写函数，交换两个变量的值。

程序代码如下：

```
#include<stdio.h>
void swap(int * x,int * y)          /* 指针作为函数的参数 */
{   int z;
    z= * x;                         /* 用指针操纵主函数中的变量 a 和 b,完成二者值的交换 */
    * x= * y;
    * y=z;
}
int main()
{   int a ,b;
    scanf("%d%d", &a, &b);
    printf("A=%d\tB=%d\n", a, b);
    swap(&a, &b);                   /* 函数调用,将变量 a 和 b 的地址分别赋给形参指针 x 和 y */
    printf("A=%d\tB=%d\n", a, b);
    return 0;
}
```

运行情况：

```
4 8↙
A=4        B=8
A=8        B=4
```

练习 7-5 编写函数，求两个整数的最小公倍数(用指针作函数的参数)。

除了例 7-13 中的情况以外，在主调函数向被调函数传递一组数据时也可以采用指针作为参数的形式。指针作为函数的参数与数组作为函数的参数在本质上是一致的，都是地址作为函数的参数。此时，形参通常为指针型变量或数组型变量，而实参则是指针型常量、变量或数组型常量、变量。

例 7-14 编写函数，计算 Fibonacci 数列的前 20 项，并在主函数中输出。

视频

```
#include<stdio.h>
int main()
{   int * px, x[20]={1,1}, i;
    void GenFib(int * m);
    px=x;
    GenFib(px);
    for(i=0;i<20;i++)
        printf("%d  ", x[i]);
```

```
    return 0;
}
void GenFib(int * m)
{   int i;
    for(i=2;i<20;i++)
        * (m+i)= * (m+i-1)+ * (m+i-2);
}
```

本程序示意了形参和实参都采用指针变量来解决问题的形式,其他组合形式如表 7-1 所示。

表 7-1 指针或数组作函数参数的不同组合形式

被调函数定义时的形参形式	函数调用时采用的实参形式
形参用指针形式 void GenFib(int * m)	实参用指针变量 GenFib(px)
形参用数组形式 void GenFib(int m[20])	实参用数组常量 GenFib(x)
形参用指针形式 void GenFib(int * m)	实参用数组常量 GenFib(x)
形参用数组形式 void GenFib(int m[20])	实参用指针变量 GenFib(px)

练习 7-6 将例 7-12“对 8 个参赛国家名称按在英文字典中的顺序进行排序”的问题用指针作函数参数实现。

使用指针或数组作函数的参数还常常用在如下场合,极大地方便了实际问题的解决。

例 7-15 在主函数中定义 6 * 30 的二维数组 a,各元素值由如下算式生成:a[i][j]=12 * sin(i * 2.3+j * 3.4+1.5)(i=0,1,…,5,j=0,1,…,29),编写函数,求该组数中正数元素的个数和负数元素的平均值,并在主函数中输出这两个值。

分析:例 7-15 中,自定义函数需要有两个返回值。由于受限于每次只能返回一个值,return 语句无能为力。此时,可以采用地址传递的方式:需要几个返回值,就设几个指针类型的形参作为函数的参数。同时在主调函数中定义相应的存放结果的几个变量。进行函数调用时,将主调函数中用于存放结果的变量的地址作为实参传递给被调函数的形参,从而让每个指针类型的形参指向主调函数中用来存放结果的变量。由此,在被调函数中就可以通过这些指针形参来修改主调函数中相应变量的值了。从而达到将多个结果返回的目的。

程序代码如下:

```
#include<stdio.h>
#include<math.h>
int main() {
    int a[6][30];
    int i,j;
    int n;
```

```
    float avg;
    for(i=0;i<6;i++)
        for(j=0;j<30;j++)
            a[i][j] =12 * sin(i * 2.3+j * 3.4+1.5);
    void nAvg(int a[6][30],int * pn,float * pavg);
    nAvg(a,&n,&avg);
    printf("正数的个数为: %d,负数的平均值为: %.2f",n,avg);
    return 0;
}
void nAvg(int p[6][30],int * pn,float * pavg) {
    int m=0; //记录负数的个数
    int i,j; * pn=0; * pavg=0;
        for(i=0;i<6;i++)
            for(j=0;j<30;j++)
                if(p[i][j]>0) ( * pn)++;
                else if(p[i][j]<0)
                    {   m++;
                        ( * pavg)+=p[i][j] ;
                    }
                    * pavg= ( * pavg)/m;
}
```

例 7-15 中,各变量之间的关系如图 7-8 所示。子函数中的形参 p 指向了主函数二维数组的首地址,从而可以通过 p 来读取 a 数组的每一个元素。子函数中的形参指针 pn 和 pavg 分别指向了主函数的整型变量 n 和浮点型变量 avg。因此,在子函数中通过使用指针访问目标变量的方式访问主函数中用于存放结果的变量。最终起到将函数的运算结果反馈给主调函数的作用。

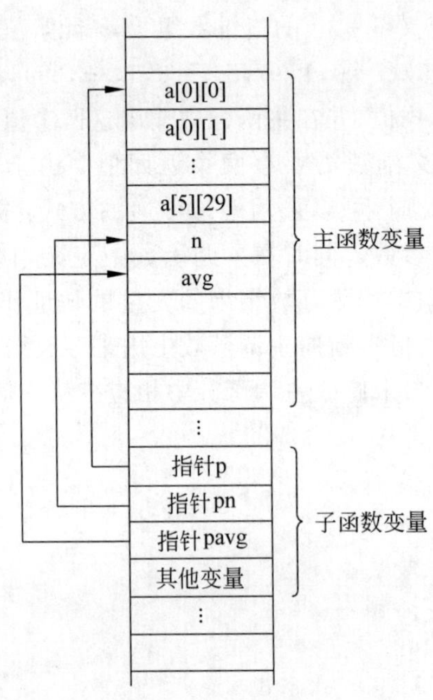

图 7-8　子函数指针类型形参与主调函数中目标变量的对应关系示意图

7.4.2 返回值为指针的函数

函数在被调用后返回主调函数时可以返回一个值给主调函数，这个值的类型可以是整型、字符型和实型，也可以是指针。返回值为指针的函数定义的一般形式如下：

类型说明符 *函数名(形参表){函数体}

类型说明符指明返回指针所指向目标变量的类型，*号放在函数名前表明该函数的返回值是一个指针，例 7-16 就是一个函数返回值为指针的例子。

例 7-16 编写函数，找到一组成绩中的最大值。用返回值为指针的函数实现。

视频

分析：本例中将返回一个全局变量的指针来解决该问题。子函数即将返回时各变量的取值情况如图 7-9 所示。

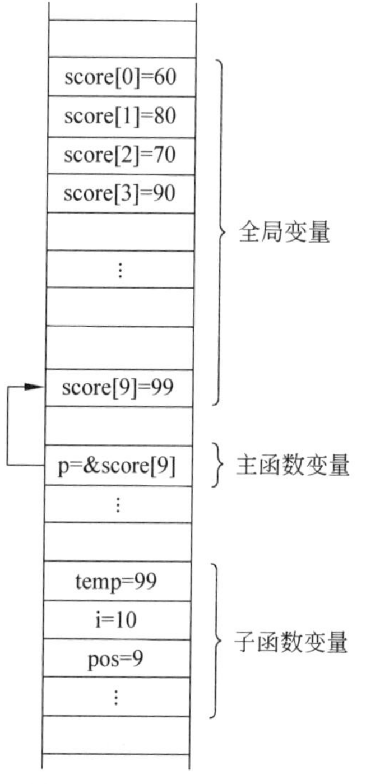

图 7-9 子函数即将返回时各变量取值情况

程序代码如下：

```
#include<stdio.h>
int score[10]={60,80,70,90,88,96,87,78,99};
int *GetMax();
main()
{
    int *p;
    p=GetMax();
    printf("Max value is:%d", *p);
    return 0;
}
int *GetMax()
{
    int temp;
    int i,pos=0;
    temp=score[0];
    for(i=0;i<10;i++)
        if(score[i]>temp)
        {
            temp=score[i];
            pos=i;
        }
    return &score[pos];
}
```

值得一提的是，在函数返回指针时，不能试图返回局部变量的指针。如例 7-16 中，如果 int score[10]={60,80,70,90,88,96,87,78,99};是定义在自定义函数内部的局部变量,则不能返回 &score[pos]。因为局部变量的作用域局限于函数内部,随着函数的返回,该地址将会被释放而变得无效。

视频

例 7-17 用随机数随机生成一个 5×5 的二维数组,编程求二维数组中每行元素的最大值并输出。用返回指针值的函数来实现。

程序代码如下:

```
#include<stdio.h>
#include<stdlib.h>
#include<time.h>
int *MaxValue(int t[],int n)        /*定义返回指针的函数*/
{   int *p=t;
    int i;
    for(i=0;i<n;i++)
        if(*p<t[i])
            p=&t[i];
    return p;
}
int main()
{   int x[5][5],j,k,*pl=x[0];
    srand(time(0));
    int (*px)[5]=x;                 /*定义行指针*/
    for(j=0;j<25;j++)
        *pl++=rand();               /*使用指针 pl 把随机数赋给数组*/
    for(j=0;j<5;j++,px++)
    {    pl=MaxValue(*px,5);        /*实参*px将行指针 px 指向的每一行的首地址传递
                                      给子函数*/

        printf("%d\t",*pl);
    }
    return 0;
}
```

运行结果:

```
26500  29358  28145  11942  32391
```

例 7-17 中,尽管子函数返回值 p 为函数内部定义的局部变量,但 p 中的值是主函数中定义的二维数组的某个元素的地址。当子函数返回时,该地址仍然有效,因此可以作为返回值返回。

7.4.3 函数指针

前面介绍了如何定义指针变量,让其指向某一个普通变量,从而使用指针间接操纵变量内数据的方法。对于函数,同样也可以定义指向函数的指针,从而得到一种间接操纵函数的方法。

指向函数的指针存放的是某个函数的首地址，这种能够保存函数地址的指针也称为**函数指针**。与数组名字代表数组的首地址类似，函数名字就是一个函数的首地址。只要把函数的地址赋给函数指针，就可以通过该指针间接调用该函数。

定义函数指针的一般形式如下：

类型说明符　(*指针变量名)(参数列表)

其中，*表示要定义一个指针；指针变量名为一个标识符，表示所定义指针的名字；类型说明符和(参数列表)则表明了所指向函数的定义形式。

函数指针在调用时要采用如下的形式：

(*指针变量名)(实参列表);

例 7-18　定义两个函数，分别求两个整数的和与差，使用函数指针调用函数求解。

视频

程序代码如下：

```
#include<stdio.h>
int sub(int x,int y)
{   return x-y;
}
int add(int x,int y)
{   return x+y;
}
int main()
{   int a=3,b=9,j;
    int (*p)(int,int);          /*定义函数指针 p、参数个数和形参类型*/
    p=add;                      /*将函数 add 的地址赋给函数指针 p*/
    j=(*p)(a,b);                /*通过函数指针调用函数,函数返回值赋给变量 j*/
    printf("Add=%d\n",j);
    p=sub;                      /*将函数 sub 的地址赋给函数指针 p*/
    a=-7;
    b=4;
    j=(*p)(a,b);                /*通过函数指针调用函数,函数返回值赋给变量 j*/
    printf("Sub=%d\n",j);
    return 0;
}
```

运行情况：

```
Add=12
Sub=-11
```

7.5　指针数组和指向指针的指针

本节介绍指针数组以及指向指针的指针基本应用。

7.5.1 指针数组

指针数组与第 5 章介绍的数组不同，指针数组每个元素保存的是地址值，也就是指针。

指针数组定义的一般形式如下：

类型说明符 * 指针变量名[数组元素个数]

其基本含义为定义一个数组，该数组的每一个元素都是一个指向类型说明符所指数据类型的指针。

当指针数组的每个元素保存的是字符型指针时，就得到字符型指针数组。字符指针数组常常用于多个字符串(即字符串集合)的处理，如例 7-19 所示。

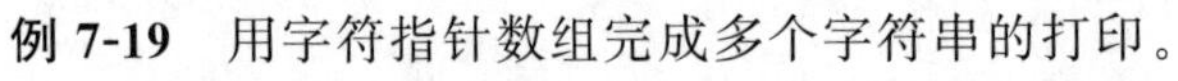

例 7-19 用字符指针数组完成多个字符串的打印。

视频

程序代码如下：

```
#include<stdio.h>
int main()
{   int i;
    char ch[3][128]={"This is a Point","This is a String","It is a Array"};
    char * cp[4];
    char s='A';
    for(i=0;i<3;i++) /* 指针数组的前 3 个元素用于分别指向 3 个字符串常量的首地址 */
        cp[i]=ch[i];
    cp[3]=&s;        /* 下标为 3 的指针数组变量用于指向简单字符变量 s */
    for(i=0;i<3;i++)
        puts(* (cp+i));
    putchar(* cp[3]);
    return 0;
}
```

运行情况：

```
This is a Point
This is a String
It is a Array
A
```

要特别注意的是，例 7-19 中二维字符数组 ch 和字符指针数组 cp 本质上都是行指针，在使用时需要注意行列指针的匹配问题。

例 7-20 输入星期的数码，输出对应的星期英文名。

程序代码如下：

```
#include<stdio.h>
int main()
```

```
{   char *weekname[]={"","Monday","Tuesday","Wednesday",
                        "Thursday","Friday","Saturday","Sunday"};
    int week;
    while(1)
    {
        printf("\nEnter week No:");
        scanf("%d",&week);
        if(week>=1 && week<=7)
            printf("week %d: %s",week,weekname[week]);
        else
        {
            printf("Run end !");
            break;
        }
    }
    return 0;
}
```

运行情况：

```
Enter week No:1
week 1: Monday
Enter week No:0
Run end !
```

在例 7-20 中，weekname 为字符指针数组，该数组的每个元素为指向一个字符串的指针。因此，weekname[week]就代表了一个字符串的首地址，可以按照前面介绍的处理字符串的方式对其进行各种操作。

练习 7-7 用字符指针数组完成对多个字符串从小到大进行排序。

7.5.2 指向指针的指针

一个指针可以指向整型变量、实型变量或字符型变量，也可以指向指针类型的变量。当指针变量指向一个指针类型变量或一个指针变量的值是另一个指针变量的地址值时，称这种指针为**指向指针的指针变量**，简称**指针的指针**。指向指针的指针变量定义的一般形式为

类型说明符　** **指针变量名

指针的指针、指针以及普通变量之间的关系如图 7-10 所示。其中，整型变量 x 的地址是 01244468，将变量 x 的地址传递给指针变量 p1，则 p1 指向变量 x；指针变量 p1 的地址是 01244471，将其传递给指针变量 p2，则指针变量 p2 指向指针 p1，因此 p2 就是指向指针的指针变量。

例 7-21 示意了指向指针的指针变量的基本使用方法。

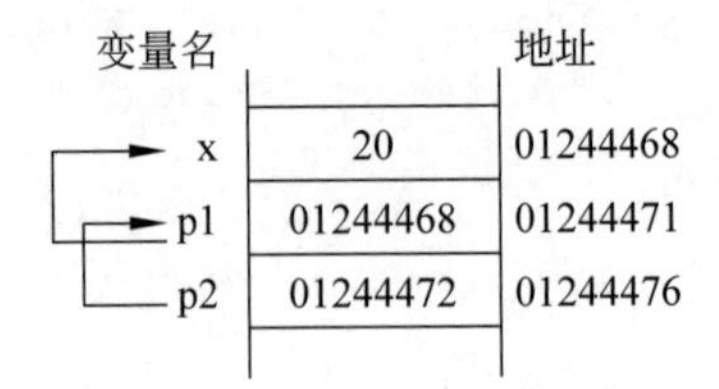

图 7-10　指针的指针、指针以及普通变量之间的关系

例 7-21　指向指针的指针变量。

```
#include<stdio.h>
int main()
{   int x[5]={1,3,5,7,9},y[2][2]={2,4,6,8},z=10;
    int *px,*py,*pz,**p;              /* p是指向指针的指针变量 */
    int i,j;
    pz=&z; p=&pz;
    printf("*pz=%d\t**p=%d\t*(*p)=%d\n",*pz,**p,*(*p));
                                      /*用指向指针的指针变量p输出变量*/
    px=x; p=&px;
    for(i=0;i<5;i++)
         printf("%d\t",*(*p+i)); /*用指向指针的指针变量p输出一维数组*/
    printf("\n");
    py=y[0]; p=&py;
    for(i=0; i<2;i++)
    {   for(j=0;j<2;j++)
            printf("%d\t",*(*p+i*2+j));
                                      /*用指向指针的指针变量p输出二维数组*/
        printf("\n");
    }
    for(i=0; i<2;i++)
    {   py=y[i];    p=&py;
        for(j=0;j<2;j++)
            printf("%d\t",*(*p+j)); /*用指向指针的指针变量p输出二维数组*/
        printf("\n");
    }
    return 0;
}
```

运行情况：

```
*pz=10    **p=10    *(*p)=10
1         3         5         7         9
2         4
6         8
2         4
6         8
```

例 7-22 用指向指针的指针来访问字符指针数组的元素，对多个字符串进行处理。

分析：用指向指针的指针来处理字符指针数组和用指针处理简单类型的一维数组的过程类似，只不过字符指针数组中每个元素都是一个字符串的首地址。

视频

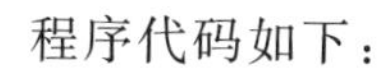

程序代码如下：

```
int main()
{
    char * weekname[]={"","Monday","Tuesday","Wednesday",Thursday",
    "Friday","Saturday","Sunday" };
    char **p;
    int i;
    for(i=0;i<8;i++)
    {   p=weekname+i;
        printf("%s\n", * p);
    }
    return 0;
}
```

例 7-22 中，i 从 0 到 7 变化时，p 的值依次指向第一行、第二行……，直到最后一行，* p 则代表该行的列地址，代表了这一行的字符串，可将该字符串输出。

7.5.3 命令行参数与字符指针数组

在执行程序时可以通过命令行把两个参数传给一个程序，这种数据参数的传递是在主函数 main 开始执行时完成的。这种带有参数的主函数定义的基本形式如下：

类型说明符 main(int argc,char * argv[])

其中，类型说明符是主函数的类型说明，可以为 int 或 void 类型，分别表示主函数 main 有整型返回值，或者主函数不需要返回值。参数 argc 代表命令行输入参数的个数，参数 argv 是字符指针数组，用来保存在命令行中输入的各个命令的首地址。

在命令行中使用命令行参数调用程序，程序运行时把命令行中参数的个数传递给整型 argc，把命令行中的各个命令字符串的首地址赋给字符指针数组 argv，字符指针数组的大小由命令行中参数的个数决定。

例 7-23 从键盘输入运行程序的名称和参数，打印参数的个数和程序名及各命令参数字符串。

视频

程序代码如下：

```
#include<stdio.h>
int main(int n,char * str[])
{   printf("%d\n",n);
```

```
    while(--n>=0)
        puts(*str++);
    return 0;
}
```

运行情况：

```
tcopy c:mfile.doc e:yfile.doc ↙
3
tcopy
c:mfile.doc
e:yfile.doc
```

运行的程序名称为 tcopy.exe，在执行程序时首先输入程序名，在程序名的后面是两个参数 c：mfile.doc 和 e：yfile.doc。从键盘输入的命令行有 3 个字符串，命令行字符串的个数传递给主函数的参数 n，命令行中的字符串传给主函数的参数 str，在主函数中 str 是字符指针数组，str[0]指向 tcopy，str[1] 指向“c：mfile.doc”，str[2]指向“yfile.doc”。

在程序执行的过程中，可以利用命令行参数对需要变动的操作在程序开始执行时输入计算机中，程序再根据命令行参数的内容按预先设计处理方案处理数据。

本章小结

指针就是地址，是一个常量概念，用于存放指针的变量是指针变量。指针变量定义后，需要通过初始化或赋值的方式赋予一个合法的地址空间方可使用，否则会造成悬空指针的问题，需要特别注意。

指针相关的运算有取址运算（&）、取值运算（*）、加减一个常数的运算和关系运算等。

定义了指向数组元素的指针后，就可以将指针和数组之间建立联系，从而通过指针的方式访问数组的每一个元素，数组的每个元素可以通过指针法和下标法来访问。

也可以定义指向一组数据的指针——行指针，与二维数组建立联系，从而对二维数组元素的访问也可以通过指针进行。

指针作为函数的参数，是一种地址传递方式，可以将主调函数中某个变量的地址传递给被调函数，从而使得被调函数拥有了对主调函数相应空间的读写访问权限。

函数的返回值也可以为指针，即将子函数中产生的结果的地址返回给主调函数。

如果一个数组的每个元素都是指针，就构成了指针数组。如果定义一个指针指向一个指针变量，就得到一个指向指针的指针。

习　题　7

一、客观题

1. 设已有定义：float x;，对指针变量 p 正确定义赋初值的是________。

A. float ＊p＝2000;　　B. int ＊p＝(float) x;

C. float p＝&x;　　D. float ＊p＝&x;

2. 已有定义：int x[10]，＊p;，能正确赋值的语句是________。

A. p＝&x;　　B. p＝x[0];　　C. ＊p＝&x[0];　　D. p＝x;

3. 在下列定义字符串语句中，错误的定义语句是________。

A. char x[10];x＝"Program";　　B. char ＊x;x＝"Program";

C. char x[10]＝"Program";　　D. char ＊x[]＝{"P","r","o"};

4. 以下程序从键盘读入一个数据 2000，输出的数据是________。

```
#include<stdio.h>
void main()
{   int x=10, * p=&x;
    scanf("%d",& * p);
    printf("%d\n", * p);
}
```

A. 2000　　B. 10　　C. 2010　　D. 随机数

5. 以下程序的运行结果是________。

```
int main()
{   char * string="I love BUCT!";
    printf("%s\n",string+7);
    return 0;
}
```

A. I love BUCT!;　　B. love;

C. BUCT!;　　D. B;

6. 设已有定义：int (＊p)[5]，x[2][5];，对指针变量 p 正确赋初值的是________。

A. p＝x;　　B. p＝&x[5];　　C. p＝&x;　　D. ＊p ＝&x;

7. 设已有定义：int ＊p[5];，变量 p 是________。

A. 若干个整型变量的指针　　B. 指向一维数组的指针

C. 一个整型指针数组　　D. 以上都不对

8. 以下程序的运行结果是________。

```
#include<stdio.h>
int main()
```

```
{   char * st[2]={"abcd","efgh"};
    puts( * (st+1));
    return 0;
}
```

A. 输出 st 数组元素的值是 abcd efgh

B. 输出字符串 abcd 的地址

C. 输出 st 数组元素的值是 efgh

D. 输出字符串 efgh 的地址

二、编程题

用指针方法编程处理如下问题。

1. 求两个数的最大公约数。

2. 从键盘输入一组数据,将这组数据逆序输出。

3. 从键盘输入一串字符,将其中的数字均改为 *,输出修改后的字符串。

4. 对存放在文件中的一组数据进行冒泡排序。

5. 将一个 3×3 矩阵每行中最大的元素放到行首,最小的元素放到行尾,并输出。

6. 某数、理、化三项竞赛训练组有 3 个人,3 人各自的三项成绩(0～100)均记录在文件 score.txt 中。编程找出其中至少有一项成绩不合格者(<60),分别用行指针和列指针实现。

7. 编写函数,将字符串进行加密处理,并将加密后的串输出。(加密方法:每个字符取其 ASCII 码表中后面第 5 个元素。)

8. 编写函数,实现字符串的复制。

9. 编写函数,求一个 5×5 矩阵的转置矩阵。

10. 编写函数 rev_string,用于将参数字符串中的字符反向排列,其原型可参考如下形式:

```
void rev_string(char * string)
```

三、应用与提高题

用指针方法编程处理如下问题。

1. 用指针对存放在文件 data.txt 中的 10 个数(99,76,2,4,0,86,55,−10,200,11)进行选择法排序。

2. 编程实现,用户从键盘输入月份的数码,输出对应的月份英文名,用字符指针数组实现。

3. 某班 30 名学生三门课的成绩都按学号的顺序存储在文件 chengji.txt 中,请编写程序对全班学生进行排名,并求出各门功课的全班平均成绩。

4. 编写函数,求含有 10 个元素的已知浮点数组的平均值和最大元素所对应的下标,并在主函数中输出这两个值(假设 10 个元素中最大值是唯一的,分别采用传值、全局变量和指针作为函数参数的方法实现)。

5. 编写一个函数，用来求一组整数的方差和中位数(用指针作函数参数的方法实现)。

6. 用指向函数的指针实现求定积分的通用函数 $\int_a^b f(x)\mathrm{d}x$ ，并分别计算 $f(x)=1+x$，$f(x)=\sin(x)$，$f(x)=\mathrm{e}^x$ 等函数在区间[1,3]上的定积分。

7. 用指向指针的指针对 8 个字符串进行排序。

8. IP 地址的转换：一个 IPv4 地址由 32 位二进制数组成，输入 32 位二进制字符串，用指针处理该字符串，将其转化成十进制格式的 IP 地址输出。如：用户输入 10001010110010101110101000010111，则程序输出 138.202.234.23。

9. 将习题 6 应用与提高题中的第 6 题改为用指针方法实现。

第8章 结构体

本章主要内容：

- 结构体类型的声明；
- 结构体变量的定义、引用；
- 结构体数组、结构体指针的使用；
- 动态存储分配和链表；
- 共用体、枚举类型和命名类型。

8.1 引　　例

例 8-1 设计一个学生成绩单并输出，要求有班级（cls）、学号（number）、姓名（name）、性别（gender）和成绩（score）等信息。

程序代码如下：

```
#include<stdio.h>
struct student          /*声明一个结构体类型 struct student*/
{   char cls[20];       /*班级*/
    long number;        /*学号*/
    char name[20];      /*姓名*/
    char gender;        /*性别*/
    float score;        /*成绩*/
};
int main()
{   int i;
    struct student s[4]={{"computer001",840010,"Zhao Yan",'F',82},
                        {"computer001",840020,"Wang Xin",'M', 91.5},
                        {"computer001",840030,"Wang Shan",'M',73},
                        {"computer001",840040,"Zhang zhang",'M',70.5}};
    for(i=0;i<4;i++)
        printf("%s,%ld,%s,%c,%f\n",s[i].cls,s[i].number,s[i].name,
               s[i].gender,s[i].score);
```

```
        return 0;
}
```

本例中定义了一个新的数据类型,其结构如图 8-1 所示。

班级	学号	姓名	性别	成绩
cls	number	name	gender	score

图 8-1　学生成绩单结构

这种类型是 C 语言提供的一种构造类型,能集不同数据类型于一体,以方便程序设计者简化程序设计,该类型称为“结构体”类型 struct student,它和系统提供的标准数据类型具有同样的作用。

8.2　结构体类型的声明和变量的定义

结构体类型是用户根据需要建立的数据类型,在使用前需要先声明一个结构体类型,然后定义该结构体类型的变量。

8.2.1　结构体类型的声明

结构体类型的声明是根据实际情况进行的,声明结构体类型的一般形式为

```
struct 结构体名
{成员列表
};
```

关于结构体类型的声明,有如下几点说明。

(1) 结构体类型的名字通常由两部分组成:第一部分是关键字 struct,第二部分称为“结构体名”,它是由程序设计者按标识符命名规则命名的。这两者联合起来组成一个“类型名”。

(2) 大括号内是该结构体的成员(或称“域”)列表,由它们组成一个结构体,其一般形式为

```
数据类型 1   成员名 1;
数据类型 2   成员名 2;
⋮
数据类型 n   成员名 n;
```

(3) 各个成员可以是基本数据类型,也可以是结构体类型,即结构体类型定义允许嵌套。例如:

```
struct date                    /* 声明一个结构体类型 struct date */
{   int month;                 /* 月 */
```

```
    int day;                   /* 日 */
    int year;                  /* 年 */
};
struct stud                    /* 声明一个结构体类型 struct stud */
{   char cls[20];
    long number;
    char name[20];
    char gender;
    struct date birthday;      /* 出生日期 */
    float score;
};
```

struct date 作为一个结构体类型名，出现在结构体类型 struct stud 的声明中，将成员 birthday 声明为 struct date 类型，其结构如图 8-2 所示。

cls	number	name	gender	birthday			score
				month	day	year	

图 8-2　一种嵌套的结构体类型

8.2.2　结构体类型变量的定义

结构体类型变量的定义与其他类型变量的定义一样，但由于结构体类型需要针对问题事先自行定义，所以结构体类型变量的定义形式更加灵活，共有如下 3 种方法。

1. 用已声明的结构体类型定义结构体类型变量

一般形式为

struct　结构体名　变量名表;

例如，前面已声明了一个结构体类型 struct student，可以用它来定义结构体变量：

```
struct student student_1,student_2;  /* 定义两个结构体变量 student_1 和 student_2 */
```

2. 在声明结构体类型的同时定义结构体变量

将类型声明和变量定义放在一起，其一般形式为

```
struct 结构体名
{ 成员名表
}变量名表;
```

例如：

```
struct student
{   char cls[20];
```

```
    long number;
    char name[20];
    char gender;
    float score;
}student_1,student_2;
```

3. 直接定义结构体类型变量

这是一种无名的结构体类型变量定义,其一般形式为

struct
{ 成员名表
}变量名表;

即在结构体类型声明中不给出结构体名,而直接定义结构体变量。但此结构体类型不能再对其他结构体变量进行直接定义。例如:

```
struct
{   char cls[20];
    long number;
    char name[20];
    char gender;
    float score;
}student_1,student_2;
```

关于结构体类型,需要注意以下两点。

(1) 在编译时,结构体类型的声明并不引起存储空间的分配,而对结构体类型变量的定义则要按结构体类型声明中给出的成员类型分配相应的存储空间。

数据类型占用的字节数与机器和编译器相关,存储对齐规则也是如此。计算机存储数据一般以字为单位,字长通常是 2 字节或 4 字节,因而在结构体类型变量的存储区域可能会存在一些"空洞"。例如:

```
struct test
{   char a;
    int b;
};
```

如果当前计算机字长为 4 字节,结构体的每个成员按字边界对齐,则在这个例子中,成员 a 占用 1 字节,之后存在 3 字节的"空洞",成员 b 占用 4 字节,该类型的结构体变量在内存中总共占用 8 字节。使用 sizeof 函数能获取结构体变量在当前计算机中占用的字节数,例如:sizeof(struct test)。

(2) 结构体变量的定义只能在结构体类型声明之后进行。

8.2.3 结构体变量的引用

在定义了结构体变量后,就可以对其进行引用,引用结构体变量应遵循如下规则。

（1）由于结构体变量中各个成员的类型不尽相同，一般情况下只能引用结构体变量的成员，而不能整体引用结构体变量。

在无嵌套的情况下，引用结构体变量成员的一般形式为

结构体变量名.成员名

其中，"."称为成员运算符，它在所有的运算符中优先级最高，这样引用的成员相当于一个普通变量，例如：

```
student_1.number      /* 结构体变量 student_1 的成员 number,相当于一个长整型变量 */
student_1.name        /* 结构体变量 student_1 的成员 name,相当于一个字符数组名 */
```

（2）在有嵌套的情况下，要访问的应是最低级成员（称为基本成员），因为只有基本成员直接存放数据，此时，要连用多个成员运算符才能完成，其引用的一般形式为

结构体变量名.成员名.….成员名.基本成员名

即从结构体变量名开始，用成员运算符"."逐级向下连接嵌套的成员直到基本成员，而不能省略，例如：

```
struct stud stud_1;     /* 定义结构体变量 stud_1 */
stud_1.birthday.year    /* 结构体变量 stud_1 的成员 birthday 的成员 year,相当于一个整
                           型变量 */
```

（3）对结构体变量的成员，在用法上可以像普通变量一样进行各种运算（根据其类型决定可以进行的运算）。同时，由于结构体各个成员的类型不尽相同，对结构体变量赋值也只能对其成员进行。

由于成员运算符"."的优先级最高，在表达式中的结构体变量成员不需要加括号，例如：

```
student_1.score=91.5;            /* 将 91.5 赋给 student_1.score */
sum=student_1.score+student_2.score;
                                 /* 将 student_1.score 和 student_2.score 相加赋给 sum */
student_1.gender=student_2.gender;  /* 将 student_2.gender 赋给 student_1.gender */
```

（4）结构体变量的输入和输出也都只能对其成员进行，而不允许对结构体变量整体进行，这与数组的情况类似。例如：

```
scanf("%ld",&student_1.number);        /* 输入 student_1.number 的值 */
printf("%o",&student_1);               /* 输出 student_1 的首地址 */
```

（5）C 语言规定同类型的两个结构体变量之间可以相互整体赋值，例如：

```
student_2=student_1;
```

8.2.4 结构体变量的初始化

结构体变量可以在定义时进行初始化，例如：

```
struct student student_1={"computer001",840010,"Zhao Yan",'F',82};
```

注意：初始化数据应与结构体变量的各个成员在位置上一一对应，对于嵌套的结构体变量，初始化是对各个基本成员赋初值。

例 8-2 初始化和输出结构体数据。

视频

程序代码如下：

```
#include<stdio.h>
struct date
{ int month;
  int day;
  int year;
};
struct stud
{ char cls[20];
  long number;
  char name[20];
  char gender;
  struct date birthday;
  float score;
};
int main()
{struct stud s={"computer003",840160, "Nin Ming",'F',{2,19,1990},81};
printf("class:%s\n",s.cls);
printf("number:%ld\n",s.number);
printf("name:%s\n",s.name);
printf("gender:%c\n",s.gender);
printf("birthday:%d/%d/%d\n",s.birthday.month,s.birthday.day,s.birthday.year);
printf("score:%.1f\n", s.score);
  return 0;
}
```

运行情况：

```
class:computer003
number:840160
name:Nin Ming
gender:F
birthday:2/19/1990
score:81.0
```

练习 8-1 定义一个结构体变量，其成员包括工号、姓名、工龄、职务和工资。通过键盘输入所需的具体数据并打印输出。

8.3 结构体数组

C 语言允许使用结构体数组，结构体数组的每一个元素都具有相同的结构体类型。在实际应用中，常用结构体数组来表示具有相同数据结构的一个实体集。

8.3.1 定义结构体数组

结构体数组的定义方法和结构体变量相似，只需用已声明的结构体类型定义数组即可。例如：

```
struct student
{    char cls[20];
     long number;
     char name[20];
     char gender;
     float score;
};
struct student s[3];
```

这里定义了一个数组 s，共有 3 个元素，每个元素均为 struct student 类型，这个数组在内存中占连续的一段存储单元。

8.3.2 结构体数组的初始化

结构体数组在定义时，可以对数组的部分或全部元素赋初值。初始化的方法与对二维数组进行初始化的形式相似，要将每个元素的数据分别用大括号括起来。例如：

```
struct student s[3]={{"computer001",840010,"Zhao Yan",'F',82},
                     {"computer001",840020,"Wang Xin",'M',91.5},
                     {"computer001",840030,"Wang Shan",'M',73}};
```

上述初始化的结果：将第一个大括号内的数据赋给 s[0]，第二个大括号内的数据赋给 s[1]，第三个大括号内的数据赋给 s[2]。

与简单类型数组的初始化类似，当赋初值的数据个数与所定义的数组元素个数相等时，数组元素个数可以省略不写。上例可简化为

```
struct student s[ ]={{"computer001",840010,"Zhao Yan",'F',82},
                    {"computer001",840020,"Wang Xin",'M',91.5},
                    {"computer001",840030,"Wang Shan",'M',73}};
```

数组各元素在内存中占连续的一段存储单元，如图 8-3 所示。

8.3.3 结构体数组的引用

一个结构体数组的元素相当于一个结构体变量，因此 8.2.3 节介绍的关于引用结构体变量的规则也适用于结构体数组元素。例如，对于上面定义的结构体数组 s，可以用数组元素与成员运算符相结合的方式引用某一数组元素中的成员。例如，s[i].number 表示引用下标为 i 的数组元素的 number 成员。由于该数组已初始化，当 i=0 时(即 s[0].number)，其值为

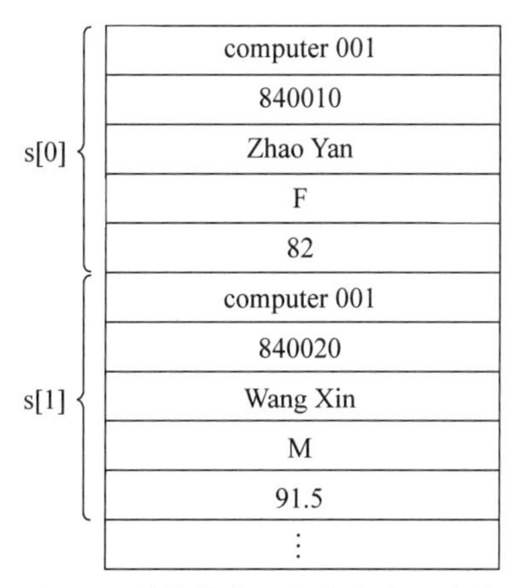

图 8-3　结构体数组在内存中的存储

840010;当 i=1 时,其值为 840020。

例 8-3　求一组复数的模,并根据复数的模由小到大的顺序对复数进行排序并输出(注:复数的模=$\sqrt{实部^2+虚部^2}$)。

分析:本例可以设置一个结构体数组,每个数组元素有 3 个成员,分别存储一个复数的实部、虚部和模。

视频

程序代码如下:

```
#define N 3
#include<stdio.h>
#include<math.h>
struct complex                              /* 定义复数结构体 */
{   float x;                                /* 实部 */
    float y;                                /* 虚部 */
    float m;                                /* 复数的模 */
};
void sort(struct complex a[N])              /* 按模的大小排序 */
{   int i,j;
    struct complex temp;
    for(i=0;i<N-1;i++)
        for(j=0;j<N-1-i;j++)
            if(a[j].m>a[j+1].m)
            {temp=a[j]; a[j]=a[j+1];a[j+1]=temp;}
}
int main()
{   struct complex  ca[N];                  /* 定义结构体变量 */
    int i;
    for(i=0;i<N;i++)
    {   scanf("%f%f",&ca[i].x,&ca[i].y);    /* 输入复数 */
        ca[i].m=sqrt(ca[i].x*ca[i].x+ca[i].y*ca[i].y);     /* 计算复数的模 */
```

```
    }
    sort(ca);
    printf("\nResult:\n");
    for(i=0;i<N;i++)
        printf("%.3f+%.3fi\n",ca[i].x, ca[i].y);
    return 0;
}
```

运行情况：

```
5.1  2↙
1   3.2↙
3   2↙
Result:
1.000+3.200i
3.000+2.000i
5.100+2.000i
```

练习 8-2 按练习 8-1 的条件定义一个有 10 名职工的结构体数组。编写程序，计算这 10 名职工的工资总和与平均工资。

8.4 结构体指针

定义了结构体变量，编译程序就为它在内存分配一串连续的存储区域，该存储区域的起始地址就是该结构体变量的地址。可以定义一个指针变量，用来存放一个结构体变量的地址，即该指针变量指向这个结构体变量，称其为**结构体指针变量**。

8.4.1 结构体指针变量的定义与引用

1. 结构体指针变量的定义

可以定义一个结构体指针变量指向一个结构体变量，它指向的是这个结构体变量所占内存单元的起始地址。例如：

```
struct student
{ char cls[20];
  long number;
  char name[20];
  char gender;
  float score;
}s1;
struct student * p;
p=&s1;
```

经过定义后，指针 p 指向了 struct student 类型的结构体变量 s1。

2. 结构体指针变量的引用

定义了结构体指针变量并使它指向某一结构体变量后，在程序中就可以通过该指针引用结构体变量中的成员。

用结构体指针变量 p 引用结构体变量中的成员有以下两种方法。

1）(* p).成员名

例如，要用指针 p 访问结构体变量 s1 的成员 number，则应采用(* p).number 的形式。

2）p->成员名

C 语言中常常用“p->成员名”代替“(* p).成员名”来引用结构体变量中的成员，它与 1）中的形式是等效的。因此，上面的(* p).number 也可以用 p->number 来代替。

其中，->是由一个减号“－”和一个大于号“>”组合成的，优先级别最高，结合方向是从左到右。因此，下面的表达式是等价的：

p->number+1 等价于(p->number)+1；

p->number++等价于(p->number)++ 。

3. 结构体指针的应用举例

例 8-4 用结构体指针输出结构体变量中的各个成员数据。

程序代码如下：

视频

```
#include<stdio.h>
struct student
{  char cls[20];
   long number;
   char name[20];
   char gender;
   float score;
};
int main()
{  struct student s={"computer001", 840010, "Zhao Yan",'F',82};
   struct student * p;
   p=&s;
   printf("Result1:\nClass:%s\nNo:%ld\nName:%s\nGender:%c\nScore%5.1f\n",s.cls,
   s.number,s.name,s.gender,s.score);
   printf("Result2:\nClass:%s\nNo:%ld\nName:%s\nGender:%c\nScore%5.1f\n",
   (* p).cls, (* p).number, (* p).name, (* p).gender, (* p).score);
   return 0;
}
```

运行结果：

```
Result1:
Class:computer 001
No:840010
Name:Zhao Yan
Gender:F
Score:82.0
Result2:
Class:computer 001
No:840010
Name:Zhao Yan
Gender:F
Score:82.0
```

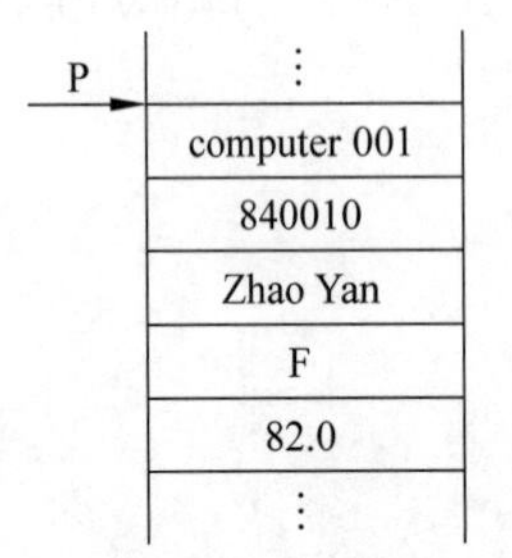

图 8-4　p 指向结构体变量的首地址

在程序中定义了指针变量 p 以后，还必须使这个指针指向一个具体的变量。语句“p=&s;”的作用是将结构体变量 s 的起始地址赋给 p，也就是使 p 指向 s，如图 8-4 所示。第一个 printf 函数使用结构体变量 s 输出其各成员的值。第二个 printf 函数也是用来输出 s 各成员的值，但使用的是指向结构体变量 s 的指针 p 这样的形式。

注意：p 两侧的括号不可以省略，因为成员运算符.优先于 * 运算符，* p.number 等价于 *(p.number)。

8.4.2　指向结构体数组的指针

数组名代表数组的起始地址，结构体数组的数组名也代表结构体数组的起始地址。一个指针变量可以指向一个结构体数组，也就是将该数组的起始地址赋给此指针变量。

视频

例 8-5　指向结构体数组的指针的应用示例。

程序代码如下：

```
#include<stdio.h>
struct count
{   int x;
    float y;
};
int main()
{   int i;
    struct count array[3] ={{1, 1.5}, {2, 2.5}, {3, 3.5} };
                                          /* 定义结构体数组 array 并初始化 */
    struct count * p=array;          /* 定义结构体指针变量 P,指向数组 array */
    for(i=0;i<3;i++)
```

```
    {   printf("%5d%5.1f\n",p->x,p->y);
        p++;
    }
    return 0;
}
```

运行情况：

```
1  1.5
2  2.5
3  3.5
```

例 8-5 中，p 是指向结构体类型数组 array 的指针变量。p 的初值为 array(p=array;)，也就是数组 array 第一个元素的起始地址。在循环过程中，p 依次指向后续的数组元素。

练习 8-3 编写程序，求空间任意两点间的距离。要求用结构体表示点的坐标，并用结构体指针实现。

8.4.3 结构体变量和指向结构体的指针作为函数参数

结构体变量作为函数的参数使用，其方式有如下 3 种。

(1) 用结构体变量的成员作参数。例如，用 student_1.number 作函数实参，将实参值传给形参。用法和普通变量作为实参相同，属于"值传递"方式。

(2) 用整个结构体变量作为实参。但这种方法占用内存多，传递数据速度慢，因此在时间和空间上开销较大。

(3) 用指向结构体变量(或数组)的指针作实参，将结构体变量(或数组)的地址传给形参。

例 8-6 编写可进行复数加、减法运算的程序。要求用自定义函数实现复数的加、减法运算。

视频

程序代码如下：

```
#include<stdio.h>
struct complex                                                /*声明复数类型*/
{   float x;                                                  /*实部*/
    float y;                                                  /*虚部*/
};
struct complex add(struct complex a, struct complex b)        /*复数加法*/
{   struct complex result;
    result.x=a.x+b.x;
    result.y=a.y+b.y;
    return result;
}
struct complex sub(struct complex a, struct complex b)        /*复数减法*/
```

```
{   struct complex result;
    result.x=a.x-b.x;
    result.y=a.y-b.y;
    return result;
}
void output(struct complex m)                                    /* 输出复数 */
{   if(m.x)
        printf("%.2f",m.x);
    if(m.y>0 )
        printf("+%.2fi\n",m.y);
    else if(m.y<0 )
        printf("%.2fi\n",m.y );
}
void input(struct complex *p)                                    /* 输入复数 */
{   scanf("%f,%f",&(p->x),&(p->y));}
int main()
{
    struct complex a,b,result;
    input(&a);
    input(&b);
    printf("a=");
    output( a );
    printf("b=");
    output( b );
    result=add(a,b);
    printf("a+b=");
    output(result);
    result=sub(a,b);
    printf("a-b=");
    output(result);
    return 0;
}
```

运行情况：

```
1,2↙
3,4↙
a=1.00+2.00i
b=3.00+4.00i
a+b=4.00+6.00i
a-b=-2.00-2.00i
```

在程序的前面声明了外部结构体类型 struct complex，这样，在同一源程序中的各函数都可以用它来定义变量。add()和 sub()函数中形参 a 和 b 均定义为 struct complex 类型的变量，output()函数中的形参 m 也定义为 struct complex 类型的变量，而 input()函数中的形参 p 定义为指向结构体的指针变量。

main()函数调用上述函数进行复数的读入，复数的加、减运算和复数输出。在调用 input()时，以结构体变量 a 的起始地址为实参向形参 p 进行地址传递，在调用 add()和 sub()函数时，以结构体变量 a 和 b 为实参向形参 a 和 b 进行值传递。

例 8-7 已知多名学生的信息，包括学号、姓名和英语成绩，计算该课程的平均成绩，并输出成绩最高的学生信息。

分析：本例可以定义一个结构体，存储一个学生的信息，包括学号、姓名和英语成绩。然后设置一个结构体数组，用来保存多个学生的信息。

程序代码如下：

```
#include<stdio.h>
#define N 4
struct student
{ long number;
  char name[20];
  float englishScore;
};
float calculate(struct student *p);
int findHighScore(struct student s[]);
int main( )
{   struct student s[4]={{840010,"Zhao Yan",82},{840020,"Wang Xin",91.5},
                         {840030,"Wang Shan",73},{840040,"Li Yue",78}};
    float average;
    int result;
    average=calculate(s);
    printf("Average score:%.2f\n",average);
    result=findHighScore(s);
    printf("Highest score student: Number=%ld, Name=%s, EnglishScore=%.2f\n",
          s[result].number,s[result].name,s[result].englishScore);
    return 0;
}

float calculate(struct student *p)      /*求平均成绩*/
{   float sum=0;
    int i;
    for(i=0;i<N;i++)
    { sum=sum+p->englishScore;
      p++;
    }
    return sum/N;
```

```
}

int findHighScore(struct student s[])          /* 查找分数最高的学生 */
{  float high=s[0].englishScore;
   int result=0,i;
   for(i=1;i<N;i++)
   {  if(s[i].englishScore>high)
        { high=s[i].englishScore;
          result=i;
        }
   }
   return result;
}
```

运行情况：

```
Average score:81.13
High score: Number=840020, Name=Wang Xin, EnglishScore=91.50
```

练习 8-4 定义一个结构体变量，其成员包括姓名和年龄。编写函数实现结构体变量成员的输出，要求通过结构体变量或结构体指针作函数参数进行数据传递。

8.5 动态存储分配

动态存储分配是程序在运行过程中获取内存的方法。C语言允许程序设计人员在函数执行部分的任何地方使用动态存储分配函数开辟或回收存储单元，这样的存储分配称为**动态内存分配**。动态内存分配使用自由，且节约内存。利用动态内存分配建立的链表是一种十分重要的数据结构。

标准C定义了4种动态分配存储空间的函数，分别是 malloc()、calloc()、free()和 realloc()，本节介绍其中常用的两种。

1. malloc()函数

函数的原型声明为

```
void *malloc(unsigned int size);
```

其作用是在内存的动态存储区分配大小为 size 字节的连续存储空间。若分配成功，则返回所分配存储区的首地址；若分配失败，则返回 NULL(空)指针。例如：

```
malloc(50);        /* 分配 50 字节的存储区,返回值为存储区的首地址 */
```

2. free()函数

函数的原型声明为

```
void free(void *p);
```

其作用是释放 p 所指向的存储区。函数无返回值，释放后的空间可以再次被使用。例如：

```
free(p);          /*释放指针 p 指向的已分配的动态存储区*/
```

注意：ANSI C 新标准把 malloc()函数的基类型定义为 void 类型，即不确定它指向哪一种具体的类型数据，表示用来指向一个抽象的类型数据，即仅提供一个地址。显然这样的指针是不能直接指向确定数据的。在使用该地址时要先对它进行强制类型转换，把它转换为任何所需的指针类型。

例如，利用 malloc()函数分配存放实型数据的存储空间，并赋值为 5.2：

```
float *p;
p=(float*)malloc(sizeof(float));
*p=5.2;
```

需要说明的是：类型转换只是产生了一个临时的中间值赋给了 p，但没有改变 malloc()函数本身的类型。

8.6 链　　表

链表是一种常见的数据结构，一般采用动态存储分配。链表是结构体和指针的典型应用之一。本节介绍链表的概念以及单向链表的使用。

8.6.1 链表的概念

所谓**链表**，是指由若干组数据（每组数据称为一个"结点"）按一定的规则连接起来的数据结构。链表连接的规则是链表中的前一个结点"指向"下一个结点，只有通过前一个结点才能找到下一个结点。

根据链表中数据之间的相互关系将链表分成 3 种：单向链表、循环链表及双向链表，本小节仅对较为简单的单向链表进行介绍。

图 8-5 表示了一个单向链表的示例。

单向链表有一个头指针 head，指向链表在内存中的首地址。链表中的每一个结点的数据类型都是结构体类型，每个结点都包括如下两方面的内容。

(1) 数据部分（数据域）。该部分可以根据需要确定由多少个成员组成，存放的是需要处理的数据。

(2) 指针部分（指针域）。该部分存放的是一个结点的地址，链表中的每个结点通过

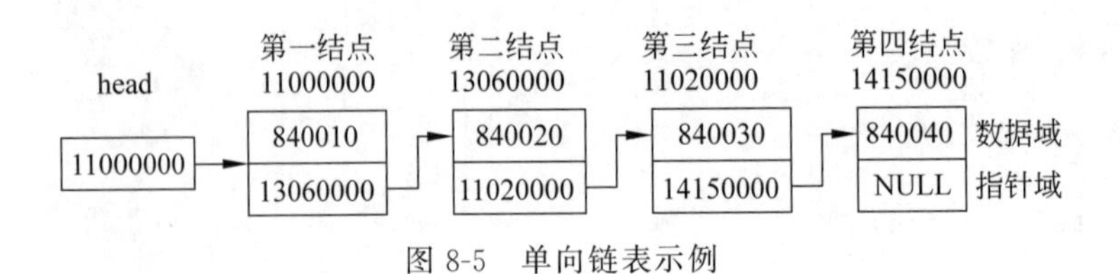

图 8-5　单向链表示例

指针连接在一起。

链表按此结构对各结点的访问需从链表的头找起，后续结点的地址由当前结点给出。无论在表中访问哪一个结点，都需要从链表的头开始，顺序向后查找。链表的尾结点由于无后续结点，其指针域为空，写作 NULL。

链表中的各结点在内存的存储地址不一定是连续的，其各结点的地址是在需要时向系统申请分配的，系统根据内存的当前情况，既可以连续分配地址，也可以离散分配地址。

数组也可以存放一组数据，但是使用链表有很多优点。采用数组存储，需要预先定义固定的数组长度。而链表是能够动态变化的，链表的长度可以在执行的过程中增加或减少。如果事先不能确定要保存的一组数据的长度，这时候采用链表就更为灵活。

下面通过一个例子来说明单向链表的应用。

例 8-8　建立一个单向链表，存储 3 个学生的信息，并输出各结点的数据。

视频

程序代码如下：

```
#include<stdio.h>
struct studentNode
{    char cls[20];
     long number;
     char name[20];
     char gender;
     float score;
     struct studentNode *next;
};
int main()
{   struct studentNode s1={"computer001",840010,"Zhao Yan",'F',82};
    struct studentNode s2={"computer001",840020,"Wang Xin",'M', 91.5};
    struct studentNode s3={"computer001",840030,"Wang Shan",'M',73};
    struct studentNode *head, *p;
    head=&s1;            /*结点 s1 的起始地址赋值给头指针 head*/
    s1.next=&s2;         /*结点 s2 的起始地址赋值给结点 s1 的 next 成员*/
    s2.next=&s3;         /*结点 s3 的起始地址赋值给结点 s2 的 next 成员*/
    s3.next=NULL;        /*结点 s3 为最后一个结点,其 next 成员为 NULL*/
    p=head;
    while(p !=NULL) {
        printf("%s,%ld,%s,%c,%.2f\n",p->cls,p->number,p->name,p->gender,
        p->score);
        p=p->next;     /*p 指向下一个结点*/
```

```
    }
    return 0;
}
```

运行情况：

```
computer001,840010,Zhao Yan,F,82.00
computer001,840020,Wang Xin,M,91.50
computer001,840030,Wang Shan,M,73.00
```

在例 8-8 中，链表中的每个结点都是在程序中定义的，由系统在内存中分配固定的存储单元。在程序执行过程中，不可能人为地再产生新的存储单元，也不可能人为地释放用过的存储单元。从这一角度讲，称这种链表为"静态链表"。在实际中，使用更广泛的是一种"动态链表"，它可以在程序的执行过程中从无到有地建立，并可在已建立的链表中进行插入和删除结点等操作。

8.6.2 动态链表

动态链表是链表应用的主要形式。动态链表的主要操作包括建立链表、输出链表、删除结点、插入结点等。

1. 建立链表

建立链表是指从无到有地建立一个链表，即分配链表各结点空间，输入各结点数据，建立结点间链接关系。

采用尾插法建立单向链表的过程有如下几步。

(1) 建立一个空链表。

(2) 利用 malloc()函数分配一个新结点，给新结点的成员赋值。

(3) 将新结点加入链表尾部。

(4) 判断是否有后续结点，若无则建立链表结束，若有则转到(2)。

例 8-9 建立一个动态链表，存储学生的信息。

程序代码如下：

视频

```
#include<stdio.h>
#include<stdlib.h>
struct studentNode                              /* 链表结点定义 */
{
    long number;
    char gender;
    float score;
    struct studentNode * next;
};
struct studentNode * createLinkedList();   /* 创建链表的函数声明 */
int main()
```

```
{   struct studentNode * head;                    /* 定义头指针 */
    head=createLinkedList();                      /* 建立链表 */
    printf("%ld,%c,%.2f\n",head->number,head->gender,head->score);
                                                  /* 输出链表第一个结点 */
    return 0;
}
struct studentNode * createLinkedList()
{   struct studentNode * head;
    struct studentNode * p1, * p2;
    long number;char gender;float score;
    head=NULL;                                    /* 建立空链表 */
    scanf("%ld,%c,%f",&number,&gender,&score);            /* 输入结点数据 */
    while(number!=0)                              /* 输入结点的值不等于 0,输入未完成 */
    {   p1=(struct studentNode *)malloc(sizeof(struct studentNode));
                                                  /* 分配新结点空间 */
        p1->number=number;p1->gender=gender;p1->score=score;p1->next=
        NULL;
        if(head==NULL) head=p1;       /* 空表,新结点为链表第一个结点 */
        else p2->next=p1;             /* 非空表,新结点链接到表尾 */
        p2=p1;
        scanf("%ld,%c,%f",&number,&gender,&score);        /* 输入下一个结点数据 */
    }
    return head;                      /* 返回链表头指针 */
}
```

运行情况：

```
840010,F,82↙
840020,M,91.5↙
840030,M,73↙
0,0,0↙
840010,F,82.00
```

2. 输出链表

输出链表是指将链表各结点的数据依次输出。

单向链表的输出过程有如下几步。

(1) 用一个指针变量指向链表第一个结点。

(2) 若该指针变量非空,则输出所指结点数据,若为空则退出。

(3) 指针变量指向下一个结点。

(4) 转到(2)。

视频

例 8-10 输出动态链表的信息。

函数代码如下：

```
void printLinkedList(struct studentNode * head)
{   struct studentNode * p;
    p=head;                    /* p 指向链表的第一个结点 */
    while(p!=NULL)             /* 判断 p 所指向的结点是否非空 */
    {   printf("%ld,%c,%.2f\n",p->number,p->gender,p->score);
                               /* 输出 p 指向的结点数据 */
        p=p->next;             /* p 指向下一个结点 */
    }
}
```

可以利用例 8-9 中的 createLinkedList()函数先创建一个链表,然后调用 printLinkedList()函数输出链表。

主函数代码如下:

```
int main()
{   struct studentNode * head;              /* 定义头指针 */
    head=createLinkedList();                /* 建立链表 */
    printLinkedList(head);                  /* 输出链表 */
    return 0;
}
```

运行情况:

```
840010,F,82↙
840020,M,91.5↙
840030,M,73↙
0,0,0↙
840010,F,82.00
840020,M,91.50
840030,M,73.00
```

3. 删除结点

链表可以动态调整,对于不再需要的结点,可以将其从链表中删除。在已有的链表中删除结点,只需修改链表中结点的指针值,并释放结点占用的空间。

删除结点分为如下 3 种情况。

1) 删除链表第一个结点

先用指针变量保存第一个结点地址,然后使链表头指针指向下一结点,使其成为链表的第一个结点,最后释放指针变量指向的结点空间。

2) 删除链表最后一个结点

先用指针变量保存最后一个结点地址,然后让其前一个结点的指针域设为 NULL,最后释放指针变量指向的结点空间。

3）删除链表中间结点

先用指针变量保存待删除中间结点的地址，然后使其前一个结点的指针域指向待删除结点的下一个结点，最后释放指针变量指向的结点空间。

第3)种情况的处理包含了第2)种情况。如果删除的是最后一个结点，此时下一个结点为空，让其前一个结点的指针域指向下一个结点，等同于让其前一个结点指针域设为NULL。所以在处理中可以将第2)种情况和第3)种情况合并处理。

视频

例 8-11 编写删除结点函数的程序，在学生信息链表中删除指定学号的学生结点。

分析：首先要找到待删除的结点，然后进行删除操作。在处理中，需要两个指针，一个用于指向当前正在处理的结点，一个用于指向前一个结点。由于删除操作可能发生在链表的第一个结点，此时需要修改链表头指针，所以删除函数返回值设为链表头指针。

函数代码如下：

```
struct studentNode * deleteNode(struct studentNode * head, long number)
{/* 删除学号等于 number 的结点 */
    struct studentNode * p1, * p2;
    if(head==NULL)                                    /* 链表为空 */
    {   printf("链表为空\n");
        return head;
    }
    p1=head;
    while(p1 !=NULL && p1->number !=number)     /* 查找待删除结点 */
    {   p2=p1;
        p1=p1->next;                                  /* p1 指向下一个结点 */
    }
    if(p1==NULL)                                      /* 未找到要删除的结点 */
        printf("找不到待删除结点\n");
    else                                              /* 找到要删除的结点 */
    {   if(p1==head)   head=head->next;           /* 删除链表第一个结点 */
        else p2->next=p1->next;                       /* 删除链表其他结点 */
        free(p1);                                     /* 释放结点空间 */
        printf("已删除学号为%ld 的结点\n", number);
    }
    return head;
}
```

4. 插入结点

插入结点时，分为如下3种情况。

1）插入位置为第一个结点之前

修改新结点的指针域，使其指向链表的第一个结点，然后将链表头指针指向新结点。

2）插入位置为最后一个结点之后

修改最后一个结点的指针域，使其指向新结点。

3）插入位置为某中间结点之前

修改新结点的指针域，使其指向插入位置的结点，然后修改插入位置之前的结点的指针域，使其指向新结点。

与删除操作类似，第3）种情况的处理包含了第2）种情况。所以在处理中可以将第2）种情况和第3）种情况合并处理。

例 8-12 编写插入结点函数，在按学号从小到大排序的学生信息链表中插入给定学生结点。

分析：首先要找到插入位置，然后进行插入操作。由于链表按照学号从小到大排序，因此在链表中找到的第一个大于给定学号的结点，就是插入位置，新结点需要插入它之前。

函数代码如下：

```
struct studentNode *insertNode(struct studentNode *head, long number,
        char gender, float score)
{ /*在头指针为 head 的链表中插入结点，结点信息为 number、gender 和 score*/
    struct studentNode *p1, *p2, *node;
    node=(struct studentNode *) malloc(sizeof(struct studentNode));
    node->number=number;node->gender=gender;
    node->score=score;node->next=NULL;
    if(head==NULL)                              /*空链表*/
    {   head=node; return head; }
    p1=head;
    while(p1 !=NULL && p1->number<number)       /*查找插入位置*/
    {   p2=p1;
        p1=p1->next;                            /*p1 指向下一个结点*/
    }
    if(p1==head)                                /*插入位置为第一个结点之前*/
    {   node->next=head;
        head=node;
    }
    else    /*新结点插入 p2 和 p1 所指结点之间*/
    {   p2->next=node;
        node->next=p1;
    }
    return head;
}
```

练习 8-5 综合例 8-9～例 8-12 组成一个程序，编写一个主函数分别调用这些函数，实现建立链表、输出链表、删除结点和插入结点操作，在主函数中指定需要删除和插入的结点。

8.7 共 用 体

共用体类型也是用户根据需要建立的数据类型。共用体可以在同一段内存单元中存放不同类型的变量。与结构体类似,需要先声明一个共用体类型,然后定义该共用体类型的变量。

8.7.1 共用体的概念

所谓**共用体**(也称**共同体**、**联合体**)是指将不同的数据项组织成一个整体,它们在内存中占用同一段存储单元,有相同的起始地址。

例如,可以将一个字符型变量 ch、整型变量 i 和一个实型变量 f 放在同一个地址开始的内存单元中,如图 8-6 所示(设置地址为 20000000),在使用过程中它们相互覆盖。

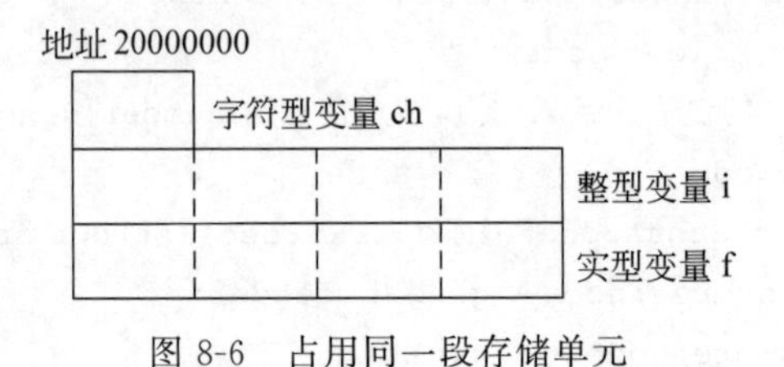

图 8-6 占用同一段存储单元

与结构体类型定义相类似,共用体类型变量定义的一般形式为

```
union 共用体名
{成员名表
}变量名表;
```

在定义共用体变量时,可以将类型定义和变量定义分开,或者直接定义共用体变量。例如:

```
union data
{ char ch;
  int i;
  float f;
}a,b,c;
```

这种形式直接定义了共用体变量,例如:

```
union data
{ char ch;
  int i;
  float f;
};
```

```
union data a,b,c;
```

先定义共用体类型 union data，再将变量 a、b 和 c 定义为 union data 类型。

共用体数据类型与结构体数据类型在形式上非常相似，但其实际的含义及存储方式是完全不同的。

共用体变量所占的内存长度等于最长的成员的长度。例如，上例定义的共用体变量 a、b 和 c 共占 4 字节(因为一个实型变量占 4 字节)，而不是占用 1+4+4=9 字节。

8.7.2 共用体变量的引用

可以引用共用体变量的成员，其用法与结构体完全相同。例如，前面定义了 a、b 和 c 为共用体变量，下面的引用方式是正确的。

a.i：引用共用体变量中的整型变量 i。

a.ch：引用共用体变量中的字符型变量 ch。

a.f：引用共用体变量中的实型变量 f。

需要注意的是，在程序中不能只引用共用体变量本身，例如，“printf("%d",a);”的用法是错误的。因为 a 的存储区有好几种类型，分别占不同长度的存储空间，仅写共用体变量名 a，难以使系统确定究竟输出的是哪一个成员的值。

例 8-13 共用体类型与结构体类型占用存储空间的比较。

程序代码如下：

```
#include<stdio.h>
struct data1
{
  int i;
  float f;
};
union data2
{
  int i;
  float f;
};
int main()
{
   printf("%d,%d\n",sizeof(struct data1),sizeof(union data2));
   return 0;
}
```

运行情况：

```
8,4
```

练习 8-6 有 10 个按一定顺序排列的数，其中排在 1、3、5、7 和 9 位的数都是实数，排在 2、4、6、8 和 10 位的数都是整数。编写程序实现输入这 10 个数，求其和值并输出。试用共用体实现这一功能。

8.8 枚举类型

枚举是一个被命名的整型常数的集合，枚举在日常生活中很常见。例如，表示星期的 Sunday、Monday、Tuesday、Wednesday、Thursday、Friday 和 Saturday 就是一个枚举。

枚举变量的取值来自一个个列举出来的值，使用枚举变量可以增加程序的可读性。

8.8.1 枚举类型的定义

枚举类型定义的一般形式为

enum 枚举名 {枚举值表};

例如：

```
enum weekday {Sun,Mon,Tue,Wed,Thu,Fri,Sat};
```

该枚举名为 weekday，枚举值共有 7 个，即一周中的 7 天。凡被说明为 weekday 类型变量的取值只能是 7 天中的某一天，也就是只能从这些列举出来的 7 个值中取一个。

8.8.2 枚举变量的定义

枚举变量的定义和结构体变量、共用体变量类似。例如，定义一个周日至周六的枚举变量 a、b 和 c，可以用如下 3 种方法。

(1) enum weekday {Sun,Mon,Tue,Wed,Thu,Fri,Sat};
    enum weekday a,b,c;

(2) enum weekday {Sun,Mon,Tue,Wed,Thu,Fri,Sat}a,b,c;

(3) enum {Sun,Mon,Tue,Wed,Thu,Fri,Sat}a,b,c。

结果都定义了变量 a、b 和 c，它们的类型是枚举类型，取值只能是 Sun、Mon、Tue、Wed、Thu、Fri 或 Sat 中的一个。

8.8.3 枚举变量的赋值和使用

枚举类型在使用中有如下规定。

(1) 在 C 语言编译中，对枚举元素按常量处理，故称为**枚举常量**。枚举元素作为常量，它们是有值的。C 语言对枚举元素本身由系统定义了一个表示序号的数值，从 0 开始顺序定义为 0,1,2,…。如在 weekday 中，Sun 的值为 0，Mon 的值为 1，以此类推，

Sat 的值为 6。

如果有赋值语句"a＝Mon;"，则 a 变量的值就等于 1，这个整数可以输出，例如："printf("%d",a);"。

可以改变枚举元素的值，在定义时由程序设计者给定，例如：

```
enum weekday {Sun=7,Mon=1,Tue,Wed,Thu,Fri,Sat}a,b,c;
```

定义 Sun 为 7，Mon 为 1，以后枚举常量的值按顺序加 1。

(2) 枚举值是常量，不是变量，所以不能在程序中用赋值语句再对它赋值。例如，对枚举类型 weekday 的元素再做以下赋值：

```
Sun=6;Mon=3;Sun=Sat;
```

都是错误的。

(3) 枚举值可以用来作为判断比较，例如：

```
if(a==Sun)…
```

枚举值比较规则是按其在定义时的顺序号比较。如果定义时没有指定，则第一个枚举元素的值就是 0，故 Thu>Wed。

(4) 只能把枚举值赋予枚举变量，不能把数值直接赋予枚举变量。如"a＝Mon;"是正确的，而"a＝1;"是错误的。如果一定要把数值赋予枚举变量，则必须用强制类型转换，如"a＝(enum weekday)1;"，意义是将顺序号为 1 的枚举元素赋予枚举变量 a，相当于"a＝Mon;"。

例 8-14 编写程序给出 A,B,C 三个字母的所有可能的排列。

分析：本程序可以采用枚举变量来处理，设三个字母用三个变量 i,j,k 表示。根据题意，i,j,k 分别是 A,B,C 三个字母之一，并要求 $i \neq j \neq k$，可以用穷举法把每一种可能的排列给出，看哪些符合条件。

程序代码如下：

```
#include<stdio.h>
int main()
{ enum Letter {A,B,C};
  enum Letter Letr;
  int i,j,k,m;
  for(i=A;i<=C;i++)
      for(j=A;j<=C;j++)
          for(k=A;k<=C;k++)
              if((i!=j)&&(j!=k)&&(k!=i))
                {for(m=1;m<=3;m++)
                  { switch(m)
                    {  case 1:Letr=(enum Letter)i;break;
                       case 2:Letr=(enum Letter)j;break;
                       case 3:Letr=(enum Letter)k;break;
```

```
                default:break;
            }
            switch(Letr)
            {  case A:printf("%c",'A');break;
               case B:printf("%c",'B');break;
               case C:printf("%c",'C');break;
               default:break;
            }
        }
        printf("\n");
    }
    return 0;
}
```

运行情况：

```
ABC
ACB
BAC
BCA
CAB
CBA
```

练习 8-7 定义枚举类型 score，用枚举元素代表成绩的等级，如 90 分以上为优(A)，80～89 分为良(B)，60～79 分为中(C)，60 分以下为差(F)，通过键盘输入一个学生的成绩，然后输出该学生成绩的等级。

8.9 用 typedef 命名类型

C 语言允许使用关键字 typedef 来明确地定义新的数据类型名。它没有真正产生一个新的数据类型，而是为现有的或声明过的数据类型定义一个新的类型名。这一过程有助于通过使用标准数据类型的描述名来使代码文本化。使用 typedef 语句的一般形式为

typedef 原类型名 自定义类型名;

其中，"原类型名"是任何允许的数据类型，"自定义类型名"是该类型的新名字。所定义的新类型名是附加的，它并不取代现有的类型名。

1. 基本类型的自定义

程序代码如下：

```
typedef int INTEGER;            /*用 INTEGER 代替 int 类型*/
INTEGER i,j=100;                /*等同于 int i,j=10;*/
```

2. 数组类型的自定义

程序代码如下：

```
typedef int ARRAY[10];          /* 声明 ARRAY 为整型数组类型 */
ARRAY a,b                       /* 等同于 int a[10],b[10]; */
```

3. 指针类型的自定义

程序代码如下：

```
typedef char * STRING;          /* 声明 STRING 为指针类型 */
STRING p1;                      /* 等同于 char *p1; */
STRING p2[10];                  /* 等同于 char *p2[10]; */
```

4. 结构体类型的自定义

程序代码如下：

```
typedef struct                  /* 用 DATE 代表原结构体类型 */
{   int month;
    int day;
    int year;
}DATE;
DATE birthday;                  /* 定义结构体类型变量 birthday */
```

5. 指向函数的指针的自定义

程序代码如下：

```
typedef int (* POINTER)()       /* 声明 POINTER 为指向函数的指针类型,该函数返回整
                                   型值 */
POINTER func;                   /* func 为 POINTER 类型的指针变量 */
```

在程序设计者自定义类型中,自定义的类型名习惯上用大写字母表示,以便于区别。

本 章 小 结

本章介绍了 3 种构造型数据类型,即结构体、共用体和枚举类型,这些类型在使用前需要声明,然后就可以用来定义变量。

结构体类型将多种不同类型的数据组合成一个整体,是 C 语言中描述复杂数据的重要手段。结构体类型包含的数据称为结构体的成员,根据需要确定成员及成员的数据类型。

链表主要用来动态地管理一组数据。链表由若干结点构成,每个结点包含指向下一个结点的指针,通过这些指针,将链表的结点链接到一起。使用链表,可以灵活地增加和删除数据。

共用体能够在同一段存储空间中存储不同类型的数据,这些数据共享这个空间,但是在某一时刻,这段存储空间中只保存其中一种类型的数据。

枚举本质上是以符号名称来代替整型常量的一种方式。枚举类型是一组有名字的整型常量的集合,该类型变量的取值只限于列举出来的这些值。

C 语言允许用 typedef 对已有数据类型进行重新命名,以方便使用,但它并不产生新的数据类型。

习 题 8

一、客观题

1. 当定义一个结构体变量时系统分配给它的内存是________。

A. 各个成员所需内存的总和

B. 结构体中第一个成员所需的内存

C. 各个成员中占用内存量最大者所需的内存

D. 结构体中最后一个成员所需的内存

2. 设有以下语句:

```
struct exam
{
  int x;
  float y;
  char z;
}example;
```

则下面的叙述中不正确的是________。

A. struct 是结构体类型的关键字　　B. x,y 和 z 均为结构体成员

C. example 是结构体类型名　　D. struct exam 是结构体类型

3. 以下对结构体变量 stu1 成员 age 的非法引用是________。

```
struct student
{ int num;
  int age;
}stu1, *p;
p=&stu1;
```

A. stu1.age　　B. student.age　　C. p->age　　D. (*p).age

4. 已建立一个单向链表，指针变量 p1 指向链表中某一结点，p2 指向下一结点；指针变量 p 指向新申请结点，将 p 所指结点插入链表中 p1 与 p2 之间的语句为________。

A. p->next=p2;p1->next=p; B. p1=p;p=p2;

C. p=p2;p1->next=p; D. p1=p;p->next=p2;

5. 下列说法中，错误的是________。

A. 枚举类型中的枚举元素是常量

B. 一个整数不能直接赋给枚举变量

C. typedef 可以用来定义新的数据类型

D. 枚举类型中枚举元素的值都是从 0 开始以 1 为步长递增

6. 以下程序的运行结果是________。

```
#include<stdio.h>
struct date
{ int year;
  int month;
  int day;
}today;
int main()
{ printf("%d\n",sizeof(struct date));  return 0;
}
```

A. 6 B. 2 C. 4 D. 12

7. 以下程序的运行结果是________。

```
#include<stdio.h>
int main()
{ struct  complex
    { int x;
      int y;
    }cnum[2]={{1,3},{2,7}};
    printf("%d\n",cnum[0].y/cnum[0].x * cnum[1].x);
    return 0;
}
```

8. 以下程序的运行结果是________。

```
#include<stdio.h>
struct stu
{ int x;
  int * y;
} * p;
struct stu aa[]={35,15,40,20,45,25,50,30};
int main()
{ p=aa;
  printf("%d\n",++p->x);
  printf("%d\n",(++p)->x);
```

```
    printf("%d\n",++(p->x));  return 0;
}
```

9. 以下程序的运行结果是________。

```
#include<stdio.h>
struct stru
{ int x;
  char ch;
};
int func(struct stru b)
{ b.x=100;
  b.ch='n';
  printf("%d,%c\n",b.x,b.ch);
}
int main()
{
  struct stru a={10,'x'};
  func(a);
  printf("%d,%c\n",a.x,a.ch);
  return 0;
}
```

10. 以下程序的运行结果是________。

```
#include<stdio.h>
int main()
{ union data
   {char a[12];
    int b[4];
    double c[2];
   }x;
   printf("%d\n",sizeof(x));
   return 0;
}
```

二、编程题

1. 设计一个表示复数的结构体类型,成员包含复数的实部和虚部,编程实现复数的乘法运算。

2. 设计一个表示时间的结构体,成员包括小时、分钟和秒,针对输入的两个时刻,计算它们之间的时间差。

3. 已知一个班有 30 名同学,本学期有"高等数学"和"程序设计"两门课程的考试成绩,求:

(1) 总分最高的同学的学号和姓名。

(2) "高等数学"和"程序设计"的平均成绩。

(3) 对"高等数学"课程成绩从高到低排序(注意,其他成员项应保持对应关系)。

要求采用结构体，且(1)、(2)和(3)分别用函数实现。

4. 输入一个字符串，用链表形式存储，每个结点存储一个字符，然后遍历链表，输出全部字符。

5. 设有如下程序：

```
#include<stdio.h>
int i;
float x;
char a[10];
int main()
{
    scanf("%d",&i);printf("%d ",i);
    scanf("%f",&x);printf("%.2f ",x);
    scanf("%s",a);printf("%s",a);
    return 0;
}
```

修改上述程序，使其声明部分仅有一个变量，且此变量所占用的存储空间不超过 i、x 和 a 这 3 个变量中占用空间最大的那个变量所占用的空间。要求修改后的程序与上述程序等价。

6. 学校的教工登记卡包括如下内容：姓名、出生年月、性别、参加工作时间、职别。不同职别的人员包含不同的信息如下。

管理人员：级别(校、处、科、职员)。

教师：职称(教授、讲师、助教)。

设计描述职工登记卡的数据结构。

7. 假定一个链表结点的数据为字符，从头到尾与从尾到头输出一致的链表称为回文链表。设计程序判断一个单链表是否是回文链表。

三、应用与提高题

1. 建立一个链表，链表中每个结点包括学号、姓名、性别、年龄。输入年龄，如果链表中的结点所包含的年龄等于此年龄，则将此结点删除。

2. 链表 A 和链表 B 是两个按学号升序排列的有序链表，每个链表中的结点包括学号和成绩。要求把两个链表合并，并使链表仍有序。

3. 纸盒中有红、黄、蓝、白和黑 5 种颜色的球若干，每次从纸盒中取出 3 个球，问得到 3 种不同颜色的球的可能取法，打印出每种组合的 3 种颜色(循环控制要使用枚举变量)。

4. 已知单链表结点按照元素值从小到大的次序排列。要求删除表中所有大于 min 并且小于 max 的结点，其中 max＞min。

5. n 个人围成一圈，从第 1 个人开始顺序报号 1,2,3。凡报到 3 的人退出。找出最后留在圈子中的人原来的序号。要求用链表实现。

第9章 文件

本章主要内容：

- 文件的基本概念；
- 文件的操作(打开、关闭、读、写和定位等)；
- 文件的应用。

9.1 文件概述

C语言程序设计中处理的数据来源有两个：一个是以内存储器为依托的内存数据，前面章节中处理的简单变量、数组和构造数据类型等数据对象均为内存数据，该类数据处理速度快，但可保存性低，数据共享能力差；一个是以计算机外存储器为依托的外存数据(该类数据存储在外部介质中)，该类数据具有可保存性高，信息共享能力强等特点，其缺点是不能被计算机直接处理。

存放在外部介质中的数据是以文件形式进行管理的，对这类数据的处理主要有两种：一是从文件中获取已知数据信息，进行相关处理；二是将处理结果保存在文件中。第5章简单介绍过文件的操作，本章继续介绍文件的概念及其具体处理方法。

9.1.1 文件的概念

文件是存储在外部介质上的信息的集合，它们可以是数据和程序，也可以是图形、图像和声音等信息。操作系统是以文件为单位对数据进行管理的，即如果要对文件中的数据进行处理时，首先按照文件名找到指定文件，然后从文件中读取数据；向文件中写入数据时，首先打开已有的可改写文件或者建立新的文件，然后向文件写入数据。

按照数据在文件中存储的形式，可以将文件分为两类：文本文件和二进制文件。

1. 文本文件

文件中存放的是字符的编码(例如ASCII码、UNICODE编码)。每一个ASCII码占1字节存储单元。例如，整数123存储成文本文件时，整数123被看作由1、2和3三个字符构成，在文本文件中存放的为 1、2 和 3 三个字符的 ASCII 码 00110001、00110010 和 00110011，要占三个存储单元。

2. 二进制文件

将数据按其在内存中的存储形式保存在外部介质中。例如整数 123，存储成二进制文件时，将按照 123 在内存中的存储形式 00000000 01111011 来存储，要占用两个存储单元。

文本文件占用的存储空间大，但数据按 ASCII 码存放，一个存储单元存放一个字符，可以方便地实现字符的输入输出，处理速度快；二进制文件占用的存储空间小，但数据以二进制形式存储，不能直接以字符形式输出。

9.1.2 缓冲文件系统

文件数据处理时要先将其调入内存，然后进行处理。由于文件中存储的数据量较大，使得数据从外部存储介质到内存不能瞬时完成，为了提高数据访问的效率，C 程序对文件的处理采用缓冲文件系统方式进行。即在程序数据区和文件数据之间建立了内存缓冲区，程序与文件数据之间的交换通过缓冲区来实现。

从文件读数据到内存，先将文件数据送至内存缓冲区，缓冲区满后由程序将缓冲区数据送至内存；从内存输出数据到外部文件时先将数据送至内存缓冲区，缓冲区满则由操作系统将缓冲区数据送至外部存储介质。内存和外部文件之间数据的交换过程如图 9-1 所示。

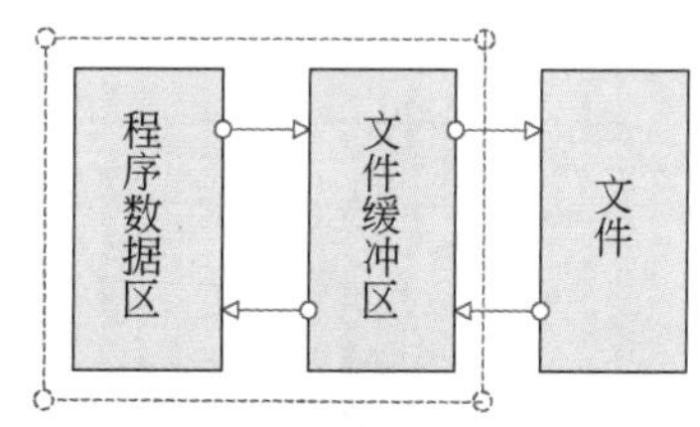

图 9-1　内存和外部文件之间数据的交换过程

对于缓冲文件系统，在进行文件操作时，系统自动为每一个正在使用的文件分配一个内存缓冲区。缓冲区的大小由具体的 C 语言版本决定，一般为 512 字节。

9.1.3 文件结构和文件类型指针

在文件处理中，使用了新的类型 FILE。FILE 类型是使用 typedef 在 stdio.h 头文件中定义的一种结构类型，给出了文件的相关信息（文件名、文件状态和文件缓冲区的首地址等）。

有了 stdio.h 中 FILE 结构的声明，可以使用 FILE 类型来定义变量、数组和指针变量等。例如：

```
FILE * fp;
```

其中，fp 是一个指向 FILE 结构体类型的指针变量，即 fp 可以指向某一文件，通过 fp 可以访问到 fp 所指向的文件，实现对文件的访问。

9.2 文件的打开和关闭

对文件的操作都是用库函数来实现的，文件操作一般遵循如下步骤：

(1) 打开/创建文件；

(2) 从文件中读取数据或向文件中写入数据；

(3) 关闭文件。

9.2.1 文件打开函数

fopen()函数的功能是按照指定的方式打开/创建指定的文件，fopen()函数的一般调用形式为

```
FILE *fp;
fp=fopen(文件名,文件操作方式);
```

文件操作方式如表 9-1 所示。

表 9-1 文件操作方式

文本文件操作方式	二进制文件操作方式	含　义
"r"		以只读方式打开一个文本文件
"w"		以只写方式打开/创建一个文本文件
"a"		以追加的方式打开/创建一个文本文件，在文件末尾添加数据
"r+"		以读写方式打开一个文本文件
"w+"		以读写方式创建一个文本文件
"a+"		以读写方式打开/创建一个文本文件
	"rb"	以只读方式打开一个二进制文件
	"wb"	以只写方式打开/创建一个二进制文件
	"ab"	以追加的方式打开/创建一个二进制文件，在文件末尾添加数据
	"rb+"	以读写方式打开一个二进制文件
	"wb+"	以读写方式创建一个二进制文件
	"ab+"	以读写方式打开/创建一个二进制文件

函数调用时，将函数返回值赋给一个指向文件类型的指针变量 fp，打开/创建文件成功时返回与文件相对应的结构体类型的指针，否则返回空(NULL)。例如：

```
if((fp=fopen("student.txt","r"))==NULL)
{  printf("cannot open the file");
   exit(0);
}
```

在函数调用时，给出了如下信息：文件名为 student.txt；文件操作方式：r(只读)。

文件返回值的处理：①NULL，表示未能打开指定文件，使用 exit()函数终止程序的执行，不再进行后续的文件操作；②非空，表示指定文件打开/创建成功，可以进行文件的相关操作。

其中，exit(0)是系统标准函数，作用是关闭所有打开的文件，并终止程序的执行。参数 0 表示程序正常结束；非 0 参数通常表示不正常的程序结束。

9.2.2 文件关闭函数

打开或创建一个文件时系统会在内存中分配一段空间作为文件缓冲区，文件在使用过程中将一直占用该内存空间，文件处理结束时应及时关闭文件以释放文件占用的内存空间。C 语言中使用 fclose()函数关闭文件。fclose()函数调用的一般形式为

```
fclose(fp);
```

其中，fp 指向要关闭的文件。

该函数的功能是关闭 fp 指向的文件。fclose()函数若正常关闭了文件，返回值为 0，否则返回值为 EOF(EOF 在 stdio.h 文件中被定义为符号常量，其值为−1)。

文件处理程序结束前，应关闭所有使用的文件，如果不关闭可能造成数据的丢失。因为在写数据到外部文件的过程中，是先将数据写到文件缓冲区，待缓冲区满后才写到文件。如果当数据未写满文件缓冲区时程序运行结束，文件缓冲区的数据将丢失。使用 fclose()函数关闭文件，可以避免该问题。因为系统在关闭文件时首先将对应文件缓冲区中还没有处理完的数据写回相对应的文件，然后释放与该指针对应的文件结构体变量，将资源归还系统。

9.3 文件的读写

第 5 章对文件的读写采用了格式化输入输出函数 fscanf()和 fprintf()，对文件的输入输出还可以使用字符输入输出函数 fgetc()和 fputc()、字符串输入输出函数 fgets() 和 fputs()、数据块输入输出函数 fread()和 fwrite()。

在对文件进行读写操作时，需要在程序中判断所处理的文件是否处理结束，即文件的读写位置是否已经到了文件结尾标志处。判断文件是否结束有如下两种方法。

1. 特殊符号常量 EOF

对于文本文件，由于字符以其 ASCII 码存储，所以没有负数，可用 EOF(−1)表示文

本文件的结束标志。对于二进制文件，负数是合法编码，所以－1不能作为文件结束标志。

2. 标准库函数

由于二进制文件不能使用EOF判断文件结束，因此ANSI C提供了一个测试文件结束的函数feof()，用feof()函数判断文件是否结束，既可用于文本文件，也可以用于二进制文件。

feof()函数调用的一般形式为

```
feof(fp);
```

其中，fp是指向一个打开文件的文件指针，函数返回1表示文件已经结束，返回0表示文件未结束。

9.3.1 文件的字符输入输出函数

对文本文件读入或输出一个字符的函数分别是fgetc()和fputc()。

1. 文件的字符输入函数fgetc()

fgetc()函数的功能是从文件中读取一个字符数据，其调用的一般形式为

```
c=fgetc(fp);
```

该函数从fp指向的文件中读取一个字符，送给字符变量c。执行成功返回读取的字符的ASCII码，当执行fgetc()函数时遇到文件结束或在执行中出错时返回值为EOF。

2. 文件的字符输出函数fputc()

fputc()函数的功能是将一个字符写入指定文件，其调用的一般形式为

```
fputc(c,fp);
```

该函数将字符变量c代表的字符写入fp所指向的文件。执行成功时返回写入文件的字符值(ASCII码)，函数fputc()执行错误时返回EOF。

视频

例9-1 从f_src.txt文件将数据逐个读出，将其中的数字删除后写入文件f_dst.txt中。

程序代码如下：

```
#include<stdio.h>
#include<stdlib.h>
int main()
{  char c;
   FILE * fp1, * fp2;
```

```
    if((fp1=fopen("f_src.txt","r"))==NULL)   /* 以只读方式打开 f_src.txt 文件 */
    {    printf("cannot open the file.\n");
         exit(0);                            /* 终止程序 */
    }
    if((fp2=fopen("f_dst.txt","w"))==NULL)
    /* 以只写方式打开/创建 f_dst.txt 文件 */
    {    printf("cannot open the file.\n");
         exit(0);                            /* 终止程序 */
    }
    while(!feof(fp1))              /* 用 feof()函数判断 f_src.txt 文件是否到结尾处 */
    {  c=fgetc(fp1);                         /* 从 fp1 指向的文件读取一个字符 */
       if(!(c>='0'&&c<='9'))
          fputc(c,fp2);                      /* 非数字字符写入 fp2 指向的文件 */
       printf("%c",c);
    }
    fclose(fp1);
    fclose(fp2);
    return 0;
}
```

运行情况：

f_src 文件中的数据：

```
There are 100 students in classroom 402.
```

f_dst 文件中的数据：

```
There are students in classroom.
```

显示器输出：

```
There are 100 students in classroom 402.
```

9.3.2 文件的字符串输入输出函数

对文本文件一次输入或输出一个字符串的函数分别是 fgets()和 fputs()。

1. 文件的字符串输入函数 fgets()

fgets()函数的功能是从指定文件中读取一个字符串，其调用的一般形式为

```
fgets(str,n,fp);
```

该函数可以从 fp 指向的文件中读取 $n-1$ 个字符，加字符串结束标志后送字符数组 str 或字符指针变量 str 指定的内存空间。如果在读入 $n-1$ 个字符前遇到换行符或文件结束时操作结束，将遇到的换行符作为一个有效字符处理，然后将读入的字符串末尾加字

符串结束标志后存放到 str 指向的内存区域。函数执行成功,返回读取的字符串(首地址),函数执行出错或遇到文件结束时返回 NULL。

2. 文件的字符串输出函数 fputs()

fputs()函数的功能是将字符串写入指定文件,其调用的一般形式为

```
fputs(str, fp);
```

该函数将 str(可以是字符串常量、字符数组名或字符指针变量)代表的字符串写入 fp 所指向的文件。函数执行成功,返回写入文件中的字符个数,函数执行出错或遇到文件结束时返回 EOF。

例 9-2 从键盘上输入若干行字符串并将它们存放到指定的文件 string.txt 中,仅输入一个回车时结束输入过程。

程序代码如下:

```
#include<stdio.h>
#include<stdlib.h>
#include<string.h>
int main()
{  FILE * fp;
   char str[30];
   if((fp=fopen("string.txt","w"))==NULL)
   { printf("cannot open the file.\n");
     exit(0);
   }
   printf("Please input strings:\n");
   while(strlen(gets(str))>0)                    /* 输入的字符串非空 */
   {  fputs(str,fp);                             /* 将字符串写入 fp 指向的文件 */
      fputc('\n',fp);                            /* 将换行写入 fp 指向的文件 */
   }
   fclose(fp);  return 0;
}
```

运行情况:

```
Please input strings:
student↙
china↙
computer↙
boy↙
↙
```

文件 string.txt 中的数据:

```
student
china
```

```
computer
boy
```

9.3.3 文件的格式化输入输出函数

前两节介绍了对文件进行字符和字符串的输入、输出，除此之外，还可以对文件进行格式化输入、输出。与 scanf()函数和 printf()函数对终端进行格式化输入、输出类似，C 语言提供了 fscanf()函数和 fprintf()函数实现文件的格式化读写。

1. 文件的格式化输入函数 fscanf()

fscanf()函数的功能是按照指定格式读取文本文件中的数据。fscanf()函数调用的一般形式为

fscanf(文件指针,格式字符串,输出列表);

例如：

```
fscanf(fp, "%d%f%c",&i,&s,&ch);
```

其中，fp 指向一个已经打开的文件，从该文件中读入整型数据到变量 i，读入浮点型数据到变量 s，读入字符数据到变量 ch。

2. 文件的格式化输出函数 fprintf()

fprintf()函数的功能是将给定的数据按照指定格式写入文件，fprintf()函数调用的一般形式为

fprintf(文件指针,格式字符串,输入列表);

例如：

```
fprintf(fp, "%d%.2f%c",i,f,ch);
```

其中，fp 指向一个已经打开的文件，将变量 i、f 和 ch 的值按照整型格式、浮点型格式（保留 2 位小数）和字符型格式输出到 fp 指向的文件。

例 9-3 在 student.txt 文件中存放了 20 个学生的成绩，计算 20 个学生的平均成绩后存放到 stu_aver.txt 文件中。

程序代码如下：

```
#include<stdio.h>
#include<stdlib.h>
#define N 20
float average(int *p,int num);
int main()
{
    int i,score[N];
```

```
    FILE * fp;
    float aver;
    if((fp=fopen("student.txt","r"))==NULL)
    {   printf("Cannot open the given file.\n");
        exit(0);
    }
    for(i=0;i<N;i++)
        fscanf(fp,"%d,",&score[i]);      /* 从指定的文件按照指定格式读入数据 */
    fclose(fp);
    aver=average(score,N);              /* 求平均值 */
    if((fp=fopen("stu_aver.txt","w"))==NULL)
    {   printf("cannot open file.\n");
        exit(0);
    }
    fprintf(fp,"%.1f",aver);            /* 将平均值写入指定文件 */
    fclose(fp);  return 0;
}
float average(int * p,int num)          /* 求平均值函数 */
{  int i,sum;
   float aver;
   sum=0;
   for(i=0;i<num;i++)
        sum+= * (p+i);
   aver=sum * 1.0/num;
   return aver;
}
```

运行情况：

```
student.txt 文件中的数据:
83,88,79,86,90,84,78,73,69,68,78,63,90,94,87,63,79,54,96,72
stu_aver.txt 文件中的数据:
78.7
```

9.3.4 文件的数据块输入输出函数

对文件一次输入或输出一组数据的函数分别是 fread()和 fwrite()。

1. 文件的数据块输入函数 fread()

函数 fread()的功能是从指定的文件中按指定长度读取一个数据块到内存的指定区域,其调用的一般形式为

```
fread (buffer,size,count,fp);
```

buffer 是一个指针变量,它表示读出数据在内存中存放的起始地址,size 表示一个数据项的字节长度,count 为要读取的数据项个数,fp 指向一个已经打开的待读文件。函数执行正确时,返回值为从文件中读取的数据项数,函数执行出现错误时返回值小于指定读取的数据项数。

例如:

```
fread(a, 2,10,fp);
```

其中,a 为一个整型数组名,该函数可以从 fp 指向的文件中读取 10 个双字节的数据,存储到数组 a。

2. 文件的数据块输出函数 fwrite()

函数 fwrite()的功能是将内存中指定区域的数据块写入指定的文件,其调用的一般形式为

```
fwrite (buffer,size,count,fp);
```

buffer 是一个指针变量,它表示要写入文件的数据块在内存中的起始地址,size 表示一个数据项的字节长度,count 为要写入的数据项个数,fp 指向一个已经打开的文件。函数执行正确时,返回值为写入文件的数据项数,函数执行出现错误时返回值小于指定读取的数据项数。

例 9-4 从键盘上输入 3 条通讯录记录(每条记录包括姓名和电话号码两项),写入文件 tel.txt 中,再读出这些数据显示在屏幕上。

视频

程序代码如下:

```
#include<stdio.h>
#include<stdlib.h>
#define N 3
struct person
{   char name[10];
    long int no;
};
int main()
{  struct person per[N], * p;
   FILE * fp;
   int i;
   p=per;
   if((fp=fopen("tel.txt","w"))==NULL)
   {  printf("cannot open the file.\n");
      exit(0);
   }
   printf("Input data:\n");
   for(i=0;i<N;i++,p++)
      scanf("%s%ld",p->name,&p->no);        /* 输入电话簿记录 */
```

```
    fwrite(per,sizeof(struct person),N,fp); /*将输入的记录写入指定文件*/
    rewind(fp);                          /*将文件内部记录指针移动到文件头部*/
    p=per;
    fread(p,sizeof(struct person),N,fp);    /*读取文件中的记录*/
    for(i=0;i<N;i++,p++)
       printf("%s\t%ld\n",p->name,p->no);  /*显示读取的记录*/
    fclose(fp);  return 0;
}
```

运行情况：

```
Input data:
zhsan 12356↙
lisi 23421↙
qianwu 54367↙
```

屏幕上显示：

```
zhsan     12356
lisi     23421
qianwu     54367
```

9.4 其他文件函数

对文件有两种处理方法：顺序存取和随机存取。前面介绍的文件的处理都是顺序存取，顺序存取时，文件内部记录指针(用来指示文件内部当前操作位置)在每一次文件操作后都会自动向后移动，将文件内部指针定位到下一次文件存取的位置，即按照顺序对文件内容进行读写。随机存取即对文件某一指定位置(随机的)的数据进行读写操作，其操作分为两步：首先移动文件内部记录指针到指定的读写位置，然后用系统提供的读写方法处理数据。

下面介绍的函数可以将文件内部记录指针定位到指定位置。

1. 获取文件内部记录指针当前位置函数 ftell()

ftell()函数用于获取当前文件的文件内部记录指针的位置，即相对于文件头部的偏移量(字节数)，返回值用字节数表示，函数执行出错返回－1。其调用的一般形式为

```
ftell(fp);
```

其中，fp 是一个文件指针，指向已经打开的文件。

2. 重置文件内部记录指针函数 rewind()

rewind()函数可以将指定文件的内部记录指针从文件中的任意位置移动到文件头

部,即打开文件时文件内部记录指针指向的位置。该函数无返回值。该函数调用的一般形式为

```
rewind(fp);
```

其中,fp 是一个文件指针,指向已经打开的文件。

3. 设置文件内部记录指针函数 fseek()

fseek()函数将指定文件的内部记录指针移动到文件中的指定位置。该函数调用的一般形式为

```
fseek(fp,offset,from);
```

其中,fp 为文件指针,指向一个已经打开的文件。offset 是长整型量,表示文件内部记录指针移动的位移量,可正可负,正值表示从当前位置向后移动,负值表示从当前位置向前移动。from 指文件内部记录指针移动的起始位置,其取值和意义如表 9-2 所示。

表 9-2 fseek()函数中 from 值及其含义

起始位置	符号常量	数字
文件头部	SEEK_SET	0
内部记录指针当前位置	SEEK_CUR	1
文件尾部	SEEK_END	2

例如,“fseek(fp,-10L,2);”表示将文件指针位置移动到离文件尾部 10 字节处。

除了前面介绍的读写函数和定位函数外,C 标准还提供了一些函数用来检查输入输出函数调用中的错误。

4. ferror()函数

ferror()函数用于检测各种文件输入输出函数在执行时是否出错,其调用的一般形式为

```
ferror(fp);
```

其中,fp 指向一个打开的文件,返回 0 表示文件输入输出函数在执行时未出错,返回非 0 值,则表示出错。

5. clearerr()函数

clearerr()函数用于清除出错标志和文件结束标志,并使它们为 0 值,其调用的一般形式为

```
clearerr(fp);
```

其中,fp 为指向打开文件的文件指针。在调用文件输入输出函数时出现错误,ferror()函

数值为非 0 值，在调用 clearerr()函数后，ferror()函数的值变为 0。

9.5 应用举例

例 9-5 编写程序实现对某公司员工信息的简单管理，包括新员工信息的录入、员工信息的查询以及显示所有员工信息。员工信息包括工号、姓名、性别、年龄、电话和工资，其中员工的工号各不相同。

程序代码如下：

```
#include<stdio.h>
#include<string.h>
#include<stdlib.h>
#include<conio.h>
#define N 5
struct ST_Employee                                    /*员工信息*/
{   int no;
    char name[10];
    char gender[4];
    int age;
    char phone[10];
    float salary;
};
void add(FILE *,struct ST_Employee);                  /*添加新员工信息函数的声明*/
void query(FILE *,int);                               /*查找指定员工信息函数的声明*/
void list(FILE *);                                    /*显示所有员工信息函数的声明*/
int main()
{
    FILE * fp;
    int n,i,loop=1;
    char operation;
    struct ST_Employee emp;
    while(loop)
    {
      printf("\r\n Please input the selected operation:a(添加),q(查询),e(结束),
      d(显示)");
      operation=getche();          /*输入选择的操作类型(添加、查询、显示和退出)*/
      switch(operation)
      {
        case 'a':                                     /*添加新员工信息*/
        if((fp=fopen("employee.txt","a+"))==NULL)
        {
         printf("\r\ncan not open file");
```

```
        exit(0);
      }
      printf("\r\nplease input no,name,gender,age phone,salary:");
      scanf ("% d% s% s% d% s% f", &emp.no, emp.name, emp.gender, &emp.age, emp.
      phone,
      &emp.salary);
                                           /* 输入新员工信息 */
      add(fp,emp);                         /* 调用 add()函数 */
      break;
      case 'q':                            /* 查询指定员工信息 */
      if((fp=fopen("employee.txt","r+"))==NULL)
      {
        printf("\r\ncan not open file");
        exit(0);
      }
      printf("\r\nPlease input the no of the employee:");
      scanf("%d",&emp.no);                 /* 输入被查询员工的工号 */
      query (fp,emp.no);                   /* 调用 query()函数 */
          break;
      case 'd':                            /* 显示所有员工信息 */
          if((fp=fopen("employee.txt","r"))==NULL)
          {  printf("cannot open the file");
             exit(0);
          }
          list(fp);
              break;
          case 'e':                        /* 将循环变量 loop 设为 0,结束循环 */
              printf("\r\n end of input");
              loop=0;
          break;
      }
      fclose(fp);                          /* 关闭指定文件 */

    }
    return 0;
}
void add(FILE * fp,struct ST_Employee person)   /* 添加新的员工记录 */
{ fwrite(&person,sizeof(struct ST_Employee),1,fp);
}
void query(FILE * fp,int num)          /* 根据员工工号查询某个员工的信息并显示 */
{ struct ST_Employee st_person;
    while(!feof(fp))
    {
        fread(&st_person,sizeof(struct ST_Employee),1,fp);
```

```
        if(st_person.no==num)
        {
            printf("%d  %s  %s %d  %s  %.2f\n", st_person.no,st_person.name,
            st_person.gender, st_person.age, st_person.phone, st_person.
            salary);
            break;
        }
    }
}
void list(FILE * fp)                              /* 显示所有员工的信息 */
{ struct ST_Employee emp;
    while(!feof(fp))
    {
        fread(&emp,sizeof(struct ST_Employee),1,fp);
        printf("%d  %s  %s %d  %s  %.2f\n", emp.no,emp.name,emp.gender,
                emp.age,emp.phone,emp.salary);
        }
}
```

本章小结

本章首先介绍了文件的基本概念,文件按照数据的存储形式分成两类：文本文件和二进制文件。

文件数据的处理过程一般为打开文件、处理数据(读、写以及数据的运算处理)和关闭文件。

ANSI C采用缓冲文件系统处理文件数据。本章重点介绍了文件的打开和关闭函数、文件的读写函数、文件的定位及随机读写函数以及一些相关函数。

习　题　9

一、客观题

1. 若要使用fopen()函数打开一个二进制文件,读取和写入内容,则文件打开方式字符串是________。

A. "ab+"　　B. "wb+"　　C. "rb"　　D. "ab"

2. 若要打开名为file.txt的文本文件进行读写操作,下面符合此要求的函数调用是________。

A. fopen("file.txt","r")　　B. fopen("file.txt","r+")

C. fopen("file.txt","rb")　　D. fopen("file.txt","w")

3. 以下程序执行后，文件 test.txt 中的内容是________。

```
#include<string.h>
#include<stdio.h>
void fun(char * fname, char * st)
{   FILE * f;int i;
    f=fopen(fname, "w");
    for(i=0; i<strlen(st); i++)fputc(st[i], f);
    fclose(f);
}
int main()
{   fun("test", "hello, ");
    fun("test", "new world");
    return 0;
}
```

A. hello，　　　　　　　　　　　B. new worldhello，

C. new world　　　　　　　　　　D. hello，new world

4. 如果要将存放在双精度型数组 a[10]中的 10 个双精度数写入文件指针 fp 指向的文件中，正确的语句是________。

A. for(i=0;i<80;i++) fputc(a[i],fp)；

B. for(i=0;i<10;i++) fputc(&a[i],fp)；

C. for(i=0;i<10;i++) fwrite(&a[i],8,1,fp)；

D. fwrite(fp,8,10,a)；

5. 标准函数 fgets(s, n, f)的功能是________。

A. 从文件 f 中读取长度为 n 的字符串存入指针 s 所指的内存

B. 从文件 f 中读取 n 个字符串存入指针 s 所指的内存

C. 从文件 f 中读取长度为 n−1 的字符串存入指针 s 所指的内存

6. 执行如下程序段：

```
FILE * fp;
fp=fopen("file","w");
```

则磁盘上生成的文件的全名是________。

A. file　　　　B. file.c　　　　C. file.dat　　　　D. file.txt

7. 有如下程序：

```
#include<stdio.h>
int main()
{   FILE * fp;
    fp=fopen("f1.txt","a");
    fprintf(fp,"abc");
    fclose(fp);
    return 0;
}
```

若文本文件 f1.txt 中原有内容为 good,则运行以上程序后文件 f1.txt 中的内容为________。

A. goodabc　　B. good　　C. abc　　D. abcgood

8. 若 fp 已正确定义并指向某个文件,当未遇到该文件结束标志时,函数 feof(fp)的值为________。

A. 0　　B. 1　　C. －1　　D. 一个非 0 值

9. 有以下程序

```
#include<stdio.h>
int main()
{   FILE * fp;
    int i=20,j=30,k,n;
    fp=fopen("d1.dat","w");
    fprintf(fp,"%d\n",i);
    fprintf(fp,"%d\n",j);
    fclose(fp);
    fp=fopen("d1.dat", "r");
    fp=fscanf(fp,"%d%d",&k,&n);
    printf("%d %d\n",k,n);
    fclose(fp);
    return 0;
}
```

程序运行后的输出结果是________。

A. 20 30　　B. 20 50　　C. 30 50　　D. 30 20

10. 以下叙述中错误的是________。

A. 在文件读写操作之前,先要使用 fopen()函数打开文件

B. 在程序结束时,应当用 fclose()函数关闭已打开的文件

C. 使用 fread()函数从二进制文件中读数据时,可以用数组名给数组中所有元素读入数据

D. 不可以用 FILE 定义指向二进制文件的文件指针

二、编程题

1. 从键盘输入一串字符,将其写入文件 data 中,然后从 data 文件中将字符逐个读出,统计其中大写字母、小写字母、数字、空格和其他字符的个数并输出。

2. 假设有一篇英文摘要,文件名为 abstract,编程统计 abstract 文件中单词的个数。

3. 从键盘输入某班 30 个学生 5 门课程的成绩,将其写入 score 文件。

4. 从第 3 题中 score 文件中读出成绩,计算每个学生的平均分和每门课程的平均分并输出。

三、应用与提高题

1. 从键盘输入某班学生的信息,将其保存到文件中。学生信息包括学号、姓名、性

别、年龄和学习成绩(语文、数学和外语)。

2. 对于上一题中的学生信息文件,进行如下处理。

(1) 在文件中加入新的学生信息。

(2) 输入一个学号,在文件中查找,显示学生信息。

(3) 输入一个学号,在文件中删除该学生信息。

3. 输入源文件名和目标文件名,将源文件内容复制到目标文件中。

4. 编程实现多个文本文件的合并。

第10章 应用实例

本章主要内容：

- 数值计算；
- 排序算法；
- 管理系统。

10.1 数值计算

C语言有着广泛的应用，其中一种典型的应用是数值计算。本节介绍C语言用于多项式计算、插值、非线性方程求解、线性代数方程组求解等。

10.1.1 一维多项式求值

本小节介绍一维多项式求值的问题、解题思路、程序设计和代码实现。

1. 问题

求 $n-1$ 次多项式 $P(x)=a_{n-1}x^{n-1}+a_{n-2}x^{n-2}+\cdots+a_1x+a_0$ 在指定 x 处的函数值。

2. 解题思路

将多项式转化为如下嵌套形式：

$$P(x)=(\cdots((a_{n-1}x+a_{n-2})x+a_{n-3})x+\cdots+a_1)x+a_0$$

然后由内向外计算。其递推公式为

$$\text{sum}=a_{n-1}$$

$$\text{sum}=\text{sum}*x+a_i(i=n-2,n-3,\cdots,1,0)$$

3. 程序设计

一维多项式求值函数可设置为

```
double polyEval(double a[],int n,double x)
```

形参 a 为 $n-1$ 次多项式的系数，n 为多项式项数，x 为指定值。函数返回值为多项式的值。

程序流程图如图 10-1 所示。

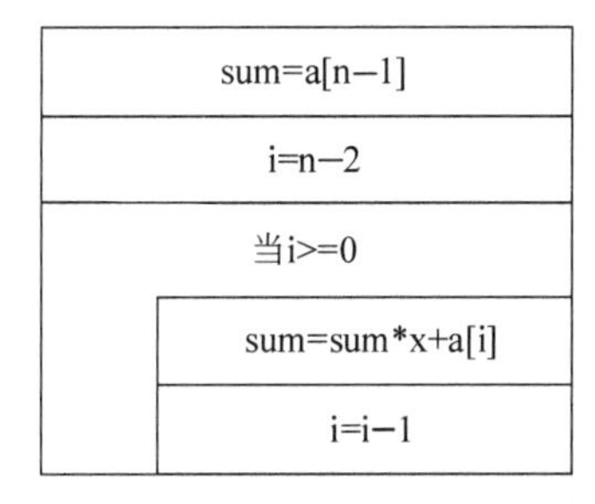

图 10-1　一维多项式求值程序流程图

4. 代码实现

程序代码如下：

```
double polyEval(double a[ ],int n,double x)
{
    int i;
    double sum=a[n-1];
    for(i=n-2; i>=0; i--)
      sum=sum*x+a[i];
    return(sum);
}
```

假定多项式为 $p(x)=2.31x^3+1.2x^2+2.4x+3.6$，计算其在 $x=0.9$ 处的函数值，则主函数代码如下：

```
#include<stdio.h>
int main()
{
    double a[4]={2.31,1.2,2.4,3.6};
    printf("%lf\n",polyEval(a,4,0.9));
    return 0;
}
```

运行情况：

```
7.958400
```

10.1.2　一元三点拉格朗日插值

本节介绍一元三点拉格朗日插值的问题、解题思路、程序设计和代码实现。

1. 问题

已知 $y=f(x)$ 在 n 个不同点 $x_i(i=0,1,\cdots,n-1)$ 上的函数值 y_i，用拉格朗日插值公式，计算任意插值点 t 的函数近似值 $z=f(t)$。

2. 解题思路

为了计算插值点 t 处的函数近似值，在给定的 n 个点中，选取最靠近插值点 t 的 3 个点。利用一元三点拉格朗日插值公式计算 t 点的函数近似值，即

$$z=\sum_{i=m}^{m+2} y_i \prod_{m+2}\left[(t-x_j)/(x_i-x_j)\right]$$

如果 $x_k<t<x_{k+1}$，当 $|x_k-t|>|t-x_{k+1}|$ 时，$m=k$，3 个点为 x_k, x_{k+1}, x_{k+2}；当 $|x_k-t|<|t-x_{k+1}|$ 时，$m=k-1$，3 个点为 x_{k-1}, x_k, x_{k+1}。当插值点 t 位于包含 n 个结点的区间外时，则取区间某端的 3 个点。

3. 程序设计

一元三点拉格朗日插值函数设置为

```
double lag(double * x, double * y, int n, double t)
```

形参 x 存放给定的 n 个不同点 x_i 的值，y 存放给定的 n 个点上的函数值 y_i，n 为点的个数，t 为指定插值点。函数返回值为 t 的函数近似值。

程序流程图如图 10-2 所示。

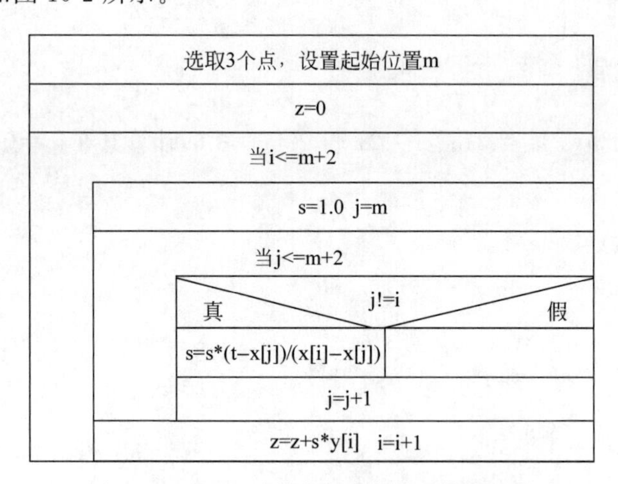

图 10-2 一元三点拉格朗日插值程序流程图

4. 代码实现

程序代码如下：

```
double lag(double * x, double * y,int n, double t)
```

```
{
    int i,j,k,m;
    double z=0,s;
    if(t<x[1])                  /* 选取最左边的 3 个点 */
        m=0;
    else if(t>x[n-2])           /* 选取最右边的 3 个点 */
        m=n-3;
    else                        /* 选取中间的 3 个点 */
    {   k=0;
        for(k=0;k<n;k++)
          if(x[k]<t&&x[k+1]>t) break;
        if(fabs(x[k]-t)>fabs(t-x[k+1])) m=k;
        else m=k-1;
    }
    for(i=m;i<=m+2;i++)         /* 使用拉格朗日差值公式计算 z 值 */
    {   s=1.0;
        for(j=m;j<=m+2;j++)
          if(j!=i) s=s*(t-x[j])/(x[i]-x[j]);
        z=z+s*y[i];
    }
    return z;
}
```

已知实验测得乙醇-水汽液平衡数据为 x(水)={0.00429, 0.01507, 0.02693, 0.04594, 0.06731, 0.10939}, y(乙醇摩尔分数)={0.052, 0.1539, 0.2337, 0.32, 0.3823, 0.453},用一元三点拉格朗日插值法计算 x 在 0.018 和 0.075 处的乙醇摩尔分数 y 值。则主函数代码如下:

```
#include<stdio.h>
#include<math.h>
double lag(double *x, double *y, int n, double t);
int main()
{
    int n;
    double x[6]={0.00429,0.01507,0.02693,0.04594,0.06731,0.10939};
    double y[6]={0.052,0.1539,0.2337,0.32,0.3823,0.453};
    double t,z;
    t=0.018; z=lag(x,y,6,t);
    printf("x=%6.3lf f(x)=%lf\n",t,z);
    t=0.075; z=lag(x,y,6,t);
    printf("x=%6.3lf f(x)=%lf\n",t,z);
    return 0;
}
```

运行情况：

```
x=0.018  f(x)=0.176763
x=0.075  f(x)=0.400368
```

10.1.3 对分法求非线性方程实根

本小节介绍对分法求非线性方程实根的问题、解题思路、程序设计和代码实现。

1. 问题

用对分法求非线性方程 $f(x)=0$ 在$[a,b]$的多个实根。

2. 解题思路

从区间左端点 $x_0=a$ 开始，以 h 为步长，进行搜索，直到区间右端点 b 为止。

对于每一个子区间$[x_i,x_{i+1}]$ $(x_{i+1}=x_i+h)$，分为以下 4 种情况。

(1) 如果 $f(x_i)=0$，则 x_i 为一个实根，从 $x_i+h/2$ 开始往后继续搜索。

(2) 如果 $f(x_{i+1})=0$，则 x_{i+1}为一个实根，从 $x_{i+1}+h/2$ 开始往后继续搜索。

(3) 如果 $f(x_i)f(x_{i+1})>0$，则放弃本子区间，从 x_{i+1}开始往后继续搜索。

(4) 如果 $f(x_i)f(x_{i+1})<0$，说明当前子区间内有实根，则首先取子区间的中间值 m，计算 $f(m)$，如果 $f(m)f(x_i)>0$ 则用 m 取代子区间左端点，如果 $f(m)f(x_i)<0$ 则用 m 取代子区间右端点，如果 $f(m)=0$，则 m 为一个实根。重复上面的过程，直到发现一个实根或子区间小于给定的精度，m 为求得的实根。

3. 程序设计

对分法求非线性方程实根的函数可设置为

```
int dichMethod(double a, double b,double h,double eps, double x[],int m)
```

形参 a 和 b 为根的给定区间，h 为步长，eps 为精度控制，数组 x 用于存放求得的实根，m 为实根个数的预估值。函数返回值为方程实根个数。

考虑到计算精度，判断 $f(x_i)=0$，使用语句 fabs(f(x_i))<eps 实现。

程序流程图如图 10-3 所示。

4. 代码实现

程序代码如下：

```
int dichMethod(double a, double b,double h,double eps, double x[],int m)
{
    int n=0;                            /*记录求得的实根个数*/
    double z=a,z1=z+h;                  /*子区间左端 z,右端 z1*/
    while((z<=b+h/2.0)&&(n!=m))         /*未达到右端 b,并且未找到 m 个实根*/
    {
```

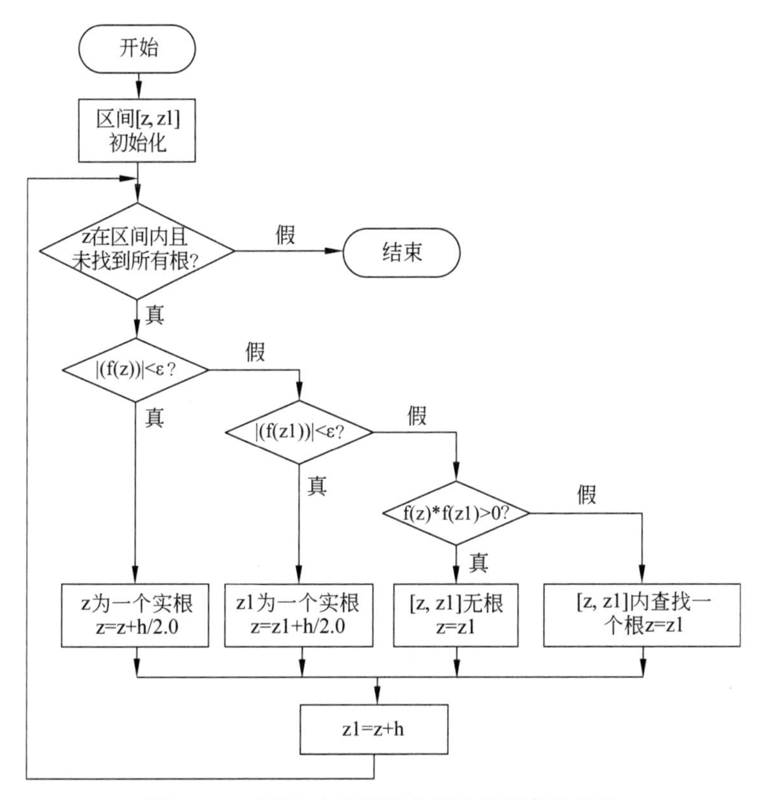

图 10-3　对分法求非线性方程实根程序流程图

```
        if(fabs(f(z))<eps)          /* 如果|f(z)|<eps,当作 f(z)=0,z 为一个实根 */
        {
            x[n++]=z;
            z=z+h/2.0;
        }
        else if(fabs(f(z1))<eps)    /* 如果|f(z1)|<eps,当作 f(z1)=0,z1 为一个实根 */
        {
            x[n++]=z1;
            z=z1+h/2.0;
        }
        else if(f(z) * f(z1)>0.0)  z=z1;        /* [z,z1]之间不存在实根 */
        else  /* [z,z1]之间存在实根 */
        {
            n=findOneRoot(z,z1,eps,x,n,h);
            z=z1;
    }
    z1=z+h;
    }
    return(n);
}
```

```
int findOneRoot(double z,double z1, double eps, double x[], int n,double h)
{/* 在[z,z1]查找一个实根 ,eps 为精度控制,x 为实根存放的数组,n 为当前求得的实根在数组
   中的存放位置,h 为步长 */
    double z0;
    while(1)
    {
        if(fabs(z1-z)<eps)  /* 如果区间长度小于 eps,区间中间点为方程的一个实根 */
        {
            x[n++]=(z1+z)/2.0;
            z=z1+h/2.0;
            break;
        }
        else                                /* 在[z,z1]内搜索实根 */
        {
            z0=(z1+z)/2.0;
            if(fabs(f(z0))<eps) /* 如果|f(z0)|<eps,当作 f(z0)=0,z0 为一个实根 */
            {
                x[n++]=z0;
                z=z0+h/2.0;
                break;
            }
            else if((f(z) * f(z0))<0.0)  z1=z0;         /* 子区间为[z,z0] */
            else  z=z0;                                 /* 子区间为[z0,z1] */
        }
    }
    return n;
}
```

因为不同的问题函数的形式不同,所以在解决具体问题时,需要给出问题函数 f 的定义。例如,求方程 $f(x)=x^5-5x^4+3x^3+x^2-7x+7=0$ 在$[-2,5]$内的所有实根。取步长为 0.2,精度为 0.000001。程序代码如下:

```
#include<stdio.h>
#include<math.h>
int dichMethod(double a, double b,double h,double eps, double x[],int m);
int findOneRoot(double z,double z1, double eps, double x[], int n,double h);
double f(double);
int main()
{
    int i,n;
    double x[6];
    n=dichMethod(-2.0,5.0,0.2,0.000001,x,6);
    for(i=0; i<=n-1; i++)
        printf("x(%d)=%lf\n",i,x[i]);
    return 0;
```

```
}
double f(double x)
{
    return((((x-5.0) * x+3.0) * x+1.0) * x-7.0) * x+7.0;
}
```

运行情况：

```
x(0)=-1.174302
x(1)=1.000000
x(2)=4.318480
```

10.1.4 线性方程组求解

本小节介绍线性方程组求解的问题、解题思路、程序设计和代码实现。

1. 问题

求解 n 阶线性代数方程组 $\boldsymbol{Ax}=\boldsymbol{b}$。其中

$$\boldsymbol{A}=\begin{bmatrix} a_{0,0} & a_{0,1} & \cdots & a_{0,n} \\ a_{1,0} & a_{1,1} & \cdots & a_{1,n} \\ \vdots & \vdots & \ddots & \vdots \\ a_{n-1,0} & a_{n-1,1} & \cdots & a_{n-1,n-1} \end{bmatrix},\quad \boldsymbol{x}=\begin{bmatrix} x_0 \\ x_1 \\ \vdots \\ x_{n-1} \end{bmatrix},\quad \boldsymbol{b}=\begin{bmatrix} b_0 \\ b_1 \\ \vdots \\ b_{n-1} \end{bmatrix}$$

2. 解题思路

采用全选主元高斯消去法求解线性方程组的主要步骤分为消元和回带两步。

1）消元

对于 k 从 0 开始到 $n-2$ 结束，进行如下处理。

（1）确定主元素。从系数矩阵 $\boldsymbol{A}$ 的第 k 行、第 k 列开始的右下角子阵中选取绝对值最大的元素，并将它换到主元素的位置上。

（2）系数矩阵和常数向量归一化

$$\begin{cases} a_{kj}=a_{kj}/a_{kk},j=k+1,\cdots,n-1 \\ b_k=b_k/a_{kk} \end{cases}$$

（3）系数矩阵和常数向量消元

$$\begin{cases} a_{ij}=a_{ij}-a_{ik}a_{kj},j,i=k+1,\cdots,n-1 \\ b_i=b_i-a_{ik}b_k,i=k+1,\cdots,n-1 \end{cases}$$

2）回代

$$\begin{cases} x_{n-1}=b_{n-1}/a_{n-1,n-1} \\ x_i=b_i-\sum\limits_{j=i+1}^{n-1}a_{ij}x_j,i=n-2,\cdots,1,0 \end{cases}$$

3. 程序设计

全选主元消去法求解线性方程组的函数可设置为

```
int gauss(double * a, double b[], int n)
```

其中,a 为系数矩阵,b 为常数向量,n 为方程组阶数。返回值为 0 表示原方程组系数矩阵奇异,返回 1 表示正常返回。

4. 代码实现

程序代码如下:

```
int gauss(double * a, double b[], int n)
{
    int row,i,j,k;
    double max, current;
    int * cp=malloc(n * sizeof(int));
    int flag=1;

    /* 消元 */
    for(k=0; k<=n-2;k++)
    {
        max=0.0;
        for(i=k; i<=n-1; i++)                /* 寻找右下角子阵中绝对值最大的元素 */
        {
            for(j=k; j<=n-1; j++)
            {
                current=fabs(* (a+i * n+j));
                if(current>max)
                {
                  max=current;
                  cp[k]=j;
                  row=i;
                }
            }
        }
        if(max==0.0)
            flag=0;
        else                                 /* 交换到主对角线上 */
        {
            if(cp[k]!=k)
            {
                for(i=0; i<=n-1; i++)
                {
```

```
                current=*(a+i*n+k);
                *(a+i*n+k)=*(a+i*n+cp[k]);
                *(a+i*n+cp[k])=current;
            }
        }
        if(row!=k)
        {
            for(j=k; j<=n-1; j++)
            {
                current=*(a+k*n+j);
                *(a+k*n+j)=*(a+row*n+j);
                *(a+row*n+j)=current;
            }
            current=b[k];
            b[k]=b[row];
            b[row]=current;
        }
    }
    if(flag==0) {
        free(cp);
        printf("方程组系数矩阵奇异,不存在唯一解\n");
        return (0);
    }
    max=*(a+k*n+k);
    for(j=k+1; j<=n-1; j++)          /*系数矩阵和常数向量归一化*/
    {
        *(a+k*n+j)=*(a+k*n+j)/max;
    }
    b[k]=b[k]/max;
    for(i=k+1; i<=n-1; i++)          /*系数矩阵和常数向量消元*/
    {
        for(j=k+1; j<=n-1; j++)
            *(a+i*n+j)=*(a+i*n+j)-(*(a+i*n+k))*(*(a+k * n+j));
        b[i]=b[i]-(*(a+i*n+k))*b[k];
    }
}
/*回代*/
max=*(a+(n-1)*n+n-1);
if(fabs(max)==0)
{
    free(cp);
    printf("方程组系数矩阵奇异,不存在唯一解\n");
    return (0);
}
```

```
    b[n-1]=b[n-1]/max;
    for(i=n-2; i>=0; i--)
    {
        current=0.0;
        for(j=i+1; j<=n-1; j++)
            current=current+(*(a+i*n+j))*b[j];
        b[i]=b[i]-current;
    }

    cp[n-1]=n-1;
    for(k=n-1; k>=0; k--)                  /*解向量调整位置*/
    {
        if(cp[k]!=k)
        {
            current=b[k];
            b[k]=b[cp[k]];
            b[cp[k]]=current;
        }
    }
    free(cp);
    return (1);
}
```

假定方程组为

$$\begin{cases}2x_6+2x_1-x_2=6\\x_0-2x_1+4x_2=3\\5x_0+7x_2+x_3=28\end{cases}$$

主函数代码如下：

```
#include<stdio.h>
#include<math.h>
int gauss(double * a, double b[], int n) ;
int main()
{
    int i,result;
    double a[3][3]={{2,2,-1},{1,-2,4},{5,7,1}};
    double b[3]={6,3,28};
    result=gauss(&a[0][0],b,3);
    if(result!=0)
        for(i=0;i<=2;i++)
            printf("x%d=%.2lf\n",i,b[i]);
    return 0;
}
```

运行情况：

```
x0=1.00
x1=3.00
x2=2.00
```

10.2 排　　序

排序是计算机程序设计中常用的操作。它将一组数据排列成按照关键字有序排列的序列。

10.2.1 直接插入排序

本小节介绍几种典型排序算法的基本思想和代码实现。

直接插入排序的基本思想：每一趟将一个待排序的记录按其关键字的大小插入已经排好序的一组记录的适当位置上，直到所有待排序记录全部插入为止。

假定待排序记录的初始序列为{40,34,78,23,59}，则排序过程如下。

第一趟：40。

第二趟：34,40。

第三趟：34,40,78。

第四趟：23,34,40,78。

第五趟：23,34,40,59,78。

其中第 i 趟排序过程是将第 i 个记录与已经排序好的 i−1 个记录进行比较，找到插入位置，插入有序表中，从而得到一个新的记录数为 i 的有序表。对于 n 个记录，要进行 n−1 趟排序。先将序列中的第 1 个记录看成是一个有序子序列，然后从第 2 个记录开始进行插入，直到完成所有记录的插入。

程序代码如下：

```
void insertSort(int a[],int len)
{
    int i,j,temp;
    for(i=1;i<len;i++)
    {
        if(a[i]<a[i-1])
        {
            temp=a[i];
            for(j=i-1;j>=0 && a[j]>temp;j--)
                a[j+1]=a[j];
            a[j+1]=temp;
        }
    }
}
```

假定当前待排序序列为 34,56,12,78,90,36,17,18,13,19,则主函数代码如下：

```
#include<stdio.h>
int main()
{
    int r[10]={34,56,12,78,90,36,17,18,13,19};
    int i;
    insertSort(r,10);
    for(i=0;i<10;i++)
        printf("%d ",r[i]);
    return 0;
}
```

运行情况：

```
12 13 17 18 19 34 36 56 78 90
```

10.2.2 希尔排序

希尔排序的基本思想：将待排序记录分为若干个子序列,分别进行直接插入排序,待整个序列中的记录基本有序时,再对全体序列进行一次直接插入排序。

假定待排序记录的初始序列为{34,56,12,78,60,17,36,14,65,49},则排序过程如图 10-4 所示。从上述排序过程可见,希尔排序的子序列是将某个增量的记录组成一个子序列。在例子中,第一趟排序时增量为 5,第二趟排序时增量为 3,第三趟排序时增量为 1。常见的划分子序列的方法有初始增量为记录长度的一半,之后每执行一次增量折半。

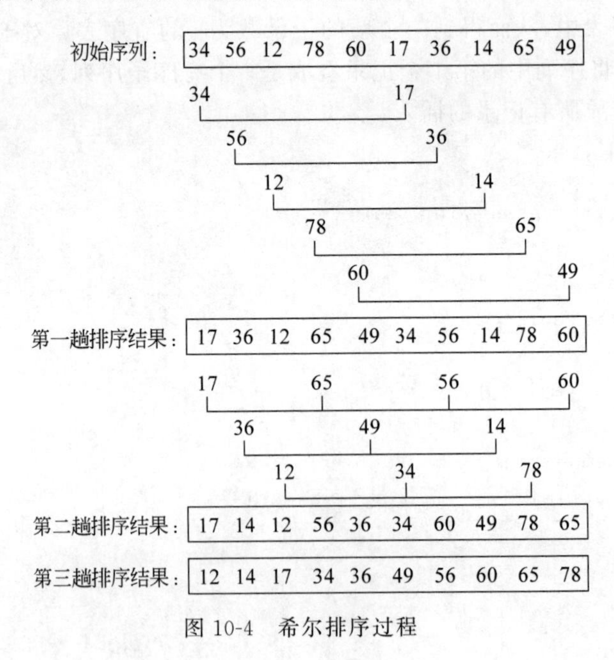

图 10-4 希尔排序过程

程序代码如下：

```
void shellSort(int a[],int len)
{
    int i, j, k, tmp, gap;          /* gap 为增量 */
    for(gap=len/2; gap>0; gap=gap/2)  /* 第一趟排序增量 len/2,每趟排序增量减半 */
    {
        for(i=0; i<gap;++i)
        {
            for(j=i+gap; j<len; j+=gap)
            {
                tmp=a[j];
                k=j-gap;
                while(k>=0 && a[k]>tmp) {
                    a[k+gap]=a[k];
                    k=k-gap;
                }
                a[k+gap]=tmp;
            }
        }
    }
}
```

10.2.3 快速排序

快速排序的基本思想：通过一趟排序将待排序的记录分割成独立的两部分，其中一部分记录的关键字比另外一部分记录的关键字小，然后再按此方法对这两部分记录分别进行快速排序，重复这一过程，直到整个序列有序。

针对待排序序列，可选取第一个记录为支点，然后按照下面的原则重排序列其余记录：将关键字比支点小的记录安置在它之前，将关键字比支点大的记录安置在它之后。由此，支点所在记录作为分界，将序列分为两个子序列。这个过程称为一趟快速排序(或一次划分)。

假定待排序记录的初始序列为{34,56,12,78,60,17,36,14,65,49}，则排序过程如图 10-5 和图 10-6 所示。

程序代码如下：

```
void quickSort(int a[],int low,int high)
{
    int pivotlocation;   /* 记录支点位置 */
    if(low<high)
    {
        pivotlocation=partition(a,low,high); /* 序列 a[low]…a[high]一分为二 */
```

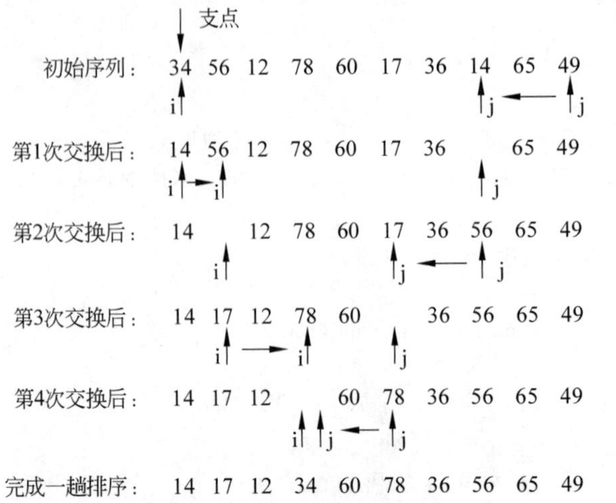

```
        ↓ 支点
初始序列：  34  56  12  78  60  17  36  14  65  49
           ↑i                              ↑j ←— ↑j
第1次交换后：14  56  12  78  60  17  36      65  49
           ↑i→ ↑i                          ↑j
第2次交换后：14      12  78  60  17  36  56  65  49
               ↑i                  ↑j ←— ↑j
第3次交换后：14  17  12  78  60      36  56  65  49
               ↑i —→  ↑i           ↑j
第4次交换后：14  17  12      60  78  36  56  65  49
                      ↑i ↑j ←— ↑j
完成一趟排序：14  17  12  34  60  78  36  56  65  49
```

图 10-5　一趟快速排序过程

```
初始状态：    {34  56  12  78  60  17  36  14  65  49}
一次划分之后：{14  17  12}  34 {60  78  36  56  65  49}
子序列快速排序：{12} 14 {17}
                          {49  56  36}  60  {65  78}
                          {36}  49  {56}
                                            65  {78}
有序序列：    {12  14  17  34  36  49  56  60  65  78}
```

图 10-6　完整快速排序过程

```
        quickSort(a,low,pivotlocation-1);       /*第一个子序列快速排序*/
        quickSort(a,pivotlocation+1,high);      /*第二个子序列快速排序*/
    }
}
int partition(int a[],int low,int high)
{/*对序列 a[low]..a[high]进行一次划分,返回支点位置,使得支点位置之前的记录<=支点,
    支点位置之后的记录>=支点*/
    int pivot=a[low];                           /*保存支点的值*/
    while(low<high)                             /*从序列两端交替向中间扫描*/
    {
        while(low<high && a[high]>=pivot) high--;   /*找到第一个比支点小的记录*/
        a[low]=a[high];                         /*比支点小的记录移到低端*/
        while(low<high && a[low]<=pivot)  low++; /*找到第一个比支点大的记录*/
        a[high]=a[low];                         /*比支点大的记录移到高端*/
    }
    a[low]=pivot;                               /*支点记录到位*/
    return low;                                 /*返回支点位置*/
}
```

10.2.4 选择排序

选择排序的基本思想：每一次从待排序记录中选取关键字最小的记录作为有序序列的第 i 个记录，直到所有记录处理完成。

简单选择排序是一种选择排序方法，对于有 n 个记录的序列，第 i 趟选择操作为在第 i 个记录到第 n 个记录中，通过 $n-i$ 次关键字比较，从 $n-i+1$ 个记录中选出关键字最小的记录，并和第 i 个记录交换。一共进行 $n-1$ 趟选择操作。

假定待排序记录的初始序列为{34,56,12,78,60,17,36,14,65,49}，则排序过程如图 10-7 所示。

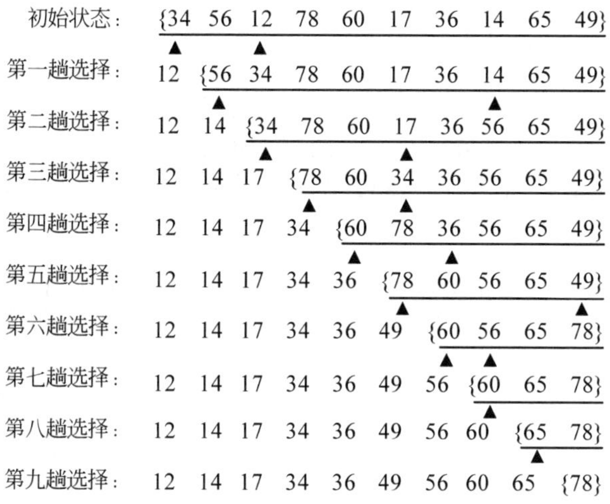

初始状态：{34 56 12 78 60 17 36 14 65 49}
第一趟选择：12 {56 34 78 60 17 36 14 65 49}
第二趟选择：12 14 {34 78 60 17 36 56 65 49}
第三趟选择：12 14 17 {78 60 34 36 56 65 49}
第四趟选择：12 14 17 34 {60 78 36 56 65 49}
第五趟选择：12 14 17 34 36 {78 60 56 65 49}
第六趟选择：12 14 17 34 36 49 {60 56 65 78}
第七趟选择：12 14 17 34 36 49 56 {60 65 78}
第八趟选择：12 14 17 34 36 49 56 60 {65 78}
第九趟选择：12 14 17 34 36 49 56 60 65 {78}

图 10-7 简单选择排序过程

程序代码如下：

```
void selectSort(int a[],int len)
{
    int i,j,temp;
    for(i=0;i<len-1;++i)
    {
      j=selectMin(a,i,len);             /*选择 a[i]..a[len-1]中最小的记录*/
      if(i!=j)                          /*最小的记录与第 i 个记录交换*/
      {
        temp=a[i];
        a[i]=a[j];
        a[j]=temp;
      }
    }
}
int selectMin(int a[], int i, int len)  /*选择 a[i]..a[len-1]中最小的记录*/
```

```
{
    int j;
    int min=i;
    for(j=i;j<len;j++)
        if(a[j]<a[min])
            min=j;
    return min;
}
```

10.2.5 归并排序

归并排序的基本思想：将两个或两个以上有序表组合成新的有序表。假设初始序列含有 n 个记录，则可以看成是 n 个有序的子序列，每个子序列长度为 1。然后两两归并，得到长度为 2 或 1 的新的有序子序列；然后再两两归并，如此重复，直到得到一个长度为 n 的有序序列为止。这种排序方法称为二路归并排序。

假定待排序记录的初始序列为{34,56,12,78,60,17,36,14,65,49}，则排序过程如图 10-8 所示。

```
初始状态：    {34} {56} {12} {78} {60} {17} {36} {14} {65} {49}
第一趟归并后：{34  56} {12  78} {17  60} {14  36} {49  65}
第二趟归并后：{12  34  56  78} {14  17  36  60} {49  65}
第三趟归并后：{12  14  17  34  36  56  60  78} {49  65}
第四趟归并后：{12  14  17  34  36  49  56  60  65  78}
```

图 10-8 二路归并排序过程

程序代码如下：

```
void mergeSort(int sr[],int tr[],int s, int t)
{/*将 sr[s]..sr[t]归并排序为 tr[s]..tr[t] */
    int m;
    int *tr1=(int *)malloc((t-s+1)*sizeof(int));
    if(s==t)
      tr[s]=sr[s];
    else
    {
      m=(s+t)/2;          /*将 sr[s]..sr[t]平分为 sr[s]..sr[m]和 sr[m+1]..sr[t]*/
      mergeSort(sr,tr1,s,m);            /*递归地将 sr[s]..sr[m]归并为有序序列
                                          tr1[s]..tr1[m]*/
      mergeSort(sr,tr1,m+1,t);          /*递归地将 sr[m+1]..sr[t]归并为有序序列
                                          tr1[m+1]..tr1[t]*/
      merge(tr1,tr,s,m,t);              /*将 tr1[s]..tr1[m]和 tr1[m+1]..tr1[t]
```

```
                                          并到 tr[s]..tr[t] */
    }
}
void merge(int sr[],int tr[],int s,int m,int n)
{/* 将有序序列 sr[s]..sr[m]和 sr[m+1]..sr[n]归并为 tr[s]..tr[n] */
    int i,j,k;     /* i 指向 sr[s]..sr[m]中当前处理元素;j 指向 sr[m+1]..sr[n];k 指向
                   tr[s]..tr[n] */
    for(j=m+1,k=s,i=s;i<=m&&j<=n;k++)
    {/* 将 sr 中的元素由小到大插入 tr 中 */
        if(sr[i]<=sr[j])
            tr[k]=sr[i++];
        else
            tr[k]=sr[j++];
    }
    while(i<=m)           /* sr[i]..sr[m]中剩余元素复制到 tr 中 */
        tr[k++]=sr[i++];
    while(j<=n)           /* sr[m+1]..sr[n]中剩余元素复制到 tr 中 */
        tr[k++]=sr[j++];
}
```

主程序调用代码如下：

```
#include<stdio.h>
#include<stdlib.h>
int main()
{
    int r[10]={34,56,12,78,90,36,17,18,13,19};
    int i;
    mergeSort(r,r,0,9);
    for(i=0;i<10;i++)
        printf("%d ",r[i]);
    return 0;
}
```

10.3 管理系统

本节介绍管理系统的系统功能、设计思路和代码实现。

10.3.1 系统功能

本小节将介绍一个简化的通讯录管理系统的实现。系统主要功能如下：

(1) 显示通讯录；

(2) 查找联系人；

(3) 添加联系人；

(4) 修改联系人；

(5) 删除联系人。

10.3.2 设计思路

系统设计包括数据设计和函数设计。其中，数据设计给出系统核心数据的定义，函数设计给出系统主要函数的功能和声明。

1. 数据设计

通讯录中的联系人信息包括姓名、工作单位、手机、电子邮件、通信地址。采用结构体类型来定义一个联系人，采用单链表存放所有联系人信息，单链表中的每个结点对应一个联系人。通讯录保存在文件中，添加/修改/删除联系人操作后，更新文件内容。

单链表的结点定义如下：

```
struct personNode {
    char name[30];              /* 姓名 */
    char employer[30];          /* 工作单位 */
    char phone[30];             /* 手机 */
    char email[30];             /* 电子邮件 */
    char address[50];           /* 通信地址 */
    struct personNode * next;
};
```

联系人单链表的头指针定义如下：

```
personNode * head;
```

通讯录文件的第一行为联系人数量，之后每一行为一个联系人的信息，各项信息之间用空格分隔。示例如下：

```
2
李杰 北京工业大学 13371577036 lijie@163.com 北京市朝阳区平乐园 100 号
赵强栋 北京化工大学 13301196417 zqd@163.com 北京市朝阳区北三环东路 15 号
```

2. 函数设计

系统主要完成联系人信息的显示、查找、添加、修改、删除等功能，操作时需要从文件中读取和保存通讯录。主要功能模块如图 10-9 所示，图 10-9 中的每个模块对应一个函数。

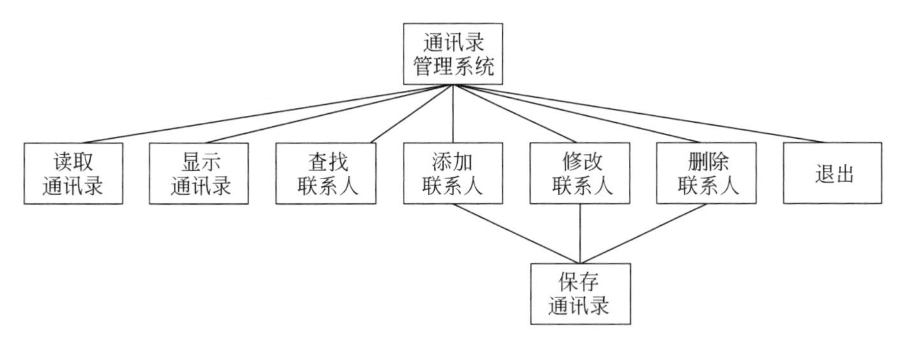

图 10-9　系统主要功能模块

1）通讯录管理系统

对应主函数，实现和用户的交互。主要功能为读取通讯录，显示操作菜单，接收用户选择的操作，调用相应的处理函数。

2）读取通讯录

从文件中读取联系人信息，创建联系人单链表。函数声明如下：

```
struct personNode * readAddressBookFromFile(char * fileName);
```

其中，函数形参为通讯录的文件名，返回联系人链表头指针。

3）显示通讯录

在屏幕上显示通讯录中所有联系人的信息。函数声明如下：

```
void showAddressBook(struct personNode * head);
```

其中，函数形参为联系人链表头指针。

4）查找联系人

根据用户给定的联系人姓名，查找联系人，如果找到符合条件的联系人，则输出该联系人的信息。函数声明如下：

```
void searchPerson(struct personNode * head);
```

5）添加联系人

根据用户给定的联系人信息，创建联系人结点，插入联系人链表，操作完成后将联系人保存到文件中。函数声明如下：

```
struct personNode * addPerson(struct personNode * head);
```

返回联系人链表头指针。

6）修改联系人

根据用户给定的联系人姓名，查找联系人单链表，如果找到符合条件的联系人，则输出该联系人的信息，接收用户输入的修改信息，操作完成后更新联系人文件。函数声明如下：

```
void editPerson(struct personNode * head);
```

7）删除联系人

根据用户给定的联系人姓名，查找联系人单链表，如果找到符合条件的联系人，则删除该联系人的信息，操作完成后更新联系人文件。函数声明如下：

```
struct personNode * deletePerson(struct personNode * head);
```

返回联系人链表头指针。

8）退出

释放联系人单链表占用的空间，退出系统。函数声明如下：

```
void quit(struct personNode * head);
```

9）保存通讯录

将单链表中的联系人信息保存到文件中。当进行添加联系人、修改联系人和删除联系人操作时，需要调用该函数。函数声明如下：

```
void saveAddressBookToFile(struct personNode * head, char * fileName);
```

其中，函数形参为联系人链表头指针和通讯录文件名。

10.3.3 代码实现

本小节介绍通讯录管理系统的代码实现，包括 main()函数和其他主要函数的代码。

1. 通讯录管理系统

主程序代码如下：

```
#include<stdio.h>
#include<malloc.h>
#include<string.h>
#include<stdlib.h>
#define AddressBookFileName "d:\\addressbook.txt"  /* 通讯录文件 */
struct personNode {
    char name[20];                              /* 名字 */
    char employer[30];                          /* 工作单位 */
    char phone[20];                             /* 电话 */
    char email[30];                             /* 电子邮件 */
    char address[50];                           /* 通信地址 */
    struct personNode * next;
};
int main() {
    struct personNode * head=NULL;                  /* 联系人链表头指针 */
    int input;
    head=readAddressBookFromFile(AddressBookFileName);  /* 读取通讯录 */
    while(1) {
```

```
        printf("\n\n");
        printf("*通讯录管理 *\n");
        printf("******************\n");
        printf("*   1 显示通讯录   *\n");
        printf("*   2 查找联系人   *\n");
        printf("*   3 添加联系人   *\n");
        printf("*   4 修改联系人   *\n");
        printf("*   5 删除联系人   *\n");
        printf("*   6 退出         *\n");
        printf("******************\n");
        printf("请输入选择的操作:");
        scanf("%d", &input);
        switch (input)
        {
            case 1:showAddressBook(head);break;
            case 2:searchPerson(head);break;
            case 3:head=addPerson(head);break;
            case 4:editPerson(head);break;
            case 5:head=deletePerson(head);break;
            case 6:quit(head);break;
            default:break;
        }
    }
    return 0;
}
```

2. 读取通讯录

程序代码如下:

```
struct personNode *readAddressBookFromFile( char *fileName)
{
    struct personNode *head, *p1, *p2;
    int num,i;
    head=NULL;
    FILE *fp;
    fp=fopen(fileName, "r");   /*打开文件*/
    if(fp==NULL) {
        printf("通讯录文件不存在\n");
        exit(0);
    }
    fscanf(fp, "%d", &num);   /*获取联系人个数*/
    for(i=1;i<=num;i++)       /*读取文件,创建联系人单链表*/
    {
        p1=(struct personNode *)malloc(sizeof(struct personNode));
```

```
        fscanf(fp, "%s%s%s%s%s", &p1->name, &p1->employer, &p1->phone,
            &p1->email,&p1->address);
        p1->next=NULL;
        if(head==NULL) head=p1;
        else p2->next=p1;
        p2=p1;
    }
    fclose(fp);
    return head;
}
```

3. 显示通讯录

程序代码如下：

```
void showAddressBook(struct personNode * head)
{
    struct personNode * p;
    int n=1;
    p=head;                          /* p指向链表的第一个结点 */
    while(p!=NULL)                   /* p所指向的结点非空 */
    {
        printf("%d %s %s %s %s %s\n",n++,p->name,p->employer,p->phone,
            p->email,p->address);
        p=p->next;                   /* p指向下一个结点 */
    }
}
```

4. 查找联系人

程序代码如下：

```
void searchPerson(struct personNode * head)
{
    struct personNode * p;
    char name[20];
    int n=0;
    p=head;
    printf("请输入要查找的联系人姓名：");
    scanf("%s",&name);
    while(p!=NULL)                    /* p所指向的结点非空 */
    {
        if(strcmp(p->name,name)==0)                  /* 当前结点的姓名与要查找的相同 */
        {
            printf("联系人信息：%s %s %s %s %s\n",p->name,p->employer,
```

```
            p->phone,p->email,p->address); /*输出当前结点值*/
        n++;
    }
    p=p->next;                              /*p指向下一个结点*/
  }
  if(n==0)
    printf("未找到该联系人\n");
}
```

5. 添加联系人

程序代码如下：

```
struct personNode *addPerson(struct personNode *head)
{
    struct personNode *node;
    node=(struct personNode *) malloc(sizeof(struct personNode));
                                                    /*申请新结点*/
    printf("请输入要添加的联系人姓名、单位、电话、邮件和通信地址：");
    scanf("%s%s%s%s%s", &node->name, &node->employer, &node->phone,
            &node->email,&node->address);           /*输入联系人信息*/
    node->next=NULL;
    if(head==NULL)                                  /*空链表*/
    {   head=node;
    } else                                          /*非空链表*/
    {
        node->next=head;
        head=node;
    }
    saveAddressBookToFile(head,AddressBookFileName);  /*保存通讯录*/
    printf("添加完成\n");
    return head;
}
```

6. 修改联系人

程序代码如下：

```
void editPerson(struct personNode *head)
{
    struct personNode *p1, *p2;
    char name[20];
    printf("请输入要修改的联系人姓名：");
    scanf("%s", &name);
    p1=head;
```

```
    while(p1!=NULL && strcmp(p1->name,name)!=0)   /*查找联系人*/
    {   p2=p1;
        p1=p1->next;
    }
    if(p1==NULL)                                   /*未找到要修改的联系人*/
        printf("找不到该联系人\n");
    else                                           /*找到要修改的联系人*/
    {
        printf("修改前的联系人信息：%s %s %s %s %s\n",p1->name, p1->employer,
        p1->phone, p1->email,p1->address);
        printf("请输入修改后的联系人姓名、单位、电话、邮件和通信地址：");
        scanf("%s%s%s%s%s",&p1->name,&p1->employer,&p1->phone,&p1->email,
            &p1->address);
        saveAddressBookToFile(head,AddressBookFileName);     /*保存通讯录*/
        printf("修改完成\n");

    }
    return head;
}
```

7. 删除联系人

程序代码如下：

```
struct personNode *deletePerson(struct personNode *head)
{
    struct personNode *p1, *p2;
    char name[20];
    printf("请输入要删除的联系人姓名：");
    scanf("%s", &name);
    p1=head;
    while(p1!=NULL && strcmp(p1->name,name)!=0)   /*查找联系人*/
    {   p2=p1;
        p1=p1->next;
    }
    if(p1==NULL)                                   /*未找到要删除的结点*/
    {  printf("找不到该联系人\n");
        return head;
    }
    if(p1==head)                                   /*要删除联系人为表头结点*/
        head=head->next;
    else
        p2->next=p1->next;
    free(p1);                                      /*释放被删除结点空间*/
    saveAddressBookToFile(head,AddressBookFileName);/*保存通讯录*/
```

```
    printf("删除完成\n");
    return head;
}
```

8. 退出

程序代码如下：

```
void quit(struct personNode * head)
{
    struct personNode * p;
    p=head;
    while(p!=NULL)                    /* p所指向的结点非空 */
    {
        head=head->next;              /* 头指针指向下一个结点 */
        free(p);                      /* 释放结点空间 */
        p=head;                       /* p指向新的头结点 */
    }
    exit(0);
}
```

9. 保存通讯录

程序代码如下：

```
void saveAddressBookToFile(struct personNode * head, char * fileName)
{
    FILE * fp;
    struct personNode * p;
    int n=0;
    fp=fopen(fileName, "w");
    if(fp==NULL)
    {
        printf("打开通讯录文件失败\n");
        return;
    }
    p=head;
    while(p!=NULL)                    /* 统计联系人数量 */
    {
        n++;
        p=p->next;
    }
    fprintf(fp,"%d\n",n);             /* 联系人数量写入文件第一行 */
    p=head;
    while(p!=NULL)                    /* p所指向的结点非空 */
```

```
    {
        fprintf(fp, "%s %s %s %s %s\n", p->name, p->employer, p->phone,
            p->email,p->address);      /*写入联系人信息*/
        p=p->next;
    }
    fclose(fp);
}
```

程序运行界面如下：

```
******************
*   通讯录管理   *
******************
*  1 显示通讯录  *
*  2 查找联系人  *
*  3 添加联系人  *
*  4 修改联系人  *
*  5 删除联系人  *
*  6 退出        *
******************
请输入选择的操作:
```

本章小结

本章介绍了C语言程序用于数值计算、排序和管理系统的实例。

习　题　10

1. 编程实现一个学生成绩管理系统。主要功能包括输入学生数据、输出学生数据、学生数据查询、添加学生数据、修改学生数据和删除学生数据。

2. 编程实现一个考试报名系统。主要功能包括输入考生信息、输出考生信息、查询考生信息、添加考生信息、修改考生信息和删除考生信息。

3. 编程实现一个图书馆管理系统。主要功能包括图书管理、借阅者管理、借书、还书和查找图书。

附录A ASCII 码表

ASCII 码	字符	ASCII 码	字符	ASCII 码	字符	ASCII 码	字符
0	NUL(空字符)	32	SP(空格)	64	@	96	`
1	SOH(标题开始)	33	!	65	A	97	a
2	STX(正文开始)	34	"	66	B	98	b
3	ETX(正文结束)	35	#	67	C	99	c
4	EOT(传输结束)	36	$	68	D	100	d
5	ENQ(请求)	37	%	69	E	101	e
6	ACK(收到通知)	38	&	70	F	102	f
7	BEL(响铃)	39	'	71	G	103	g
8	BS(退格)	40	(	72	H	104	h
9	HT(水平制表符)	41	)	73	I	105	i
10	LF(换行键)	42	*	74	J	106	j
11	VT(垂直制表符)	43	+	75	K	107	k
12	FF(换页键)	44	,	76	L	108	l
13	CR(回车键)	45	—	77	M	109	m
14	SO(不用切换)	46	。	78	N	110	n
15	SI(启用切换)	47	/	79	O	111	o
16	DLE(数据链路转义)	48	0	80	P	112	p
17	DC1(设备控制 1)	49	1	81	Q	113	q
18	DC2(设备控制 2)	50	2	82	R	114	r
19	DC3(设备控制 3)	51	3	83	S	115	s
20	DC4(设备控制 4)	52	4	84	T	116	t
21	NAK(拒绝接收)	53	5	85	U	117	u
22	SYN(同步空闲)	54	6	86	V	118	v
23	ETB(传输块结束)	55	7	87	W	119	w
24	CAN(取消)	56	8	88	X	120	x
25	EM(介质中断)	57	9	89	Y	121	y
26	SUB(替补)	58	:	90	Z	122	z
27	ESC(溢出)	59	;	91	[	123	{
28	FS(文件分割符)	60	<	92	\	124	|
29	GS(分组符)	61	=	93	]	125	}
30	RS(记录分离符)	62	>	94	^	126	~
31	US(单元分隔符)	63	?	95	—	127	Del

附录B 运算符的优先级和结合性

优先级	运　算　符	含　　义	结　合　性
1	()	圆括号	左结合
	[]	下标运算符	
	->	指向结构体成员运算符	
	.	结构体成员运算符	
2	!	逻辑非运算符	右结合
	~	按位取反运算符	
	++	自增运算符	
	--	自减运算符	
	-	负号运算符	
	(类型)	类型转换运算符	
	*	指针运算符	
	&	取地址运算符	
	sizeof	长度运算符	
3	*	乘法运算符	左结合
	/	除法运算符	
	%	求余运算符	
4	+	加法运算符	左结合
	-	减法运算符	
5	<<	左移运算符	左结合
	>>	右移运算符	
6	< <= > >=	关系运算符	左结合
7	==	等于运算符	左结合
	!=	不等于运算符	

续表

<table>
<tr><th>优先级</th><th>运　算　符</th><th>含　　义</th><th>结　合　性</th></tr>
<tr><td>8</td><td>&</td><td>按位与运算符</td><td>左结合</td></tr>
<tr><td>9</td><td>^</td><td>按位异或运算符</td><td>左结合</td></tr>
<tr><td>10</td><td>|</td><td>按位或运算符</td><td>左结合</td></tr>
<tr><td>11</td><td>&&</td><td>逻辑与运算符</td><td>左结合</td></tr>
<tr><td>12</td><td>||</td><td>逻辑或运算符</td><td>左结合</td></tr>
<tr><td>13</td><td>? :</td><td>条件运算符</td><td>右结合</td></tr>
<tr><td>14</td><td>=　+=　-=　*=　/=　%=</td><td>赋值运算符</td><td>右结合</td></tr>
<tr><td>15</td><td>,</td><td>逗号运算符</td><td>左结合</td></tr>
</table>

说明：相同级别的运算符按结合性进行。左结合为自左至右，右结合为自右至左。

附录C 常用库函数

1. 数学函数

使用数学函数(见表C-1)时，应该在程序的源文件中使用以下命令：

```
#include<math.h>   或   #include "math.h"
```

表 C-1 数学函数

函数名	函数原型	功能	返回值
abs	int abs(int x)	求整数 x 的绝对值	计算结果
acos	double acos(double x)	计算 $\cos^{-1}(x)$的值，x 应在－1 到 1 范围内	计算结果
asin	double asin(double x)	计算 $\sin^{-1}(x)$的值，x 应在－1 到 1 范围内	计算结果
atan	double atan(double x)	计算 $\tan^{-1}(x)$的值	计算结果
atan2	double $atan^2$(double x, double y)	计算 $\tan^{-1}(x/y)$的值	计算结果
cos	double cos(double x)	计算 cos(x)的值，x 的单位为弧度	计算结果
cosh	double cosh(double x)	计算 x 的双曲余弦函数 cosh(x)的值	计算结果
exp	double exp(double x)	计算 e^x 的值	计算结果
fabs	double fabs(double x)	求 x 的绝对值	计算结果
floor	double floor(double x)	求出不大于 x 的最大整数	该整数的双精度实数
fmod	double fomd(double x, double y)	求整除 x/y 的余数	余数的双精度实数
log	double log(double x)	求 $\log_e x$ 的值，即 ln(x)	计算结果
log10	double log10(double x)	求 $\log_{10} x$ 的值	计算结果
pow	double pow(double x, double y)	计算 x^y 的值	计算结果
rand	int rand(void)	产生－90～32767 的随机整数	随机整数
sin	double sin(double x)	计算 sin(x)的值，x 的单位为弧度	计算结果
sinh	double sinh(double x)	计算 x 的双曲正弦函数 sinh(x)的值	计算结果

续表

函数名	函数原型	功能	返回值
sqrt	double sqrt(double x)	计算$\sqrt{x}$，$x \geq 0$	计算结果
tan	double tan(double x)	计算 tan(x)的值，x 的单位为弧度	计算结果
tanh	double tanh(double x)	计算 x 的双曲正切函数 tanh(x)的值	计算结果

2. 字符函数

使用字符函数(见表 C-2)时，应该在程序的源文件中使用以下命令：

```
#include<ctype.h>  或  #include "ctype.h"
```

表 C-2　字符函数

函数名	函数原型	功能	返回值
isalnum	int isalnum(int ch)	检查 ch 是否为字母或数字	是则返回 1；否则返回 0
isalpha	int isalpha(int ch)	检查 ch 是否为字母	是大字母则返回 1；是小字母则返回 2；否则返回 0
iscntrl	int cntrl(int ch)	检查 ch 是否为控制字符	是则返回 1；否则返回 0
isdigit	int isdigit(int ch)	检查 ch 是否为数字(0～9)	是则返回 1；否则返回 0
isgraph	int isgraph(int ch)	检查 ch 是否为可打印字符，不包括空格	是则返回 1；否则返回 0
islower	int islower(int ch)	检查 ch 是否为小写字母	是则返回 2；否则返回 0
isprint	int isprint(int ch)	检查 ch 是否为可打印字符，包括空格	是则返回 1；否则返回 0
ispunct	int ispunct(int ch)	检查 ch 是否为标点字符	是则返回 1；否则返回 0
isspace	int isspace(int ch)	检查 ch 是否为空格、跳格符(制表符)或换行符	是则返回 1；否则返回 0
isupper	int isupper(int ch)	检查 ch 是否为大写字母(A～Z)	是则返回 1；否则返回 0
isxdigit	int isxdigit(int ch)	检查 ch 是否为十六进制数字字符	是则返回 1；否则返回 0
tolower	int tolower(int ch)	将 ch 字符转换为小写字母	与 ch 相应的小写字母
toupper	int toupper(int ch)	将 ch 字符转换为大写字母	与 ch 相应的大写字母

3. 字符串函数

使用字符串函数(见表 C-3)时，应该在程序的源文件中使用以下命令：

```
#include<string.h>  或  #include "string.h"
```

4. 输入输出函数

使用输入输出函数(见表 C-4)时，应该在程序的源文件中使用以下命令：

```
#include<stdio.h>  或  #include "stdio.h"
```

表 C-3　字符串函数

函数名	函数原型	功　能	返回值
strcat	char * strcat(char * str1, char * str2)	把字符串 str2 接到 str1 的后面，str1 最后面的\0 被取消	返回 str1
strchr	char * strchr(char * str, int ch)	找出 str 指向的字符串中第一次出现字符 ch 的位置	返回指向该位置的指针；如找不到，则返回空指针
strcmp	int strcmp(char * str1, char * str2)	比较两个字符串 str1 和 str2	str1＜str2，返回负数； str1＝＝str2，返回 0； str1＞str2，返回正数
strcpy	int strcpy(char * str1, char * str2)	把字符串 str2 复制到 str1 中	返回 str1
strlen	unsigned int strlen(char * str)	统计字符串 str 中字符的个数(不包括\0)	返回字符个数
strstr	char * strstr(char * str1, char * str2)	找出字符串 str2 在字符串 str1 中第一次出现的位置	返回指向该位置的指针；如找不到，返回空指针

表 C-4　输入输出函数

函数名	函数原型	功　能	返回值
getchar	int getchar()	从标准输入设备读取一个字符	所读字符；若文件结束或出错，则返回－1
gets	char * gets()	从标准输入设备读取一个字符串	所读的字符串；遇到文件结束或出错返回 0
printf	int printf(char * format, args,…)	按 format 指向的字符串所规定的格式，将输出表 args 的值输出到标准输出设备	输出字符的个数；若出错，则返回负数
putchar	int putchar(int ch)	把字符 ch 输出到标准输出设备	输出的字符；若出错，则返回 EOF
puts	int puts(char * str)	把 str 指向的字符串输出到标准输出设备，将\0 转换为回车换行	返回换行符；若失败，返回 EOF
scanf	int scanf(char * format, args,…)	从标准输入设备按 format 指向的格式字符串所规定的格式，读取数据给 args 所指向的单元	读入并赋给 args 的数据个数，遇到文件结束返回 EOF；若出错返回 0

5. 文件操作函数

使用文件操作函数(见表 C-5)时，应该在程序的源文件中使用以下命令：

```
#include<stdio.h>  或  #include "stdio.h"
```

6. 内存分配函数

使用内存分配函数(见表 C-6)时，应该在程序的源文件中使用以下命令：

```
#include<malloc.h>  或  #include "malloc.h"
```

表 C-5　文件操作函数

函数名	函数原型	功　　能	返　回　值
fclose	int fclose(FILE * fp)	关闭 fp 所指的文件,释放文件缓冲区	有错则返回非 0;否则返回 0
feof	int feof(FILE * fp)	检查文件是否结束	遇文件结束符返回非 0;否则返回 0
fgetc	int fgetc(FILE * fp)	从 fp 所指向的文件中读取一个字符	返回所得到的字符;若读入错误,返回 EOF
fgets	char * fgets(char * buf, int n, FILE * fp)	从 fp 所指向的文件读取一个长度为(n-1)的字符串,存入起始地址为 buf 的内存区	返回地址 buf;若遇到文件结束或出错,则返回 NULL
fopen	FILE * fopen(char * filename, char * mode)	以 mode 指定的方式打开名为 filename 的文件	成功,返回一个文件指针;否则返回 0
fprintf	int fprintf(FILE * fp, char * format, args, …)	把 args 的值以 format 指定的格式输出到 fp 所指向的文件中	实际输出的字符数
fpuctc	int fputc(char ch, FILE * fp)	将字符 ch 输出到 fp 指向的文件中	成功,则返回该字符;否则返回非 0
fputs	int fputs(char * str, FILE * fp)	将 str 所指向的字符串输出到 fp 所指向的文件中	成功,返回 0;否则返回非 0
fread	int fread(char * pt,unsigned size, unsigned n, FILE * fp)	从 fp 所指定的文件中读取长度为 size 的 n 个数据项,存到 pt 所指向的内存区	返回所读取的数据项个数;如果遇到文件结束或出错返回 0
fscanf	int fscanf(FILE * fp, char * format, args, …)	从 fp 所指定的文件中按 format 指定的格式将输入数据送到 args 所指向的内存单元	已输入的数据个数
fseek	int fseek(FILE * fp, long offset, int base)	将 fp 所指向的文件的位置指针移到以 base 所给出的位置为基准,以 offset 为偏移量的位置	成功则返回当前位置;否则,返回-1
ftell	long ftell(FILE * fp)	返回 fp 所指向的文件中的当前读写位置	返回 fp 所指向的文件中的读写位置
fwrite	int fwrite(char * ptr, unsigned size, unsigned n, FILE * fp)	把 ptr 所指向的 n * size 个字节输出到 fp 所指向的文件中	写到文件中的数据项个数
getc	int getc(FILE * fp)	从 fp 所指向的文件中读入一个字符	返回所读的字符;若文件结束或出错,则返回 EOF
putc	int putc(int ch, FILE * fp)	把一个字符 ch 输出到 fp 所指向的文件中	输出的字符;若出错,则返回 EOF
rename	int rename(char * oldname, char * newname)	把由 oldname 所指的文件名,改为由 newname 所指的文件名	成功则返回 0;否则返回-1
rewind	void rewind(FILE * fp)	将 fp 所指向的文件中的位置指针置于文件开头位置,并清除文件结束标志和错误标志	无

表 C-6　内存分配函数

函数名	函数原型	功　能	返 回 值
calloc	void * calloc(unsigned n, unsigned size)	分配 n 个数据项的连续内存空间，每个数据项的大小为 size	所分配内存区的起始地址；不成功，则返回 0
free	void free(void * p)	释放 p 指向的内存区	无
malloc	void * malloc(unsigned size)	分配 size 字节的内存区	所分配内存区的起始地址；如内存不够，则返回 0
realloc	void * realloc(void * p, unsigned size)	将 p 所指向的已分配内存区的大小改为 size，size 可以比原来分配的空间大或小	返回指向该内存区的指针

附录D 预处理命令

预处理命令是以#号开头的，如包含命令#include、宏定义命令#define等。在源程序中这些命令都放在函数之外，一般放在源文件的前面，但是预处理命令不是C语言本身的组成部分，必须在对程序进行通常的编译之前，先对这些命令进行预先的处理，如#define PI 3.14，则在预处理时将程序中所有的PI都置换为3.14。然后，自动进入对源程序的编译，即经过预处理后再由编译程序对预处理后的源程序进行编译，得到目标代码。

C语言提供了宏定义、文件包含和条件编译等预处理功能。

D.1 宏 定 义

1. 不带参数的宏

用一个指定的标识符(即宏名)来代表一个字符串，它的一般形式为

#define 标识符 字符串

其中，#表示预处理命令，define为宏定义命令，“标识符”为所定义的宏名，“字符串”可以是常数、表达式的格式串等。

例如，“#define PI 3.14”则在预处理时将程序中所有的PI都置换为3.14。

说明：

(1) 宏定义行末没有分号。如果有分号，则连分号一起置换。

例如，有宏定义：“#define PI 3.14;”，则将语句“area=PI * r * r;”经过宏展开后成为“area=3.14; * r * r;”。显然在编译时会出现语法错误。

(2) 用#undef命令终止宏定义的作用域。

通常#define命令放在文件的开头，使其在本文件范围内有效。如果需要，可以通过#undef命令强制终止宏定义的范围。例如：

```
#define PI 3.14
void main()
{
    ⋮
```

```
#undef PI          /* 宏 PI 定义的作用域到此为止 */
    ⋮
}
```

(3) 宏定义可以嵌套。在进行宏定义时，可以引用已定义的宏名，可以层层置换。例如：

```
#define  A  3
#define  B  A*A
```

若有语句“c=B;”，则在编译时被替换为“c=3*3;”。

(4) 宏名在程序中被双引号括起来，则不做替换。例如：

```
#define  PI  3.14
```

在“printf("PI=",PI);”中，双引号中的 PI 不被宏置换，另一个在双引号外的则被置换，输出为“PI=3.14”。

(5) 宏定义与变量定义含义不同，只作字符替换，不分配内存空间。

2. 带参数的宏

带参数的宏定义既要进行字符串替换，而且还要进行参数的替换。一般形式为

```
#define  宏名(参数表)  字符串
```

例如，有定义#define S(a,b) a*b。若在程序中有“area=S(1,2);”语句，则该语句被替换为“area=1*2;”。

说明：

(1) 宏定义中要注意括号的问题。

如上例中定义的带参数的宏，若在程序中有“area=S(1+2,2+3);”语句，则该语句被替换为“area=1+2*2+3;”，显然不是希望的结果。这时应将宏定义改为

```
#define S(a,b) (a)*(b)
```

才能得到希望的结果“area=(1+2)*(2+3);”。

(2) 带参数的宏定义时，宏名和带参数的括号之间不应加空格。

(3) 带参数的宏定义和函数有相似之处，但有本质的区别，区别如下。

① 在函数中，形参和实参需要定义数据类型，而宏的形参无类型问题。

② 函数中是将实参的值或地址传递给形参，在带参宏中，只是进行简单的字符替换。

③ 函数调用时，要为形参分配临时内存单元，而宏是在编译时字符串替换，不分配内存单元。

④ 函数调用只能得到一个返回值，而用宏可以设法得到几个结果。

⑤ 函数调用不会增长源程序，宏展开后使源程序变长。

D.2 文件包含

文件包含是指一个源文件可以将另外一个源文件的全部内容包含进来，成为它的一部分，即将另外的文件包含到本文件之中。文件包含预处理命令的一般形式为

```
#include  "文件名"     或     #include<文件名>
```

前面已经多次用此命名包含库函数的头文件。例如：

```
#include "stdio.h"     和     #include "math.h"
```

一般形式中文件名用一对双引号或尖括号括起来，两种写法在文件的路径搜索顺序上是有差别的，前者首先在当前源文件的路径中查找，若未找到指定文件，则从包含文件的路径去查找；后者的查找次序相反。所以，一般来说，如果为调用库函数而用#include命令来包含相关的头文件（如 stdio.h、math.h 和 string.h 等），用尖括号可以节省查找时间。如果要包含的是用户自己编写的文件（这种文件一般都在用户当前目录中），一般用双引号。

在程序设计中，文件包含是很有用的。可以将一些公用的符号常量或宏定义等单独组成一个文件，如果哪个程序需要使用时，就可以用文件包含命令把它们包含进来。这样来使用它们，可以省去重复定义的麻烦，减少出错，便于修改。

说明：

（1）一个 include 命令只能指定一个被包含文件，如果有多个文件要包含，则要用多个 include 命令。

（2）文件包含命令通常包含的文件是头文件，即.h 文件，也可以包含其他源文件，如.c 文件。

（3）文件包含命令可以是嵌套的，在一个被包含的文件中还可以包含其他的文件。

D.3 条件编译

一般情况下，C 源程序所有代码都应该参加编译。但有时希望只对其中的一部分代码进行编译，通过设定条件编译，可以按不同的条件编译不同的程序部分，产生不同的目标代码文件，这样可以方便程序的逐段调试和程序的移植等工作。条件编译主要有以下 3 种形式：

（1）
```
#ifdef 标识符
    程序段 1
[#else
    程序段 2]
#endif
```

其含义是若标识符已被#define命令定义过，则编译程序段1，否则编译程序段2。[]中的部分可以省略。

例如，将一个已知的十进制的整型数据根据不同的条件，按十进制输出，或按十六进制输出。

程序代码如下：

```
#include<stdio.h>
#define  A  10
void  main()
{
int i=500;
#ifdef  A
    printf("i=%d\n",i);
#else
    printf("i=%x\n",i);
#endif
```

运行结果：

```
i=500
```

若删除"#define A 10"一行，则程序运行结果为i=1F4。

该程序中使用了条件编译命令，该命令表示，如果A被宏定义了，便执行"printf("i=%d\n",i);"语句，输出十进制数据；如果A未被宏定义(即删除"#define A 10"一行)，便执行"printf("i=%x\n",i);"语句，输出十六进制数据。

(2) **#ifndef** 标识符
    程序段 1
[**#else**
    程序段 2]
#endif

其含义是若标识符未被#define命令定义过，则编译程序段1，否则编译程序段2。这与第一种形式的功能正好相反。

(3) **#if** 表达式
    程序段 1
[**#else**
    程序段 2]
#endif

其形式与if-else语句类似，若表达式为真(非0)，则编译程序段1，否则编译程序段2。其中表达式通常是一个符号常量，利用宏定义该符号常量时所给的值来确定条件是否成立。

附录E 各章习题解析与提示

习　题　1

第 1 题

1. 提示：注意使用换行符\n。
2. 提示：参考例 1-2。
3. 提示：函数。
4. 提示：参见教材 1.2 节。
5. 提示：参见例 1-4。
6. 提示：参见教材 1.5 节。

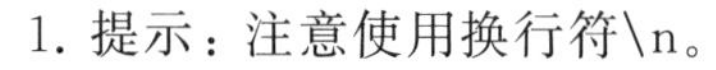

第 2 题

习　题　2

一、客观题

1. 提示：变量命名原则。答案：C。
2. 提示：变量命名原则、语句的概念。答案：A。
3. 提示：各种运算符计算。答案：(1) 2.0；(2) 2。
4. 提示：自增、自减、前置、后置的概念。答案：6,7,−8。
5. 提示：从键盘输入的字符为'A',即 ch 变量中保存的是大写字母 A 的 ASCII 码 65,因此 ch+32=97。printf("%c,%d\n",ch+32,ch+32);语句中将 ch+32 以字符形式输出,则输出 97 作为 ASCII 码对应的字符'a';将 ch+32 以整型数据输出,则输出数值 97。因此输出结果为 a,97。
6. 提示：用于 a>b 的值为假,即为 0,因此 m=0,从而 && 之后的表达式不被执行。因此,n 的值不是 0 而仍保持原值 2。答案：B。

第 1 题

二、编程题

1. 提示：球体的表面积公式 $4\pi r^2$、球体的体积公式 $\frac{4}{3}\pi r^3$。
2. 提示：两点间的距离公式为 $\sqrt{(x_1-x_2)^2+(y_1-y_2)^2}$。

第 2 题

第 3 题

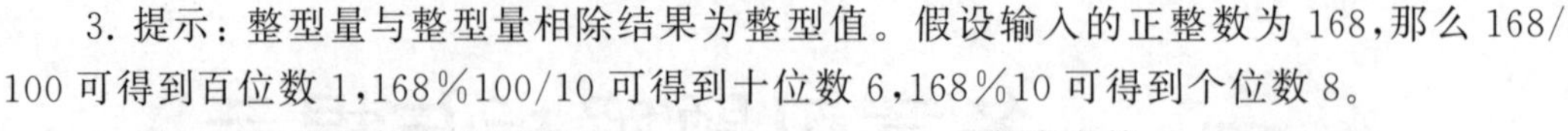

3. 提示：整型量与整型量相除结果为整型值。假设输入的正整数为 168，那么 168/100 可得到百位数 1，168%100/10 可得到十位数 6，168%10 可得到个位数 8。

第 4 题

4. 提示：定义字符型临时变量 t，$t=a$；$a=b$；$b=t$；完成交换。

5. 提示：字符的前一个字符和后一个字符与该字符在 ASCII 码表中是相邻的，即 ASCII 码差 1。因此，可以用加 1 或减 1 的运算找到前一个字符和后一个字符的 ASCII 码，再以整型数据(%d)的方式输出即可。

第 5 题

习　题　3

一、客观题

1. 提示：注意 else 与 if 的配对关系。运行结果为 x=2。

2. 提示：if 子句是 z=x；当表达式(x>y)成立时执行此句；表达式不成立顺序向下执行“x=y;y=z;”，答案：B。

3. 提示：if 后的表达式(a=b+c)是先计算 b+c 的和，然后赋值给变量 a。注意是赋值运算符，而不是等于符号==。答案：D。

4. 提示：本题是条件表达式的运用，k 是非零值为真，则以表达式 2 的值作为结果。答案：B。

5. 运行结果：

```
first
third
```

若在程序指定位置加语句“break;”，则运行结果：first。

第 3 题

二、编程题

1. 提示：参考例 3-3，用 if-else 语句结构。

2. 提示：x%4==0。

第 4 题

3. 提示：首先 a 与 b 比较，较小数放 a 中，然后 a 与 c 比较的较小者仍放 a 中，最后把 b 与 c 进行比较，小者放 b 中，大数放 c 中。

4. 提示：用 if-else if 结构。

5. 提示：同时被 3、5 和 7 整除的表达式为

```
x%3==0&& x%5==0&& x%7==0
```

第 5 题

6. 提示：一周中的 7 天用 1～7 来表示，若输入其中一个值，则输出当天的课程。

```
Switch(w)
{case 1: printf("高数,C语言,体育\n"); break;
   ⋮
}
```

第 6 题

7. 提示：购买 x 件单价为 p 元的商品总金额 s，$s=p*x*(1-d)$，其中 d 为折扣

数。根据题意，x 值不同，它所对应的 d 值也不同。

使用开关语句，需要将 x 与 d 建立起对应关系。分析打折的变化规律（$x/5$）为 5 的倍数，使得 x 由关系表达式转换为数字值。

第 7 题

习 题 4

一、客观题

1. 答案：A：x>=0 B：x<fmin。

2. 提示：此题循环内 s=0.0，因此外循环只需最后一次计算即可。答案：C。

3. 提示：此题主要考虑表达式中出现的++和--运算。答案：i=5，j=4，k=6。

4. 答案：beijing。将以#结尾的字符串中的大写字母转换为小写字母。

5. 答案：C

二、编程题

1. 提示：循环变量 i 在 1～50 变化，累加项为 2*i。结果为 2550。

2. 提示：连乘式或连加式的计算，应注意其第 i 项的计算公式及第 i+1 项的公式变化。第 i 项：(2i*2i)/(2i-1)/(2i+1)，i：从 1 变化到 n。

3. 提示：$s=a+aa+aaa+\cdots+aa\cdots a=a(1+11+111+\cdots+11\cdots1)$。

1→11，1*10+1=11；11→111，11*10+1=111；1 有 n 位，循环 n 次，做连加运算。

4. 提示：参考例 4-12，设鸡、狗与九头鸟分别为 x、y、z 只，100 个头，即 $x+y+9z=100$；100 只脚，即 $2x+4y+2z=100$。

5. 提示：参考例 4-14，100～200 的数，可用一重循环实现，循环体内，求循环控制变量是否是素数，是，则输出。

6. 提示：3 位数应为 100～999，用一重循环实现，分离个、十、百位上的 3 个数，判断其是否满足条件式，如满足，则输出之。

7. 提示：字符串的输入采用 getchar()实现，逐个对字符进行检测，不是数字字符则输出，是数字字符则不输出。

8. 提示：利用穷举法求真因子。

第 1 题

第 2 题

第 3 题

第 4 题

第 5 题

第 6 题

第 7 题

第 8 题

三、应用与提高题

1. 提示：参考例 4-23，循环嵌套。外层循环的循环体应该由 3 个顺序执行的循环构成，分别负责有规律地输出空格、字母、空格。

2. 提示：最小公倍数公式为最小公倍数$=\frac{a*b}{x}$（x 为 a 和 b 的最大公约数），参考

第 2 题

第 3 题

第 4 题

第 5 题

例 4-16。

3. 提示：令 $x_0=a/2$，参考例 4-17。

4. 提示：如图 E-1 所示，将曲边面积 n 等分，一等分宽度为 dt，$dt=(b-a)/n$，则每一等分的矩形面积为 $f(x)*dt$，$f(x)$为矩形的长度，其值为 $f(x)$在 x 处的取值。根据题意 $f(x)=x^2$，x 值从 a 到 b 的变化，每次 x 增加 dt，累加各等分矩形的面积。参考例 4-19。运行结果：$s=6.34$。

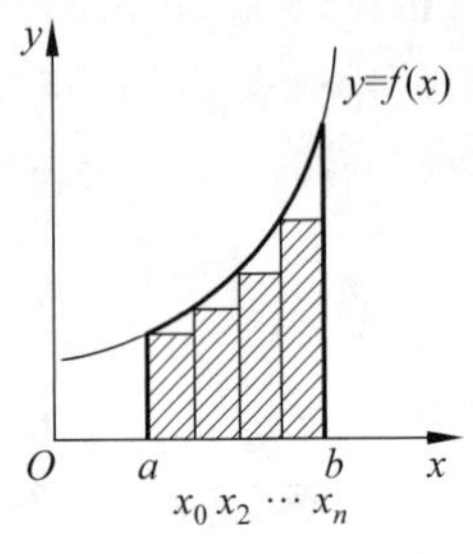

图 E-1　求定积分示意图

5. 提示：设 $f(x)$在$[x_1,x_2]$上单调连续，若 $f(x_1)f(x_2)\leqslant 0$，表示有根；若 $f(x_1)f(x_2)>0$，表示无根。

二分法求根原理：要求 $f(x)$ 在$[x_1,x_2]$上单调连续，即 $f(x_1)$ 与 $f(x_2)$异号。求 $f(x)$在$[x_1,x_2]$的根，即 $f(x)=0$ 时 x 的值。算法是先求$[x_1,x_2]$的中间点 x_0 的值，$x_0=(x_1+x_2)/2$，再求 x_0 点 $f(x_0)$的值，判断 $f(x_0)$和 $f(x_1)$是否同号，如果同号表示 x_0、x_1 在同区域，则 $x_1=x_0$，缩短前半区间；如果$f(x_0)$、$f(x_1)$异号表示 x_0 和 x_2 在同区域，则 $x_2=x_0$，缩短后半区间，不断地折半缩短$[x_1,x_2]$，使其逼近根值 x，当$|x_1-x_2|$的差$<10^{-5}$时，则 x_0 即为方程的根。无论区间怎样缩小，始终保持 $x_1\leqslant$根$\leqslant x_2$。

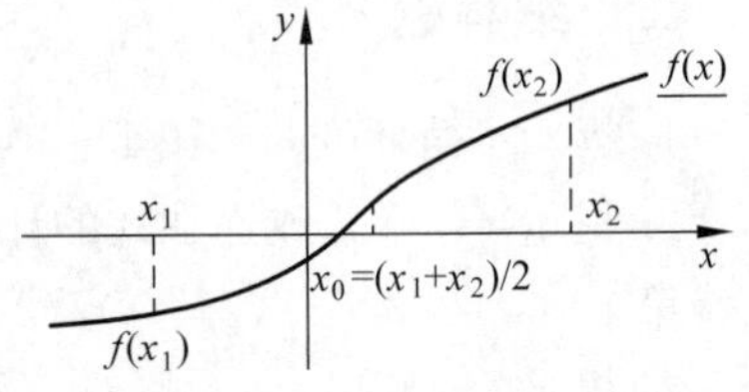

图 E-2　二分法求解

本题在(−10,10)之间 $f'(x)=6x^2-8x+3>0$，故函数为单调的，如图 E-2 所示。

程序代码如下：

```
#include<stdio.h>
#include<math.h>
int main()
{
    float x0, fx0,fx1,fx2;
    float x1=-10,x2=10;
    fx1=x1*((2*x1-4)*x1+3)-6;              /*计算 f(x1)*/
    fx2=x2*((2*x2-4)*x2+3)-6;              /*计算 f(x2)*/
    do
    {  x0=(x1+x2)/2;                       /*求中间点 x0*/
       fx0=x0*((2*x0-4)*x0+3)-6;           /*计算中间点 f(x0)*/
       if((fx0*fx1)<0)                     /*判断 f(x0)、f(x1)是否异号*/
         x2=x0;                            /*f(x0)、f(x1)异号,后半区间缩短*/
       else
         x1=x0;                            /*f(x0)、f(x1)同号,前半区间缩短*/
      }while(fabs(x2-x1)>=1e-5);          /*判断 x1、x2 是否近似,|x1-x2|<10-5*/
      printf("x=%5.2f\n",x0);
}
```

运行结果：

```
x=2.00。
```

6. 提示：设最好的车是 best，变量 best 的取值范围是数字 1～4，分别去测试对话，真话数累加为 1，则 best 的值即为所求。本例用循环去穷举“最好的车”。

第 7 题

7. 提示：定义桃子数量变量 num，天数变量 day，day 的取值为 10 时表示第 10 天，此时 num 的值为 1，则 day 的取值为 10～1。由题意可知，假设 day 天桃子的数量用 num 表示，则 day－1 天桃子的数量为(num＋1) * 2。

第 8 题

8. 提示：绝对误差 E 是测量值(或分析结果)x 与真值 u_0 之间的差值，即 $E=x-u_0$。

绝对误差在真值中所占的百分率称为相对误差，表示为 $E_r=\frac{x-u_0}{u_0}\times 100\%$。

9. 提示：在数理统计中，常用标准偏差和相对标准偏差来表示精密度。

标准偏差 $S=\sqrt{\frac{\sum_{i=1}^{n}(x_i-\bar{x})^2}{n-1}}$，相对标准偏差：$\mathrm{RSD}=\frac{S}{\bar{x}}\times 100\%$。

准确度用误差的大小来衡量，误差越小，则准确度越高。

习　题　5

一、客观题

1. 答案：A。语句 sum＝0.0；出现在循环前面，会把所有学生的成绩进行累加。
2. 答案：B。
3. 答案：A。
4. 答案：abc。
5. 答案：th ook。

二、编程题

1. 提示：逆序输出是将循环控制变量 i 从 9 到 0 输出数组元素 $a[i]$。

2. 提示：与第 1 题不同的是将数组元素前后存储的位置对调，然后输出。

第 2 题

方法一：首先将首尾两元素交换，然后将第二个元素和倒数第二个元素交换……直到交换到数组的中间位置结束。

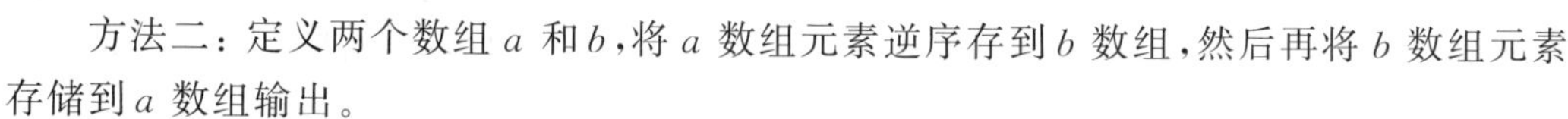

方法二：定义两个数组 a 和 b，将 a 数组元素逆序存到 b 数组，然后再将 b 数组元素存储到 a 数组输出。

3. 提示：对下标是偶数的数组元素(即 $a[2*i]$，N 为偶数时，i 从 0 到～$N/2$(不包含 $N/2$)，N 为奇数时，i 从 0 到～$N/2$)采用冒泡法排序，下标是奇数的数组元素(即 $a[2*i+1]$，N 为偶数时，i 从 0 到～$N/2$(不包含 $N/2$))不处理。

第 4 题

4. 提示：定义一维整型数组 a。选择法排序：先找到 $a[0]$～$a[9]$中的最小值，将最小值和 $a[0]$交换，使 $a[0]$存储 10 个数中最小值；然后找 $a[1]$～$a[9]$中的最小值，将该最小值与 $a[1]$交换；接下来找 $a[2]$～$a[9]$中的最小值…… 共进行 9 轮类似的处理，即可完

成排序。

第 5 题

5. 提示：k 可能插入的位置有 3 种：最后一个元素之后、第一个元素之前、中间位置。首先要找到插入的位置，如果 k 大于最后的元素，则直接放在最后；否则，k 依次和数组元素做比较，如果 $k<a[i]$，则将 $a[i]$ 元素到最后的元素，每个数据向后移动一个位置，注意是从最后那个元素开始移动，然后插入 k。

第 6 题

6. 提示：元素之和 sum$+=a[i][j]$可以通过循环来求得，主对角线元素行和列下标相同，副对角线行下标从 0 到 $N-1$，列下标从 $N-1$ 到 0。

7. 提示：定义 a 数组 2 行 3 列，定义 b 数组 3 行 4 列，则乘积数组 c 为 2 行 4 列，且 $c[i][j]=a[i][0]\times b[0][j]+a[i][1]\times b[1][j]+a[i][2]\times b[2][j]$。

第 8 题

8. 提示：输出下三角阵，先给每行第一列赋值 $a[i][0]=1$，给对角线元素赋值 $a[i][j]=1(i=j)$，再给其他元素赋值 $a[i][j]=a[i-1][j-1]+a[i-1][j](i<j)$。

第 9 题

9. 提示：先找出二维数组每行的最大值，接下来判断该最大值是不是在该列中为最小值，若是，则为鞍点，所有行判断完毕，判断数组是否有鞍点。可设有无鞍点的标志变量 flag，初值设为 0，一旦有鞍点，将 flag 变为 1。

第 11 题

10. 提示：遍历所有字符，遇字符串结束标志\0 时统计结束。

11. 提示：两对字符一一比较，两种情况下结束比较，一是遇到不相等的字符，二是遇到字符串结束标志\0。

12. 提示：先判断 k，如果 $k>$strlen($s1$)，重新输入 k 值，如果 $k<=$strlen($s1$)，则循环控制变量 i 从 0 到 $k-1$，$s2[i]=s1[i]$。

第 13 题

13. 提示：遍历字符串 $s1$，到该字符串结束标志\0 位置时，将 $s2$ 字符串的字符依次存入 $s1$ 字符的后续位置，最后加字符串结束标志\0。

14. 提示：参考例 5-14。

第 14 题

15. 提示：参考例 5-14。

三、应用与提高题

1. 提示：将 student 文件中的数据读出，用二维数组进行记录：其中一维用于记录学号，另一维记录成绩。计算最高分、最低分时应该给出该分数对应的学生学号。排序时可采用冒泡法，要注意保持学号和成绩的对应关系，最后将排序结果存入 stu_sort 文件中。

第 1 题

2. 提示：定义两个字符数组 $s1$ 和 $s2$，将输入的字符串赋予 $s1$，对 $s1$ 采用冒泡排序，排序时删除相同的字符，即对相等的情况加一个删除处理。

```
s2[0]=s1[0];
for(i=1,j=0;s1[i]!='\0';i++)
{   if(s1[i]!=s2[j])
    {  s2[++j]=s1[i];
```

```
        }
}
```

3. 提示：第一步，计算正弦波电压的周期。采用方法：两个同向过零点之间的时间间隔即为正弦波电压的周期。第二步，计算电压有效值。

4. 提示：定义二维字符数组处理，可使用 strcmp()函数。

5. 提示：将元素周期表中的元素处理为二维数组，定义该二维数组并初始化，char element[95][5]={""H"",""He"",""Li"",""Be"",""B"",…}；定义元素序号变量 num，然后从键盘输入 num 的值后处理如下：

第 5 题

```
while(1)
{
    scanf(""% d"",&num);
    if(num==0)
     break;
    else if(num>=1&&num<=95)
           puts(element[num-1]);
        else
          printf(""请重新输入数据(0~95)"");
}
```

习　题　6

一、客观题

1. 提示：通过数组下标的变化，扫描字符串的每个元素，并计数。答案：A：p[i]! ='\0'，B：return i，C：slen(s)，D："%d"。

2. 提示：static 延长了静态变量的生存周期，自始至终都不释放。答案：C。

3. 提示：extern 扩充了外部变量的作用范围。答案：12,25。

4. 提示：函数中循环执行：输出形参除以 10 的余数，同时将形参做除 10 的运算，并将商赋值给形参变量，直到商为 0 结束。答案：5432。

5. 提示：普通变量作函数参数，函数中仅对形参变量的值进行了交换，不影响实参变量的值。答案：6,8。

二、编程题

第 1 题

1. 提示：可将判断水仙花数的自定义函数定义为整型，返回 1 表示是水仙花数，返回 0 则不是水仙花数；函数的形参为整型变量。函数体内分离出形参变量值的百位，十位和个位的值，判断其是否满足水仙花数的条件，满足返回 1，不满足返回 0。

第 2 题

2. 提示：可参考例 6-12。也可以定义一个 float 类型的数组 score[3][6]，其中第二下标取 1～5 分别对应每个学生 5 门课的成绩，第二下标取 0 的元素 score[0][0]～score[2][0]用于记录 3 个学生各自 5 门课程的总成绩。二维数组作函数的参数，在函数中直接将结果通过形参写入的主函数所定义的二维数组中，是地址传递的过程。

3. 提示：用二维数组作函数的参数，在函数体内直接对形参数组进行转置操作，根据地址传递的特点，形参数组和实参数组对应的是相同的内存空间，形参数组的改变将导致实参数组的改变。

4. 提示：从键盘任意输入一个偶数 n。从 2 到 $n-1$ 进行循环，当循环变量 i 取定一个值时，判断 i 和 $n-i$ 是否都为素数，如果是，则验证成功；否则继续循环判断，总能找到一个 i 和 $n-i$ 均为素数。

5. 提示：字符数组作函数的参数。在函数中求得一个结果 return 给主函数。参考例 6-13。可以用扫描空格的方式来划分单词。

6. 提示：本题也是地址传递的例子，可以边扫描字符数组，边修改。

7. 提示：函数的嵌套调用。将年、月、日作为参数传递给子函数，在子函数中调用例 6-28 中的函数判断是否为闰年，若是闰年，2 月份 29 天；否则 2 月份 28 天。

8. 提示：要求第五个数的大小，即 Num(5)的问题，只需求出第四个数的大小，以此类推，直到要求第二个数的大小，只需求出第一个数的大小，而第一个数的大小是已知的——典型的递归问题。

9. 提示：本题的递归规则为 $F(n)=F(n-1)+F(n-2)(n\geqslant 2)$，递归的终结条件为 $n=1$ 或 $n=0$，当 n 值满足终结条件时，$F(n)=1$。

10. 提示：该函数将产生多个结果，因此可以采用全局变量，实现主调函数和被调函数间的数据共享，也可以采用数组作函数参数带回多少个结果(参考例 6-12)。

11. 提示：从文件中将字符串读出保存到一维数组中，将数组传递给子函数进行译码，仍然是地址传递的过程。

第 3 题

第 4 题

第 5 题

第 6 题

第 7 题

第 9 题

第 10 题

三、应用与提高题

第 1 题

1. 提示：数学中计算均值和方差的问题。

2. 提示：求平方根的函数定义为 float 型，函数形参为 float 型，函数体就是求形参的平方根并返回，求平方根采用迭代算法，迭代算法参考例 4-17。

第 2 题

3. 提示：十六进制数可以采用字符串来表示，循环扫描该字符串，找到一个转换一个并累加，直至\0。

第 3 题

4. 提示：C_m^n 表示从 m 个数中选择 n 个数，有多少种选法。

假设 m 个数编号为 $1,2,\cdots,m$，现在从 m 个数中选择 n 个数，有如下两种情况。

第一种：选择的 n 个数中含编号 m 的数，则需要从剩余的 $m-1$ 个数中再选择 $n-1$ 个数，即 C_{m-1}^{n-1}。

第二种：选择的 n 个数中不含编号为 m 的数，则需要从剩余的 $m-1$ 个数中选择 n 个数，即 C_{m-1}^{n}。

所以从 m 个数中选择 n 个数，就是前面两种情况的加和，即 $C_m^n=C_{m-1}^{n-1}+C_{m-1}^{n}$。

第 4 题

当 $n=m$ 或者 $n=0$ 时可以直接得出结果，此时只有 1 种选择方法。

5. 提示：计算甲的标准方差 $s1^2$，计算乙的标准方差 $s2^2$，计算甲的均值 aver1，计算乙的均值 aver2，比较两个标准方差的大小，F 值等于大的方差除以小的方差。

第 5 题

6. 提示：仪器分析中的标准曲线都可以用一元线性方程来表示：$y=a+bx$，由于实验点围绕这一直线总是有一定程度的离散，因此，可以使用最小二乘法通过实验点确立最能反映其真实分布状况的最佳直线，其上方实验点的偏差平方和最小。这条直线称为回归线，$y=a+bx$ 称为一元线性回归方程，a，b 称为回归系数。其中，

$$b=\frac{\sum_{i=1}^{n}(x_i-\bar{x})(y_i-\bar{y})}{\sum_{i=1}^{n}(x_i-\bar{x})^2},a=\bar{y}-b\bar{x},\bar{x}=\frac{1}{n}\sum_{i=1}^{n}x_i,\bar{y}=\frac{1}{n}\sum_{i=1}^{n}x_i$$

习　题　7

一、客观题

1. 提示：指针定义基本概念。答案：D。

2. 提示：指针与一维数组的关系。一维数组的名字是地址常量，可赋给指向相应数据类型变量的指针变量。答案：D。

3. 提示：A 选项中数组名字是地址常量，不能被赋值。答案：A。

4. 提示：* 运算：取目标变量；& 运算：取变量的地址。答案：A。

5. 提示：string+7 指向了字符'B'，题目中的输出语句的含义是将'B'字符开头的串输出。答案：C。

6. 提示：要用行地址给行指针变量赋值。答案：A。

7. 提示：指针数组定义基本概念。答案：C。

8. 提示：st+1 表示数组 st 下标为 1 的元素地址，*(st+1)则为该地址对应的数据——字符指针。答案：C。

二、编程题

第 1 题

1. 提示：定义两个指针分别指向两个数，用指针间接访问进行处理。

2. 提示：定义一个整型数组，定义一个指向整型变量的指针指向这个数组首元素。从键盘输入数据到数组中。使用指针访问数组的每个元素逆序输出。

第 2 题

3. 提示：定义指向字符串的指针，用指针访问字符串中的每个字符，若为数字则改写为 *。

第 3 题

4. 提示：从文件中读入数据，定义指针指向一维数组的元素，用指针间接访问每个元素完成一组数据的排序。

5. 提示：定义行指针，对每行的 3 个元素分别进行比较处理。

6. 提示：定义二维数组，将 3 人的 3 项成绩分别读入二维数组中。在此基础上参考例 7-10 和例 7-11 行、列指针的使用方法。

7. 提示：字符指针作为函数的参数。在子函数中扫描字符串的每一个元素，并对每个元素进行加5的操作。

8. 提示：主函数中定义指向原字符串数组和目标字符串数组的指针，子函数定义函数的参数为指针类型。在子函数中借助指针形参访问主函数中的两个字符串。

9. 提示：可用行指针或列指针实现，参考例7-10和例7-11。

10. 提示：函数的形参为字符指针，因此需要在主函数中定义字符数组a，并把该字符数组a作为实参传递给函数rev_string。这时，相当于把a的首地址传递给了子函数的指针string，子函数就可以通过string访问主函数数组a中的每一个元素，从而完成题目要求的功能。

第4题

第5题

第6题

第7题

第8题

第9题

第10题

三、应用与提高题

1. 提示：选择法参见习题5第4题。

2. 提示：参考例7-20指针数组的使用方法。

3. 提示：可随机生成30名学生各科的成绩。然后用读文件的方法将所有成绩读入二维数组，二维数组可设为31＊4(不是30＊3，多出来的一列用于存放每个学生3门课的总成绩；多出来的一行用于存放每门课全班的总成绩)，对每个学生的总成绩进行排序、对每门课分别求平均值即可。

4. 提示：本题要点在于子函数要向主函数返回两个值，可以有如下3种做法。

(1) 传值方式：编写两个子函数，一个用于求最大值的下标返回，另一个用于求平均值返回。

(2) 全局变量方法：定义两个全局变量用于记录最大值下标和所有元素的平均值。编写一个子函数，使子函数与主函数共享全局变量，实现值的传递。

(3) 传地址方式：编写一个子函数，并增加两个指针作为函数的参数，两个指针分别指向主函数中用于记录最大值下标和所有元素平均值的简单变量。在子函数中通过指针直接访问主函数中的这两个变量，将找到的结果直接写入。

5. 提示：方差即各数据与这组数平均值差的平方和的平均数。中位数：将这组数据排序，若这组数据有奇数个，则找中间1个数；若为偶数个，则找中间两个数取平均值。

6. 提示：写出求一个函数$f(x)$定积分的通用函数形式，需要使用指向函数的指针自动识别和处理$f(x)$，自定义函数的通用形式可参考："float integral(double (＊p)(double)，float a，float b，int n)；"。

7. 提示：借助指针的指针依次比较各个字符串相同位置上的字符，在每个位置上可采用冒泡排序的方法。

8. 提示：将所输入32位二进制数字组成的IP地址看成是一个有'0'/'1'字符构成的字符串。从左到右依次取出8个二进制位数字为一组，将其转换成十进制数并输出，同时输出分隔符'.'。可采用二重循环，外层循环次数控制4次，表示将获取4次IP二进制字符串；内层循环对8位二进制的数字字符逐个取出进行十进制的转换。

9. 提示：参见习题6编程应用与提高题中的第6题，这里定义指向数组元素的指针，用指针访问数组的每个元素。

第1题

第2题

第3题

第4题

第5题

第6题

第7题

第8题

习 题 8

一、客观题

1. 提示：结构体类型变量的定义。答案：A。

2. 提示：结构体类型的声明和变量定义。答案C。

3. 提示：结构体变量名.成员名、(*结构体指针变量名).成员名、结构体指针变量名->成员名。答案：B。

4. 提示：p的指针域设置为p2，p1的指针域设置为p。答案：A。

5. 提示：typedef只是为现有的或声明过的数据类型定义一个新的类型名，不产生新的数据类型。答案：C。

6. 提示：结构体变量所分配内存为各个成员所需内存的总和。答案：D。

7. 提示：cnum[0].y=3，cnum[0].x=1，cnum[1].x=2。答案：6。

8. 提示：->优先级比++高，++p->x为p指向的结构体变量中成员x的值加1；(++p)->x为先使p自加1，然后得到p指向的元素中的x成员值；++(p->x)为p指向的结构体变量中成员x的值加1。答案：36 40 41。

9. 提示：值传递。答案：100，n 10，x。

10. 提示：共用体变量所占的内存长度为最长的成员长度。答案：16。

二、编程题

1. 提示：参考例8-6。复数乘法运算为(a+bi)*(c+di)=(ac−bd)+(bc+ad)i。

2. 提示：可将两个时刻转换为秒，求差后，再转换为小时、分钟和秒输出。

3. 提示：定义结构体类型描述学生数据，成员包括学号、姓名、高等数学成绩和程序设计成绩；采用结构体数组保存30个学生的数据；3个函数的参数可以使用结构体数组。

4. 提示：链表结点类型可以定义为如下形式：

```
struct node
{  char a;
   struct node * p;
}
```

5. 提示：采用共用体类型。

6. 提示：采用共用体类型和结构体类型。

7. 提示：遍历链表得到字符串，从字符串两端进行字符比对。

第1题

第2题

第3题

第4题

第5题

第6题

第7题

三、应用与提高题

1. 提示：参考例8-9～例8-11。

2. 提示：假定待合并有序链表为A和B。

方法一：定义一个链表C用来表示合并后的链表；设立三个指针，分别指向A、B和C的头部，将A和B中学号小的结点插入C中，并根据情况修改A/B和C的指针指向下一个待处理结点，重复这个过程，直到A或B的所有结点处理完成，然后将未处理完的链表插入C。

方法二：将A中的结点依次插入B中的合适位置，B作为合并后的链表。

3. 提示：球只能是5种颜色之一，而且要判断各球是否同色，可用枚举类型变量处理。

4. 提示：参考例8-11。

5. 提示：首先创建一个链表，结点的数据代表序号，将最后一个结点的指针域指向头结点。然后，从第一个结点开始遍历单链表，并进行计数，每次计数到3时，删除该结点，直到链表中剩余一个结点为止。

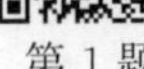
第1题

第2题

第4题

第5题

习　题　9

一、客观题

1. 提示：参考表9-1。答案：A。

2. 提示：参考表9-1。答案：B。

3. 提示：w方式打开文件，如果文件不存在，则新建一个文件；如果文件存在，则先将文件删除，然后新建一个文件。答案：C。

4. 提示：fwrite(buffer,size,count,fp)。答案：C。

5. 提示：fgets(str,n,fp)从fp指向的文件读入长度为n−1的字符串，存放到str指向的空间中。答案：C。

6. 答案：A。

7. 提示：a方式打开文件，向文本文件尾追加数据。答案：A。

8. 答案：A。

9. 答案：A。

10. 答案：D。

二、编程题

1. 提示：参考例 9-1 和例 9-2。

2. 提示：先从文件中读取数据，然后判断单词个数。判断方法如下：两个非连续空格之间为 1 个单词。

3. 提示：参考例 9-4，用 fwrite()函数将信息写入文件。

4. 提示：参考例 9-4，用 fread()函数读出成绩。

第 1 题

第 2 题

第 3 题

第 4 题

三、应用与提高题

1. 提示：参考例 9-5。

2. 提示：参考例 9-5。

3. 提示：以二进制文件方式打开文件，读取数据，写入文件。

4. 提示：创建一个新文件，依次读取多个文本文件的内容，添加到新文件末尾。

第 1 题

第 2 题

第 3 题

第 4 题

习　题　10

1. 提示：参考 10.3 管理系统的实现。

2. 提示：参考 10.3 管理系统的实现。

3. 提示：参考 10.3 管理系统的实现。

参考文献

[1] 顾元刚. C语言程序设计教程[M]. 北京：机械工业出版社，2004.

[2] 汪同庆. C语言程序设计教程[M]. 北京：机械工业出版社，2007.

[3] 吕凤翥. C语言程序设计[M]. 北京：清华大学出版社，2005.

[4] 何钦明，颜晖. C语言程序设计[M]. 北京：高等教育出版社，2008.

[5] 黄维通，马力妮. C语言程序设计[M]. 北京：清华大学出版社，2003.

[6] 谭浩强. C程序设计[M]. 3版. 北京：清华大学出版社，2005.

[7] 朱鸣华，刘旭麟，杨微. C语言程序设计教程[M]. 北京：机械工业出版社，2008.

[8] 苏小红，王宇颖，孙志岗，等. C语言程学设计[M]. 北京：高等教育出版社，2011.

[9] 尹宝林.C程序设计导引[M]. 北京：机械工业出版社，2013.

[10] 姜学锋，曹光前. C程序设计 [M]. 北京：清华大学出版社，2012.

图书资源支持

感谢您一直以来对清华版图书的支持和爱护。为了配合本书的使用，本书提供配套的资源，有需求的读者请扫描下方的“书圈”微信公众号二维码，在图书专区下载，也可以拨打电话或发送电子邮件咨询。

如果您在使用本书的过程中遇到了什么问题，或者有相关图书出版计划，也请您发邮件告诉我们，以便我们更好地为您服务。

我们的联系方式：

地　　址：北京市海淀区双清路学研大厦 A 座 714

邮　　编：100084

电　　话：010-83470236　010-83470237

客服邮箱：2301891038@qq.com

QQ：2301891038（请写明您的单位和姓名）

资源下载：关注公众号“书圈”下载配套资源。

资源下载、样书申请

书圈

图书案例

清华计算机学堂

观看课程直播